职业教育本科自动化类专业系列教材

运 动 控 制 系 统

（第二版）

主　编　尚　丽

副主编　张苏新　黄　博

U0378506

西安电子科技大学出版社

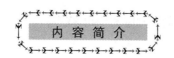

内容简介

本书共八章，主要介绍了运动控制系统中交直流调速系统的基本控制理论及其仿真设计和分析方法。本书主要内容包括运动控制系统基础知识，单闭环直流调速系统，转速、电流双闭环直流调速系统，脉宽调制(PWM)直流调速系统，交流电机变压变频调速系统，交流电机矢量控制变频调速系统，变频器应用技术，伺服电机控制系统等。本书配有电子课件、运动控制系统应用案例硬件实验指导以及主要内容的讲课视频、仿真案例操作视频等资料，方便教师讲授及学生自学。

本书将交直流调速运动控制技术和 MATLAB/Simulink 仿真技术有机结合在一起，着重体现高等职业教育以应用型教育为主导培养方向的办学理念，突出理实一体、工学结合、学以致用的特点。

本书可作为高等职业技术学校、高等专科学校、继续教育学院等专科层次学校电气技术、工业电气自动化、机电应用技术等专业学生的教材，也可作为本科院校学生、广大电气爱好者和从事现场工作的工程技术人员的参考用书。

图书在版编目（CIP）数据

运动控制系统 / 尚丽主编. -- 2 版. -- 西安：西安电子科技大学出版社，2025. 1. -- ISBN 978-7-5606-7501-5

Ⅰ. TP273

中国国家版本馆 CIP 数据核字第 202564B3F6 号

策　　划　张晓燕　井文峰
责任编辑　张晓燕
出版发行　西安电子科技大学出版社（西安市太白南路 2 号）
电　　话　(029)88202421　88201467　　　邮　编　710071
网　　址　www. xduph. com　　　　　　电子邮箱　xdupfxb001@163. com
经　　销　新华书店
印刷单位　陕西天意印务有限责任公司
版　　次　2025 年 1 月第 2 版　　　　2025 年 1 月第 1 次印刷
开　　本　787 毫米×1092 毫米　1/16　印张 19.5
字　　数　462 千字
定　　价　63.00 元
ISBN 978-7-5606-7501-5
XDUP 7802002-1

＊＊＊如有印装问题可调换＊＊＊

前　言

"运动控制系统"课程是高等职业技术教育自动化专业、电气工程及自动化专业的一门专业核心课程。该课程融合了电机学、电力电子技术、计算机控制技术、控制理论、信号检测与处理技术等多门学科的知识，课程信息量大、综合性强、覆盖面广，而且课程内容更新速度快、工程实用性强，具有很强的实践性和应用性。通过本课程的学习，学生应能熟练掌握运动控制系统的基础理论和方法，具备对运动控制系统的初步设计、调试和维护的基本职业能力，进一步提升职业岗位综合能力和职业素养。

本课程依据《教育部关于职业院校专业人才培养方案制订与实施工作的指导意见》和教育部《高等职业学校专业教学标准》开设，总体思路是：突出以学生为中心、以就业为导向，坚持以能力为本位，从专项能力需要出发，培养学生的岗位作业能力、创新能力、职业精神及工匠精神。

随着我国进入新的发展阶段，产业升级和经济结构调整不断加快，各行各业对技术技能人才的需求越来越迫切，职业教育的重要地位和作用越来越凸显。习近平总书记强调："在全面建设社会主义现代化国家新征程中，职业教育前途广阔、大有可为。"新时代职业教育的高质量发展，离不开高水平的职业教育教材建设。鉴于以上观点，本书在修订的过程中突出与时俱进的特点：内容侧重新技术、新方法；书中涉及的仿真模型全部采用高版本的、软件运行环境稳定的 MATLAB R2010b 仿真软件建模完成；删除了原书中硬件过时的实验指导，基于汇川 PLC、变频器、伺服电机、伺服驱动器等设备及其配套软件重新编写了实验指导。因此，修订后的教材有利于学生更直观地理解和掌握交直流调速系统的理论知识，加深对专业知识和岗位技能的理解与掌握，培养综合职业能力，满足职业生涯发展需要，为后续学习与发展打好基础。

本书主要介绍了运动控制系统中直流电机和交流异步电机的调速技术，以及面向电气原理的交直流调速系统的仿真技术。本书将交直流调速运动控制技术和 MATLAB/Simulink 仿真技术有机结合在一起，着重体现了高等职业教育以应用型教育为主导培养方向的办学理念。本书遵循理论和实际相结合的原则，强调工程应用，具有如下特点：

（1）突出实用性，淡化理论概念，简化公式推导和分析过程。

（2）注重实例分析，有利于学生进一步理解和巩固理论知识，做到学以致用。

（3）每章开头给出了本章的主要知识点及学习要求，章尾配有适量的习题与思考题，有助于学生抓住重点，便于自学。

（4）附录中安排了运动控制系统常用案例的硬件实现实验指导，将实践内容与理论教学内容相结合。

（5）重点章节均给出了基于调速系统电气原理结构图的 MATLAB 仿真实现，仿真实验方法与实物实验方法相似。

（6）重点理论内容、仿真实训及硬件实训配有视频讲解，方便学生自学。

全书共分为八章。第一章主要介绍运动控制系统的基本概念、组成及基本控制方式；第二章介绍单闭环直流调速系统及其仿真实现，重点介绍单闭环直流调速系统的基本概念、工作原理及 MATLAB 仿真实现；第三章介绍双闭环直流调速系统及其仿真实现，重点介绍双闭环直流调速系统的组成、常用的工程设计方法及 MATLAB 仿真实现；第四章主要介绍脉宽调制（PWM）直流调速系统的调速原理、PWM 变换器、PWM 直流调速系统的机械特性，以及 PWM 直流调速系统的仿真实现方法；第五章介绍交流电机变压变频调速系统，着重分析变压变频调速的基本控制方式、电压频率协调控制时的机械特性、异步电机变压变频调速系统，同步电机变压变频调速系统，以及异步电机转速开环恒压频比调速系统和转速闭环转差频率控制调速系统的仿真实现方法；第六章介绍交流电机矢量控制变频调速系统，重点介绍矢量控制原理、坐标变换理论、常见的矢量控制系统类型及其仿真实现方法；第七章介绍变频器应用技术，重点讨论变频器的基本结构、汇川 MD500 系列变频器及其应用技术；第八章介绍伺服电机控制系统，主要介绍交直流伺服电机的特点、伺服驱动器的组成及运行模式、汇川 IS620P 和 SV660N 伺服驱动器应用技术及应用案例等。本书各章中的仿真部分可以自成体系，即将各章最后仿真部分的内容组合起来，就是运动控制调速系统的 MATLAB 仿真技术的内容，可以独立为仿真实验指导书。

苏州市职业大学电子信息工程学院的尚丽担任本书主编，张苏新、黄博担任副主编。尚丽编写了第一章到第六章，并完成这些章节中的 MATLAB/Simulink 仿真建模及分析；张苏新编写了第七章、第八章及附录；黄博完成全书的仿真验证和文字校对工作。全书由尚丽统稿。

作者在编写本书的过程中得到了本系多年担任该课程教学任务的同仁们的指导，在此表示诚挚的谢意。书中还参阅了部分兄弟院校的教材和国内外文献资料，在此对原作者也一并致谢！

由于编写水平有限且编写时间仓促，书中难免存在疏漏和不妥之处，敬请读者批评指正！

作　者

2024 年 8 月

目　录

第一章　运动控制系统基础知识

❖ **主要知识点及学习要求**

(1) 了解运动控制系统的概念、分类及组成。

(2) 了解运动控制系统的基本控制方式及控制原理。

(3) 了解定位控制的概念及定位控制方式。

(4) 了解交直流调速系统的特点。

(5) 了解 MATLAB/Simulink 仿真技术。

1.1　运动控制系统概述

1.1.1　运动控制系统的定义与分类

1. 运动控制系统的定义

运动控制系统(Motion Control System)是以电机为控制对象、以控制器为核心、以电力电子功率放大与变换装置为执行机构,在自动控制理论的指导下组成的一种自动控制系统,在有些教材中也称为电力拖动控制系统(Control Systems of Electric Drive)。它通过对电机电压、电流、频率等输入电量的控制来改变工作机械的转矩、速度、位移等机械量,使各种工作机械按照人们期望的要求运行,以满足生产工艺及其他应用的需要。

运动控制(Motion Control)是自动化的一个分支,通常是指在复杂条件下将预定的控制方案、规划指令转变成期望的机械运动,实现机械运动精确的位置控制、速度控制、加速度控制、转矩或力的控制。现代运动控制已成为电机学、电力电子技术、微电子技术、计算机控制技术、控制理论、信号检测与处理技术等多门学科相互交叉的综合性学科。其中,控制理论是运动控制系统的理论基础,是指导系统分析和设计的依据。运动控制系统实际问题的解决常常能推动理论的发展,而新的控制理论的诞生又为研究和设计各种新型的运动控制系统提供了理论依据。

为了更清楚地说明运动控制系统的概念,下面简单介绍一下自动控制理论中常用的几个术语。

(1) 自动控制:在没有人直接参与的情况下,利用外加的设备或装置,使机器设备或生产过程的某个工作状态或参数自动地按照预定的规律运行。例如,无人驾驶飞机按照预定的飞行航线自动升降和飞行,这是典型的自动控制技术应用的结果。

(2) 控制对象(也称被控对象):在自动控制技术中,通常指工作的机器设备,例如汽车、飞机、炼钢炉、化工生产用锅炉等。

(3) 控制量(也称被控量):表征机器设备工作状态的物理参量,如电压、电流、进给量、炉温等。

(4) 给定输入(或参考输入):对物理参量的要求值。

(5) 控制装置(也称控制器):起控制作用的设备装置。控制装置发出的控制输出信号即控制量。

(6) 系统:为达到某一目的,由相互制约的各个部分按一定规律组成的、具有一定功能的整体。

掌握上述几个概念后,就不难理解运动控制系统或者自动控制系统的含义了。一般地,被控对象和控制装置(控制器)的总体称为自动控制系统。

现以无人驾驶飞机为例,进一步解释上述几个概念。无人驾驶飞机按预先给定的飞行航线参数(高度、方向等)飞行,则预先给定的飞行航线参数称为给定输入或参考输入;在飞行过程中大气气流的影响使飞机偏离预定的航线,大气气流使飞行参数改变称为扰动;飞机的测量比较装置测出实际飞行参数与预定飞行参数存在偏差,就会对飞机的某些设备装置进行控制调节,这些起控制作用的设备装置称为控制器;飞机称为被控对象;飞机实际飞行参数称为被控量;在控制器作用下飞机回到预定的航线或偏差在允许范围内,这就形成了无人驾驶飞机的自动控制。

2. 运动控制系统的分类

根据控制目的、驱动电机类型及控制电路实现方式,运动控制系统通常有以下三种分类方式。

(1) 按被控物理量分:以转速为被控量的系统叫调速系统,以角位移或直线位移为被控量的系统叫随动系统(或伺服系统,常见的如伺服定位控制系统)。

(2) 按驱动电机的类型分:用直流电机带动生产机械的系统为直流传动系统,用交流电机带动生产机械的系统为交流传动系统。

(3) 按控制器的类型分:用模拟电路构成控制器的系统为模拟控制系统,用数字电路构成控制器的系统为数字控制系统。实际应用中根据运动控制系统的设计要求,可将模拟控制系统和数字控制系统结合在一起,构成数字模拟混合系统。因此按照控制器类型,运动控制系统可分为模拟控制系统、数字控制系统、数字模拟混合系统。

在数字控制系统中,按照控制单元类型的不同,运动控制系统通常又分为以下四种:

① 由单片机等构成的运动控制系统。这种控制系统由单片机芯片、外围扩展芯片和外围电路等组成。在位置控制方式下,通过单片机的I/O口输出数字脉冲信号来控制执行机构运动。在速度控制方式下,需要加D/A转换模块输出模拟量信号来实现运动控制。这种运动控制系统的优点是成本低,适用于功能简单、控制精度要求不高的场合。

② 由PC和运动控制卡构成的运动控制系统。这种运动控制系统的典型是伺服控制系统,可以用于运动过程、运动轨迹都比较复杂且柔性比较强的机器设备。运动控制卡的主控芯片类型常有单片机、DSP、专用运动控制芯片等三种形式。以单片机为主控芯片的运动控制卡成本低,外围电路却很复杂,常用于控制步进电机。以DSP为主控芯片的运动控制卡运算能力强大,常用于工业机器人的运动控制。以专用运动控制芯片为主控芯片的运动控制卡成本高,但运动控制功能由硬件实现,且集成度高,可靠性、实时性好,可用于步

进电机和数字式伺服电机的控制。

③ 由 PLC 等构成的运动控制系统。PLC 一般都具有定位控制的功能命令及配套的专用控制模块。使用由 PLC 构成的运动控制系统还可以同时完成顺序控制、开关控制等，且 PLC 采用梯形图编程，易于学习和使用。但是，由于 PLC 输出脉冲的频率有限，实现高速、高精度、多轴联动、高速插补等操作是有难度的，因此这种系统主要用于运动过程不是特别复杂、运动轨迹相对固定的设备。

④ 专用控制系统，主要指专用的数控系统，比如数控车床、数控铣床等。它集成了计算机的核心部件、I/O 接口及专用的软件，用户使用非常方便，不需要二次开发。

1.1.2　运动控制系统的组成

根据运动控制系统的定义可知，运动控制系统通常包含电机、控制器、功率放大与变换装置、信号检测(传感器)与数据处理等环节，其组成框图如图 1-1 所示。通过运动控制系统可以实现精确的位置、速度、加速度及力矩的控制。

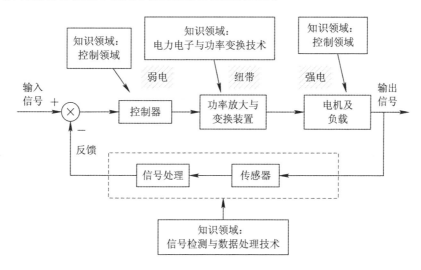

图 1-1　运动控制系统组成框图

图 1-1 中，电机是运动控制系统的重要组成部分，其执行能力的好坏将决定整个运动控制系统的控制特性。常用的电机有直流电机、交流异步电机、同步电机、步进电机和伺服电机等。功率放大与变换装置是执行手段，目前常用可控电力电子器件组成电力电子装置，如晶体管放大器(二极管、三极管)、绝缘栅场效应管(即 MOSFET 管)、绝缘栅双极型晶体管(即 IGBT 管)等。控制器有模拟控制器和数字控制器两类。模拟控制器常用运算放大器及相应的电气元件实现，具有物理概念清晰、控制信号流向直观等优点，但是线路复杂、通用性差，控制效果受到器件性能和温度等因素的影响。数字控制器的硬件电路标准化程度高、制作成本低，而且不受器件温度漂移的影响，控制规律体现在软件上，修改起来灵活方便。此外，数字控制器还拥有信息存储、数据通信和故障诊断等模拟控制器无法实现的功能。运动控制系统中常见的反馈信号是电压、电流、转速和位置，为了得到可靠的信号并实现功率电路(强电)和控制器(弱电)之间的电气隔离，需要相应的传感器。另外，对信号还需要考虑滤波处理，以避免噪声的干扰。

1.1.3 运动控制的基本方式

与自动控制一样,运动控制有两种最基本的控制方式,即开环控制和闭环控制。其中闭环控制是工业生产中使用最为广泛的控制方式,也是本书讨论的主要内容。

1. 开环控制

开环控制是一种最简单的控制方式,其特点是:在控制器与被控对象之间只有正向控制作用而没有反馈控制作用,即系统的输出量对控制量没有影响。常见的开环控制有以下两种。

(1) 按给定值操作的开环控制。这种控制方式的特点是:需要控制的是被控对象的被控量,而控制装置(即控制器)只接受给定值信号。按给定值操作的开环控制系统的原理方框图如图1-2所示。系统中,给定值信号经计算、执行部件及被控对象而转变为被控量,这是一个单向传递过程,故称开环控制。

给定值 → 计算 → 执行 → 被控对象 → 被控量

图1-2 按给定值操作的开环控制系统的原理方框图

这种开环控制方式有明显的缺陷,即对可能出现的被控量偏离给定值的偏差没有任何修正能力,抗干扰能力差,控制精度不高,故当系统的结构参数稳定、干扰极弱或控制精度要求不高时,可采用这种开环控制方式。

(2) 按干扰补偿的开环控制。这种控制方式的特点是:需要控制的仍是被控对象的被控量,而控制装置(即控制器)接受的是干扰信号(破坏正常运行的干扰信号)。按干扰补偿的开环控制系统的原理方框图如图1-3所示。利用干扰信号产生控制作用,以及时补偿干扰对被控量的直接影响,称为干扰补偿控制。干扰信号经测量、计算、执行等部件及被控对象变换为被控量,这也是一个单向传递过程。

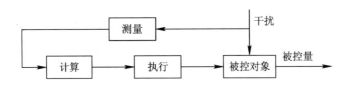

图1-3 按干扰补偿的开环控制系统的原理方框图

这种开环控制方式只能对可测干扰进行补偿,对不可测干扰,系统自身无法控制,因此控制精度受到原理上的限制。在存在强干扰且变化比较剧烈的场合,可以采用这种开环控制方式。

2. 闭环控制

闭环控制方式的特点是:在控制器与被控对象之间,不仅存在着正向作用,而且存在着反馈作用,即系统的输出量对控制量有直接影响。闭环控制系统中,控制信号经计算比较、执行部件至被控对象,然后又经测量部件反馈回来,形成一个闭路传递,故称闭环控制,其原理方框图如图1-4所示。将检测出来的输出量(即被控量)送回到系统的输入端,并与输入量(即给定值)比较的过程称为反馈。若反馈信号与输入信号相减,则称为负反馈；反之，若相加，则称为正反馈。输入信号与反馈信号之差称为偏差信号。偏差信号作用于控制器上，使系统的输出量趋向于给定的数值。闭环控制的实质就是利用负反馈的作用来减小系统的误差，因此闭环控制又称为反馈控制。

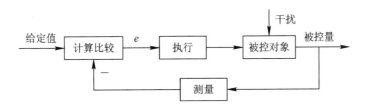

图 1-4　按偏差调节的闭环控制系统的原理方框图

　　闭环控制系统从原理上提供了实现高精度控制的可能性。因为无论是干扰的作用，还是系统结构参数的变化，只要被控量偏离给定值，系统就会自行纠偏。但是闭环控制系统的参数如果匹配得不好，会造成被控量的较大摆动，甚至使系统无法正常工作。下面以一个简单的水位控制系统为例，通过水位自动控制的实现来理解单闭环自动控制系统自动控制的工作过程。

　　例 1-1　　一个简单的水位控制系统如图 1-5 所示，试分析系统的工作原理，并画出系统的原理方框图。

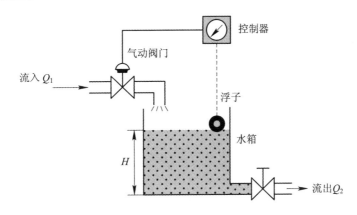

图 1-5　水位控制系统

　　解　系统的任务是控制水箱内的水位高度 H，使其等于预先设定的水位高度 H_0。

因为最终需要控制的是水箱内的水位高度，使其维持恒定，故首先应明确下列问题：

（1）被控对象：水箱、供水系统；

（2）被控量：水箱内水位的高度；

（3）给定量：控制器刻度盘指针标定的预定水位高度；

（4）控制装置：气动阀门、控制器；

（5）测量装置：浮子；

（6）比较装置：控制器刻度盘；

（7）干扰：水的流出量 Q_2 和流入量 Q_1 的变化都将影响水位，故 Q_1、Q_2 是干扰输入。

　　由上述分析可知系统的工作原理如下：假定水位高度 H 恰好等于控制器刻度盘指针标定的预定水位高度，则水位偏差为零，气动阀门保持一定开度，进水量一定，水箱处于平衡工作状态。

如果流出量 Q_2 突然增大，而进水气动阀门一时没变，则水位下降，浮子下移，使得进水阀门开度增大，水位偏差不为零，进水量增加，水位逐渐升高，直至水位高度 H 又恢复到预先设定的值，系统重新进入平衡状态。

水位控制系统的原理方框图如图 1-6 所示。

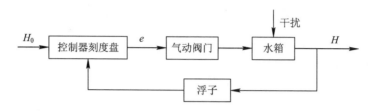

图 1-6　水位控制系统的原理方框图

闭环控制系统是否能很好地工作，取决于被控对象和控制装置之间、各功能部件的特性参数之间是否匹配得当。在工程实际应用中，控制精度是衡量自动控制系统技术性能的重要尺度。工程上常从稳、准、快三个方面来评价总体精度。稳和快反映了系统动态过程性能的好坏。既快又稳，表明系统的动态精度高；准是衡量稳态精度的指标，反映了系统后期稳态的性能。稳、快、准三方面的性能指标往往由于被控对象的具体情况不同，各系统要求也有所侧重，而且同一个系统的稳、快、准的要求是相互制约的。

1.1.4　定位控制方式

定位控制是运动量控制的一种，又称位置控制，它是指当控制器发出控制指令后，使被控对象的位置按照指定速度完成指定方向上的指定位移，即在一定时间内稳定停止在预定的目标点处。故可归纳出定位控制的三要素，即指定速度、指定方向、指定位移。定位控制应用广泛，如机床工作台的移动、立体仓库的操作机取货、各种包装机械及输送机械等。

常见的定位控制方式有速度控制和位置控制。

速度控制方式的定位精度与运动物体自由滑行时间及负荷大小等因素有关，无法进一步提高定位精度。常见的速度控制方式简述如下：

(1) 采用限位开关实现的速度控制。早期的定位控制是利用限位开关实现的，在需要停止的位置安装开关(如行程开关、光电开关等)，运动物体在运动过程中碰到限位开关时便切断电机的电源，使物体停止运动。该定位方式简单，但是精度极差。由于运动具有惯性，物体断电后会自由滑行，停止时间由惯性决定，即便添加制动装置以提高定位精度，仍不能满足控制要求，并且维护也不方便。

(2) 采用变频器实现的速度控制。当变频器出现后，利用变频器的多段速度控制功能可使电机在低速时停止，大大降低了系统惯性，有效提高了定位精度。

(3) 采用PLC实现的速度控制。使用PLC编程实现系统控制时，取消了限位开关，在电机轴上安装了编码器，编码器将位移信号转换成脉冲信号送入PLC的高速计数口，PLC就可以实现高、中、低速度的切换，使用非常方便。

随着步进电机和伺服电机的出现，位置控制方式被采用，定位精度得到了很大的提高。步进电机的定位精度取决于绕组(电气)和齿结构(机械)的制造质量，而伺服电机的定位精度取决于装配精度、编码器精度和算法。

在伺服电机定位控制中,执行机构严格按照控制命令的要求而动作。编码器采集脉冲给到伺服驱动器,伺服驱动器控制伺服电机的速度、方向、位移。PLC 起到给伺服驱动器发出动作指令的作用。使用过程中,通过控制伺服电机的脉冲量实现定位位置的控制,通过控制伺服电机脉冲输出速度实现速度的控制。在较为复杂的系统中使用总线的方式实现伺服电机的控制亦是非常不错的选择,如 CAN、EtherCAT 等,可以大量减少系统接线,简化系统。

目前定位控制技术的发展过程中,定位控制方式的改善提高是以检测技术的提高而提高的,因而定位控制算法成为定位控制技术的关键,是高精度定位的关键技术。

1.2 交直流调速系统的特点

在运动控制系统中,对速度的调节是其重要的应用之一。用于完成这一功能的自动控制系统被称为调速系统。目前调速系统分为直流调速系统和交流调速系统两大类,下面分别介绍这两种调速系统的特点。

1.2.1 直流调速系统的特点

用直流电机作为原动机的传动方式称为直流调速。直流调速具有良好的起、制动性能,调速性能较好,调速范围广,易于实现平滑调速,且调速转矩大,在许多需要调速或快速正反向运行的自动控制系统中得到了广泛的应用。

直流调速系统的调速方法有三种:调压调速、调节励磁电阻调速和减弱励磁磁通调速。这三种方法均易于实现。直流电机的各参数、变量之间的数学关系简单明了,且多为线性函数关系,其简单、准确的数学模型,极大地方便了直流调速系统的设计、分析和计算。在长期的实践中,直流调速系统已经建立起完整的理论体系,其设计方法成熟、经典。

从根本上说,由于直流电机电枢和磁场能独立进行激励,而且转速和输出转矩的描述是对可控电压(或电流)激励的线性函数,因此容易实现各种直流电机的调速控制,也容易实现对控制目标的"最佳化",这也是直流电机长期主导调速领域的原因。虽然近年来交流电机的调速控制技术发展很快,但直流调速系统的地位和作用仍不容忽视。

随着 GTO 晶闸管、GTR、P-MOSFET、IGBT 和 MCT 等全控型功率器件的问世,用这些有自关断能力的器件取代原来普通晶闸管系统必需的换向电路,简化了电路结构,提高了效率和工作频率,降低了噪声,缩小了电力电子装置的体积和重量。谐波成分大、功率因数差的相控变流器逐步被斩波器或脉冲宽度调制(PWM)型变流器所代替,明显地扩大了电机控制的调速范围,提高了调速精度,改善了快速性、效率和功率因数。PWM 电源终将取代晶闸管相控式可控功率电源,成为可控功率电源的主流。

随着信息、控制与系统学科以及电力电子技术的发展,运动控制系统获得了迅猛发展,目前完全数字化的控制装置已成功应用于生产,以微机作为控制系统的核心部件,并具有控制、检测、监视、故障诊断及故障处理等多功能的运动控制系统正处在形成和不断完善之中。

1.2.2 交流调速系统的特点

用交流电机作为原动机的传动方式称为交流调速。交流调速系统发展迅速的很大一部分原因在于交流电机的特点：无电刷和换向器，体积小，结构简单，坚固耐用。目前，以大功率半导体器件、大规模集成电路为基础的交流电机调速系统已具备了较宽的调速范围、较高的稳态精度、较快的动态响应、较高的工作效率以及可以四象限运行等优异性能，其静、动态特性均可以与直流电机调速系统相媲美，而且交流电机比直流电机经济耐用得多，因而交流电机调速系统被广泛应用于各行各业，是一种量大面广的传统产品。特别是节能型交流调速技术的迅速发展，为交流调速提供了广泛的应用前景。

交流调速方式有定子频率调节、交流电机极对数调节和转差频率调节三大类，因而交流电机的调速方法有变频调速、变极对数调速、调压调速、电磁调速、齿轮调速等。基于节能角度，通常把交流调速分为高效调速和低效调速。变极对数调速、串级调速和变频调速就属于高效调速，即转差率基本不变的调速，不增加转差损失，或者转差功率以电能的形式回馈电网，或以机械能的形式回馈机轴。变转差率调速、转子串电阻调速和定子调压调速都是低效调速，存在转差损失。变极对数调速、变转差率调速适用于鼠笼型异步电机；串级调速、转子串电阻调速适用于绕线式异步电机；变频调速、定子调压调速既适用于鼠笼型异步电机，也适用于绕线式异步电机。

1.3 MATLAB/Simulink 仿真技术

仿真技术以控制论、系统论、相似原理和信息技术为基础，是工程技术人员进行系统分析、设计和评估的重要手段。由自动控制理论我们已经知道，在电机调速控制系统中，使用框图组织系统又省时又省力，如果采用计算机仿真技术来实现电机调速，在提高调速系统运行精度，减少累积误差等方面会大有益处。本书借助 MATLAB/Simulink 仿真技术实现交、直流调速系统的仿真设计与分析。使用的 MATLAB 软件版本为 R2010b，参照交、直流调速系统的电气原理图，利用 Simulink 工具箱中的功能模块可以方便地构建交、直流调速系统的仿真模型，方便用户更直观地理解交、直流调速系统的原理和调速过程。

MATLAB 是 matrix 和 laboratory 两个词的组合，意为矩阵工厂(矩阵实验室)，是美国 MathWorks 公司出品的商业数学软件，用于数据分析、无线通信、深度学习、图像处理与计算机视觉、信号处理、量化金融与风险管理、机器人、控制系统等领域。该软件主要面对科学计算、可视化以及交互式程序设计的高科技计算环境。它将数值分析、矩阵计算、科学数据可视化以及非线性动态系统的建模和仿真等诸多强大功能集成在一个易于使用的视窗环境中，为科学研究、工程设计以及必须进行有效数值计算的众多科学领域提供了一种全面的解决方案，并在很大程度上摆脱了传统非交互式程序设计语言的编辑模式。

Simulink 是 MATLAB 中的一种可视化仿真工具，是一个模块图环境，它支持系统设计、仿真、自动代码生成以及嵌入式系统的连续测试和验证。Simulink 为用户提供了图形编辑器、可自定义的模块库以及求解器，能够进行动态系统建模和仿真。在 Simulink 环境中，用户利用鼠标就可以在模型窗口中直观地"画"出系统模型，然后进行系统仿真，非常方便、灵活。MATLAB/Simulink 中的菜单方式对于交互工作非常方便，可以用 Display 和

Scope 模块直观地看到各模块运行的数值和波形,同时可以方便地修改模块的参数来查看系统的变化情况。而且,Simulink 与 MATLAB 相集成,能够在 Simulink 中将 MATLAB 算法融入模型,还能将仿真结果导出至 MATLAB 做进一步分析。

进入 MATLAB 软件编程环境后,在快捷图标上双击"🏵"(Simulink)图标,即可打开 Simulink 仿真工具箱。用户根据实际需要选择相应的模块库即可构建仿真模型。点击 "Help"或者借助于互联网,用户可以学习如何使用 MATLAB/Simulink 仿真工具箱,这里不展开讨论。

1.4　本课程的任务

本课程的任务是使读者在掌握交、直流调速控制系统的基本组成原理的同时,能够结合工程实际情况,根据生产设备所提出的技术指标组成,选择合理的控制系统结构;在掌握反馈闭环控制原理的基础上,能够正确地选择和整定调速控制系统的动、静态参数,使系统的调速性能达到最佳状态;在功率可控电源和控制电路的实现上,既要掌握目前普及应用的技术和正在发展的新技术,也要掌握模拟电路、微处理器、智能功率集成电路以及目前应用广泛的各类器件及由这些器件组成的系统;能从工程实用的角度提出问题、分析问题和解决问题。特别是对高职院校的学生来说,通过学习本课程,应该提高独立思考能力和动手能力,将来能够胜任电气传动控制系统的操作、维护和管理工作。

习题与思考题

1-1　什么是运动控制系统?它是由哪几部分组成的?

1-2　运动控制的基本方式有哪几种?

1-3　常用的运动控制系统有哪几类?

1-4　水箱液位控制系统的方案如图 1-7 所示,试分析系统的工作原理,并画出系统的原理方框图。

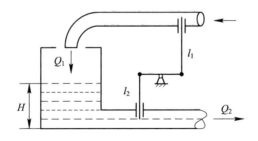

图 1-7　水箱液位控制系统

1-5　简述交、直流调速系统的特点,并比较二者的优缺点。

第二章　单闭环直流调速系统

❖ **主要知识点及学习要求**

(1) 掌握三种常用的直流电机调速方法。

(2) 掌握直流电机的开环和闭环调速特性。

(3) 了解转速负反馈、转速有静差和无静差调速的概念。

(4) 掌握有静差和无静差单闭环直流调速系统的原理。

(5) 掌握转速单闭环直流调速系统的稳态参数计算方法和静态特性。

(6) 了解电流截止负反馈的概念。

(7) 熟悉 MATLAB 软件环境，掌握 MATLAB/Simulink 仿真工具箱的使用方法。

(8) 掌握转速单闭环直流调速系统的 MATLAB 仿真建模和分析方法。

2.1　概　　述

2.1.1　调速的定义

直流电机具有良好的起动、制动和调速性能，宜于在大范围内平滑调速，在许多需要调速或快速正反向运动的电力拖动领域得到了广泛的应用。而且，直流调速控制系统在理论上和实践上都比较成熟，从控制的角度来看，它也是交流调速控制系统的基础。因此，为了保持由浅入深的教学顺序，首先应该学习和掌握直流调速系统。

所谓调速，是指在某一具体负载情况下，通过改变电机或供电电源参数的方法，使电动机机械特性曲线得以改变，从而使电机转速发生变化或保持不变。也就是说，调速包含两个方面：其一，在一定范围内"变速"。如图 2-1 所示，当电机负载（T）不变时，转速可以由 n_a 变到 n_b 或 n_c；其二，保持"稳速"。在某一速度下运行的生产机械受到外界干扰，例如负载增加时，为了保证电机工作速度不受干扰的影响而下降，需要进行调速，使速度接近或等于原来的转速，如图 2-1 中转速 n_d 就是负载由 T_1 增加到 T_2 后的速度，它基本上与转速 n_a 保持一致。

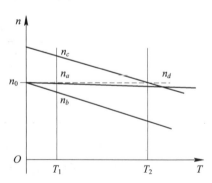

图 2-1　调速与 $n = f(T)$ 的关系

2.1.2　直流电机的调速方法

本节只讨论他励直流电机的调速方法及其特点。

根据电机拖动理论知道,他励直流电机的机械特性方程为

$$n = \frac{U - IR}{K_e \Phi} \qquad (2-1)$$

式中:n——转速(r/min);

　　U——电枢电压(V);

　　I——电枢电流(A);

　　R——电枢回路总电阻(Ω);

　　Φ——励磁磁通(Wb);

　　K_e——由电机结构决定的电动势常数。

根据式(2-1),可知他励直流电机的调速方法有三种:

① 调节电枢供电电压U;

② 减弱励磁磁通Φ;

③ 改变电枢回路总电阻R。

三种调速方法的机械特性分别如图2-2所示。在每一种调速方法中,只调整一个参数,其他参数维持其在固有特性额定点的数值不变。

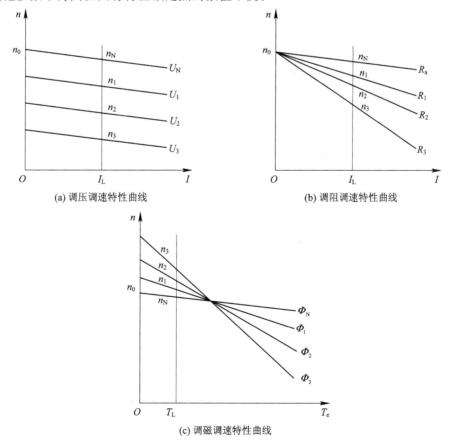

(a) 调压调速特性曲线　　　　　　　(b) 调阻调速特性曲线

(c) 调磁调速特性曲线

图2-2　直流电机在调压调速、调阻调速和调磁调速三种调速方法下的机械特性曲线

改变电枢电压 U 所得的机械特性是一组平行变化的曲线(即机械特性曲线的斜率为常数),如图 2-2(a)所示。电机电枢电压越小,电机转速越低,转速降落 Δn 不变,如图 2-2(a)中,电压之间的关系为 $U_3 < U_2 < U_1 < U_N$,则对应的转速 $n_3 < n_2 < n_1 < n_N$。通常,采用调压调速方案时,一般在额定转速以下调速,最低转速取决于电机低速时的稳定性。这种调速方法具有调速范围宽,机械特性硬,动态性能好的特点。在连续改变电枢电压时,能实现无级平滑调速,是目前主要采用的调速方法。

改变电枢电阻即在电枢回路中串接不同的附加电阻以调节转速。观察图 2-2(b)可以发现,电阻 $R_a < R_1 < R_2 < R_3$(R_a 为电枢回路电阻),对应转速 $n_3 < n_2 < n_1 < n_N$,即外接电阻越大,电阻功耗越大,转速降落越大,电机转速越低,机械特性曲线越向右下方倾斜,机械特性越软,稳定性越差。这种调速方案不能满足一般生产机械的要求,调速范围较小,是有级调速,平滑性不高;其优点是设计、安装、调整方便,设备简单,投资小,适用于一些对调速要求不高的中、小电机。

直流电机在额定磁通下运行时,磁路已接近饱和,若降低励磁回路供电电压(或电流),可减弱磁通实现升速,特性曲线如图 2-2(c)所示。由图 2-2(c)可知,磁通 $\Phi_3 < \Phi_2 < \Phi_1 < \Phi_N$,对应转速 $n_3 > n_2 > n_1 > n_N$,即磁通越弱,转速越大。采用此种调速方法,一般以额定转速为最低转速,最高转速受电机换向条件和电枢机械强度的限制,所以调速范围不大,该方法往往只是和调压调速相配合,在额定转速以上作小范围的弱磁升速,以利于扩大调速范围。

总之,上述三种调速方法中,对于要求在一定范围内平滑调速的系统来说,以调节电枢供电电压的方式最好。改变电阻只能实现有级调速,调速范围小、平滑性不高、稳定性差;减弱磁通虽然能够平滑调速,但调速范围小,需要与调压调速方法结合。因此,自动控制的直流调速系统主要以调压调速为主。

2.1.3 调速指标

不同的生产机械,其工艺要求电气控制系统具有不同的调速性能指标,概括为静态和动态调速指标。静态指标用来衡量调速的上、下限以及在不同的转速下运行时转速的稳定性;动态指标要求拖动系统起动、制动快而平稳,稳定在某一转速下运行时,应尽量使转速受各种干扰(如负载变化、电源电压波动、励磁电流变化、环境温度变化等)的影响较小。

1. 调速范围

电机在额定负载下,生产机械要求电机提供的最高转速 n_{max} 和最低转速 n_{min} 之比叫作调速范围,用字母 D 表示,即:

$$D = \frac{n_{max}}{n_{min}} \tag{2-2}$$

不同的生产机械要求的调速范围是不同的,一般总希望 D 越大越好。根据式(2-2),要想使 D 值较大,则必须提高 n_{max}、降低 n_{min}。对于少数负载很轻的机械,例如精密磨床,一般用实际负载时的最高和最低转速。对非弱磁的调速系统,电机的最高转速 n_{max} 即为额定转速 n_N。

2. 静差率

电机的 n_{max} 受机械强度及换向等条件的限制,基本上比额定转速高不了多少。而降低

$n_{\min}$也受到低速运行时的相对稳定性，即静差率的影响。

所谓静差率，是指电机稳定运行时，当负载由理想空载增加到额定值时所对应的转速降落 Δn_{N} 与理想空载转速 n_0 之比，称作静差率 s，即

$$s = \frac{\Delta n_{\mathrm{N}}}{n_0} \qquad (2-3)$$

或用百分数表示为

$$s = \frac{\Delta n_{\mathrm{N}}}{n_0} \times 100\% \qquad (2-4)$$

式中 $\Delta n_{\mathrm{N}} = n_0 - n_{\mathrm{N}}$。

静差率反映了电机转速受负载变化的影响程度，它与机械特性有关。在理想空载转速一定时，电机的机械特性越硬（即转速降落 Δn_{N} 越小），静差率越小，转速的稳定性就越好；或者说，在机械特性硬度一定时，理想空载转速越低，静差率越大，转速的相对稳定性越差，例如，假设转速降落为 $\Delta n_{\mathrm{N}} = 10$ r/min，当电机理想空载转速 $n_0 = 1000$ r/min 时，静差率 $s = 1\%$；当 $n_0 = 100$ r/min 时，静差率 $s = 10\%$；当 $n_0 = 10$ r/min 时，静差率 $s = 100\%$，这时电机已经停止转动，转速全部降落完了。

为扩大调速范围 D 而降低 $n_{\min}$，会降低机械特性的硬度或降低理想空载转速，这就使得静差率变大，相对稳定性变差，如果负载或系统受到一个扰动的话，电机的转速会降得非常低，甚至停转，如图 2-3 所示。因此，系统可能达到的最低转速受低速特性的静差率制约，即调速范围受低速特性的静差率制约。

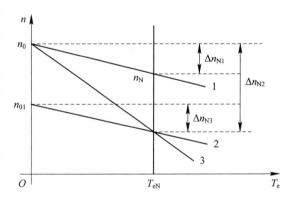

图 2-3 不同机械特性下的静差率

由此可见，调速范围和静差率这个指标并不是彼此孤立的，必须同时考虑才有意义。在调速过程中，如果额定转速降落相同，则转速越低时，静差率越大。如果低速时的静差率满足设计要求，则高速时的静差率就更满足要求了。常用的生产机械对调速范围 D 和静差率 s 的要求如表 2-1 所示。

表 2-1 常用生产机械所要求的调速范围 D 和静差率 s

生产机械名称	调速范围 D	静差率 s
龙门刨床	$20 \sim 40$	6%
仪表车床	60	5%
造纸机	$3 \sim 20$	$1\% \sim 0.1\%$
热连轧机	$3 \sim 10$	$<1\%$
冷连轧机	>15	$<2\%$

3. 调速范围 D 与静差率 s 的关系

在直流电机调压调速系统中，一般以电机的额定转速 n_N 作为最高转速，若额定负载下的转速降落为 Δn_N，静差率为最低转速时的静差率，则最低转速为

$$n_{min} = n_{0\,min} - \Delta n_N = \frac{\Delta n_N}{s} - \Delta n_N = \frac{(1-s)\Delta n_N}{s} \tag{2-5}$$

则调速范围 D 为

$$D = \frac{n_{max}}{n_{min}} = \frac{n_N}{n_{min}} \tag{2-6}$$

代入 n_{min}，则

$$D = \frac{n_N s}{\Delta n_N(1-s)} \tag{2-7}$$

由式(2-7)可见，对于同一个调速系统，Δn_N 值一定，如果对静差率要求越严，即要求 s 值越小时，系统能够允许的调速范围也越小。

例 2-1 某台他励直流电机有关数据为：$P_N = 60\ kW$，$U_N = 220\ V$，$I_N = 305\ A$，$n_N = 1000\ r/min$，电枢回路电阻 $R_a = 0.04\ \Omega$，求下列各种情况下电机的调速范围 D：

(1) 静差率 $s \leqslant 30\%$，电枢串电阻调速时；

(2) 静差率 $s \leqslant 20\%$，电枢串电阻调速时；

(3) 静差率 $s \leqslant 20\%$，降低电源电压调速时。

解 (1) 静差率 $s \leqslant 30\%$，电枢串电阻调速时的调速范围计算：

由电机机械特性方程(即式(2-1))，求电机的电动势系数 C_e：

$$C_e = K_e \Phi = \frac{U_N - I_N R_a}{n_N} = \frac{220 - 305 \times 0.04}{1000}\ V/(r \cdot min^{-1}) = 0.2078\ V/(r \cdot min^{-1})$$

理想空载转速 n_0 为

$$n_0 = \frac{U_N}{C_e} = \frac{220}{0.2078}\ r/min \approx 1058.7\ r/min$$

则静差率 $s = 30\%$ 时，最低转速 n_{min1} 为

$$s = \frac{n_0 - n_{min1}}{n_0}$$

$$n_{min1} = n_0 - s n_0 = (1058.7 - 0.3 \times 1058.7)\ r/min = 741.1\ r/min$$

调速范围 D_1 为

$$D_1 = \frac{n_{max}}{n_{min1}} = \frac{n_N}{n_{min1}} = \frac{1000}{741.1} \approx 1.35$$

(2) 静差率 $s \leqslant 20\%$，电枢串电阻调速时的调速范围计算：

利用步骤(1)中求得的理想空载转速 $n_0 = 1058.7\ r/min$，计算静差率 $s = 20\%$ 时，最低转速 n_{min2} 为

$$n_{min2} = n_0 - s n_0 = (1058.7 - 0.2 \times 1058.7)\ r/min = 847\ r/min$$

调速范围 D_2 为

$$D_2 = \frac{n_{max}}{n_{min2}} = \frac{n_N}{n_{min2}} = \frac{1000}{847} \approx 1.18$$

(3) 静差率 $s \leqslant 20\%$，降低电源电压调速时的调速范围计算：

额定转矩时的转速降落 Δn_N 为

$$\Delta n_N = n_0 - n_N = (1058.7 - 1000) \text{ r/min} = 58.7 \text{ r/min}$$

最低转速点所在的机械特性的理想空载转速为

$$n_{01} = \frac{\Delta n_N}{s} = \frac{58.7}{0.2} \text{ r/min} = 293.5 \text{ r/min}$$

则最低转速

$$n_{\min} = n_{01} - \Delta n_N = (293.5 - 58.7) \text{ r/min} = 234.8 \text{ r/min}$$

调速范围 D_3 为

$$D_3 = \frac{n_{\max}}{n_{\min}} = \frac{1000}{234.8} = 4.26$$

例 2 - 2　一个直流电机调速系统电机的有关数据如下：额定转速为 $n_N = 1430$ r/min，额定速降 $\Delta n_N = 115$ r/min。求：

(1) 当静差率 $s \leqslant 30\%$ 时，允许多大的调速范围？

(2) 如果要求静差率 $s \leqslant 20\%$，则调速范围是多少？

(3) 如果希望调速范围达到 $D=10$，所能满足的静差率 s 是多少？

解　(1) 要求 $s = 30\%$ 时，调速范围为

$$D = \frac{n_N s}{\Delta n_N (1-s)} = \frac{1430 \times 0.3}{115 \times (1-0.3)} = 5.3$$

(2) 若要求 $s = 20\%$，则调速范围只有

$$D = \frac{1430 \times 0.2}{115 \times (1-0.2)} = 3.1$$

(3) 若调速范围达到 10，则静差率 s 只能是

$$s = \frac{D \Delta n_N}{n_N + D \Delta n_N} = \frac{10 \times 115}{1430 + 10 \times 115} = 0.446 = 44.6\%$$

4. 平滑性

在调速范围内，相邻的两级转速相差越小，则调速越平滑。平滑的程度用平滑系数 φ 来表征。

$$\varphi = \frac{n_i}{n_{i-1}} = \frac{v_i}{v_{i-1}} \tag{2-8}$$

上式中，n_i，n_{i-1}，v_i，v_{i-1} 分别是相邻的两级转速或线速度。φ 越接近于 1，则平滑性越好。$\varphi = 1$ 时称为无级调速，此时，转速连续可调，级数为无穷多，调速的平滑性最好。

2.1.4　开环直流调速系统及其特性

1. V-M 直流开环控制系统

改变电枢电压调速是直流调速的主要方法，而采用晶闸管变流器组成的 V-M 直流调速系统又是目前广泛应用的方式，其主要包括电力主电路和控制电路两部分。由晶闸管供电的直流开环控制系统结构图如图 2 - 4 所示。可以看出，V-M 直流开环调速系统的主电路由晶闸管变流器 VT、电抗器 L 以及直流电机 M 组成，通过调节触发装置 GT 的控制电压 U_c 来移动触发脉冲的相位，即可以改变变流器输出电压 U_d，从而实现平滑调速，其开环控制系统的原理方框图如图 2 - 5 所示，U_g 为输入电压信号，是一给定值。

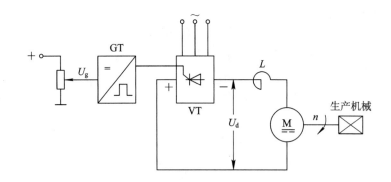

图 2-4　晶闸管供电的直流开环控制系统

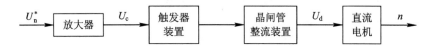

图 2-5　开环控制系统原理方框图

开环控制系统结构简单，成本低。在对静差率要求不高的场合，它也能实现一定范围内的无级调速。但是，许多生产机械常对静差率有一定的要求，以满足工艺需要。在这些情况下，开环控制系统便不能满足要求。

2．V-M 系统主电路的等效电路

在图 2-4 中，假设电机电枢电阻是 R_a、电抗器电阻为 R_L，如果把整流装置内阻 R_{rec} 移到装置外边，看作是负载电路电阻的一部分，则主电路的总的等效电阻 R 为

$$R = R_a + R_L + R_{rec} \qquad (2-9)$$

整流电压可以用其理想空载瞬时值 u_{d0} 和平均值 U_{d0} 来表示，则 V-M 系统主电路的等效电路图如图 2-6 所示。

瞬时电压平衡方程可以写作

$$u_{d0} = E + i_d R + L \frac{\mathrm{d}i_d}{\mathrm{d}t} \qquad (2-10)$$

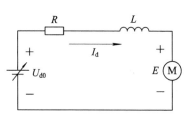

式中：u_{d0}——整流电压瞬时值；

　　　i_d——整流电流瞬时值；

　　　E——电机反电动势；

　　　L——主电路总电感；

　　　R——主电路等效电阻。

图 2-6　V-M 系统主电路的
等效电路图

对 u_{d0} 进行积分，即得理想空载整流电压平均值 U_{d0}。

用触发脉冲的相位角 α 控制 U_{d0} 是晶闸管整流器的特点。U_{d0} 与 α 的关系因整流电路的形式而异，对于一般的全控整流电路，当电流波形连续时，$U_{d0} = f(\alpha)$ 可用下式表示：

$$U_{d0} = \frac{m}{\pi} U_m \sin \frac{\pi}{m} \cos\alpha \qquad (2-11)$$

式中：α——从自然换相点算起的触发脉冲控制角；

　　　U_m——$\alpha=0$ 时的整流电压波形峰值；

　　　m——交流电源一周内的整流电压脉波数。

对于不同的整流电路，整流电压值如表 2-2 所示。

表 2-2　不同整流电路的整流电压值

整流电路	单相全波	三相半波	三相全波	六相半波
U_m	$\sqrt{2}U_2$	$\sqrt{2}U_2$	$\sqrt{6}U_2$	$\sqrt{2}U_2$
m	2	3	6	6
U_{d0}	$0.9U_2\cos\alpha$	$1.17U_2\cos\alpha$	$2.42U_2\cos\alpha$	$1.35U_2\cos\alpha$

注意：表中 U_2 是整流变压器二次侧额定相电压的有效值。

3. V-M 系统的开环机械特性

由于晶闸管整流装置相位控制的特点，当 V-M 系统主回路串接足够大电感量的电抗器 L，而且电机的负载电流也足够大时，整流电流 I_d 的波形是连续的，如图 2-7(a) 所示。当电感较小而且负载较轻时，一相晶闸管导通时的电感储能较少，在下一相未被触发前，电流已经衰减到零，电流出现断续情况，如图 2-7(b) 所示，其中 U_d 和 I_d 分别表示整流电压和电流的平均值；$u_a \sim u_c$ 为三相整流电压瞬时分量；$i_a \sim i_c$ 为三相电流瞬时分量。

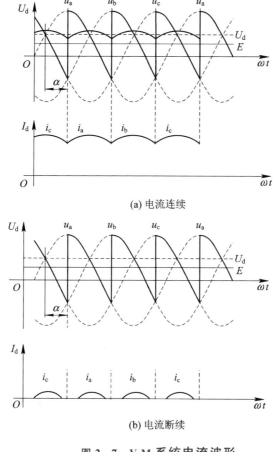

(a) 电流连续

(b) 电流断续

图 2-7　V-M 系统电流波形

(1) 电流连续时 V-M 系统机械特性。

当电流连续时，V-M 系统机械特性方程为：

$$n = \frac{U_{d0} - I_d R}{K_e \Phi} = \frac{U_{d0} - I_d R}{C_e} \qquad (2-12)$$

考虑主电路采用全控整流电路形式,则电枢两端平均整流电压 U_{d0} 用式(2-11)可以计算出来,把 U_{d0} 代入 V-M 系统机械特性方程(即式(2-12)),可以推导出电机转速 n 与平均整流电流 I_d 的关系式:

$$n = \frac{1}{C_e}(U_{d0} - I_d R)$$

$$= \frac{1}{C_e}\left(\frac{m}{\pi}U_m \sin\frac{\pi}{m}\cos\alpha - I_d R\right) \quad (2-13)$$

式中:$C_e = K_e \Phi_N$ 为电机在额定磁通下的电动势系数。

改变控制角 α,得一族平行直线,如图 2-8 所示。图中电流较小的部分画成虚线,表明这时电流波形可能断续,式(2-13)已经不适用了。

上述分析说明:只要电流连续,晶闸管可控整流器就可以看成是一个线性的可控电压源。

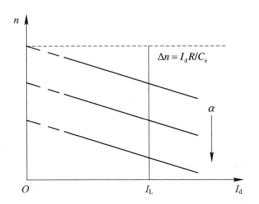

图 2-8 电流连续时 V-M 系统的机械特性

例 2-3 某龙门刨床工作台拖动采用直流电机,其额定数据如下:$P_w = 60 \text{ kW}$,$U_N = 220 \text{ V}$,$I_N = 305 \text{ A}$,$n = 1000 \text{ r/min}$,采用 V-M 系统,主电路总电阻 $R = 0.18 \ \Omega$,电机电动势系数 $C_e = 0.2 \text{ V/(r} \cdot \text{min}^{-1})$。如果要求调速范围 $D = 20$,静差率 5%,采用开环调速能否满足要求?若要满足这个要求,系统的额定速降最多能有多少?

解 当电流连续时,V-M 系统的额定速降为

$$\Delta n_N = \frac{I_{dN} R}{C_e} = \frac{305 \times 0.18}{0.2} \text{ r/min} = 275 \text{ r/min}$$

开环系统机械特性连续段在额定转速时的静差率为

$$s_N = \frac{\Delta n_N}{n_N + \Delta n_N} = \frac{275}{1000 + 275} = 0.216 = 21.6\%$$

这已大大超过了 5% 的要求,更不必谈调到最低速了。

如果要求 $D = 20$,$s \leqslant 5\%$,则有:

$$\Delta n_N = \frac{n_N s}{D(1-s)} \leqslant \frac{1000 \times 0.05}{20 \times (1-0.05)} \text{ r/min} = 2.63 \text{ r/min}$$

由上例可以看出,开环调速系统的额定速降是 275 r/min,而生产工艺的要求却只有 2.63 r/min,相差几乎百倍!由于开环系统的机械特性为一组平行直线,特性较软,静差率较大,此时无论怎样调节输入电压信号 U_g,都不能改变机械特性的斜率,达到降低静差率的目的。因此,开环调速已不能满足要求,需采用反馈控制的闭环调速系统来解决这个问题。

(2)电流断续时 V-M 系统机械特性。

当电流不连续时,变流电路不存在换相,由于非线性因素,V-M 系统的机械特性方程要比电流连续时复杂得多。以三相半波整流电路构成的 V-M 系统为例,电流断续时机械

特性必须用下列方程组表示：

$$n = \frac{\sqrt{2}U_2\cos\varphi\left[\sin\left(\frac{\pi}{6}+\alpha+\theta-\varphi\right)-\sin\left(\frac{\pi}{6}+\alpha-\varphi\right)e^{-\theta\cot\varphi}\right]}{C_e(1-e^{-\theta\cot\varphi})}$$ (2-14)

$$I_d = \frac{3\sqrt{2}U_2}{2\pi R}\left[\cos\left(\frac{\pi}{6}+\alpha\right)-\cos\left(\frac{\pi}{6}+\alpha+\theta\right)-\frac{C_e}{\sqrt{2}U_2}\theta n\right]$$ (2-15)

上式中 $\varphi=\arctan\dfrac{\omega L}{R}$ 是阻抗角；θ 是一个电流脉波的导通角。

当阻抗角 φ 值已知时，对于不同的控制角 α，可用数值解法求出一族电流断续时的机械特性。而且，对于每一条特性，求解过程都计算到 $\theta=2\pi/3$ 为止，因为 θ 角再大时，电流便连续了，也就是说，$\theta=2\pi/3$ 是电流连续的最小导通角，对应于 $\theta=2\pi/3$ 的曲线是电流断续区与连续区的分界线。

图 2-9 绘出了完整的 V-M 系统机械特性，分为电流连续区和电流断续区。由图可见：

① 当电流连续时，特性还比较硬；

② 断续段特性则很软，而且呈显著的非线性，理想空载转速翘得很高。

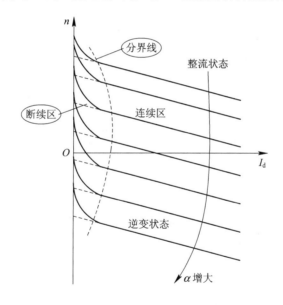

图 2-9 完整的 V-M 系统机械特性

综上所述，V-M 系统机械特性可分为线性和非线性两段。当电流不连续时，变流电路不存在换相，由于非线性因素，直流调速系统的机械特性方程为非线性，要比电流连续时复杂得多。通常情况下，为改善电机运行特性，常在主电路中串联较大平波电抗器或避免在轻载下运行，保证晶闸管电流连续，使系统工作在线性机械特性段。

2.2 有静差转速负反馈单闭环直流调速系统

在直流电机转速开环调速系统中，输入电压信号（也称转速给定信号）记作 U_n^*，直流电机是被控对象，直流电机转速 n 是被调量。如果被控量 n 与输入电压信号 U_n^* 之间通过反馈环节(如测速发电机)联系在一起形成闭合回路,则构成闭环调速系统。如果只有一个反馈环节,称为单闭环调速系统,如果有两个或两个以上的反馈环,则称为多闭环调速系统。

2.2.1 单闭环直流调速系统的组成及调节原理

根据自动控制原理,反馈控制的闭环系统是按被调量的偏差进行控制的系统,只要被调量出现偏差,它就会自动产生纠正偏差的作用。

调速系统的转速降落正是由负载引起的转速偏差,显然,引入转速闭环将使调速系统大大减少转速降落,从而大大降低系统的静差率,提高直流电机调速控制系统的稳定性。

1. 系统组成

带转速负反馈的单闭环直流调速系统的原理图如图 2-10 所示,主要由转速调节器(Automatic Speed Regulator,ASR)、三相集成脉冲触发器、三相全控桥(由全控电力电子器件构成)、电机主回路、测速环节等构成。当 ASR 选用比例放大器(即 P 放大器)时,就是一个有静差的单闭环直流调速系统。

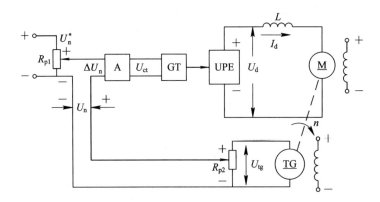

图 2-10 单闭环直流调速系统的原理图

图 2-10 中,A 是调节器,当其选用比例(P)放大器时,就是一个有静差的单闭环调速系统;GT 是触发器装置;UPE 是由电力电子器件组成的变换器,其输入接三相(或单相)交流电,输出为可控的直流电压 U_d;TG 是测速发电机,它与电机同轴安装。给定电位器 R_{p1} 通常由一个稳压电源供电,以保证转速给定信号 U_n^* 的精度。转速负反馈信号由速度检测环节提供,转速负反馈系数为 α 时,反馈电压 U_n 为

$$U_n = \alpha n \tag{2-16}$$

注意,反馈信号 U_n 与给定信号 U_n^* 极性相反,以满足负反馈关系。

对于电力电子变换器 UPE 的选择,应注意以下几点:

(1) 对于中、小容量系统,多采用由 IGBT 或 P-MOSFET 组成的 PWM 变换器;

(2) 对于较大容量的系统,可采用其他电力电子开关器件,如 GTO、IGCT 等;

(3) 对于特大容量的系统,则常用晶闸管触发与整流装置。

2. 调节原理

在图 2-10 中,通过测速引出与被调量转速 n 成正比的负反馈电压 U_n,与给定电压 U_n^* 相减后,得到转速偏差电压 $\Delta U_n = U_n^* - U_n$,经过 ASR 和脉冲触发装置,产生 UPE 所需要的控制电压 U_{ct},UPE 的输出则为可控的直流电压 U_d,该电压为直流电机等效电路的

主回路电压，用以控制直流电机的转速 n，从而构成转速负反馈控制的闭环直流调速系统。

根据自动控制原理中按偏差调节的闭环控制规律，如果负载 R_L 增加，则转速 n 降低，反馈电压 U_n 的值将减小，偏差 $\Delta U_n = U_n^* - U_n$ 将增大，控制电压 U_{ct} 增大，UPE 输出直流电压 U_d 增大，则电机的转速将上升，最终又回到原来运行的转速上，维持转速稳定。为了便于理解，上述负载 R_L 增加时转速调节的过程可以简单表示如下：

$$R_L \uparrow \rightarrow n \downarrow \rightarrow U_n \downarrow \rightarrow \Delta U_n \uparrow U_{ct} \uparrow \rightarrow U_d \rightarrow n \uparrow$$

2.2.2 有静差转速单闭环直流调速系统的稳态特性

1. 稳态方程式和稳态结构图

本小节主要分析转速负反馈单闭环调速系统的稳态特性以及系统开环机械特性和闭环静特性之间的关系。为了分析系统的静特性，突出主要矛盾，首先作以下的假设：

（1）忽略各种非线性因素，假定系统中各典型环节的输入输出呈线性关系；

（2）系统工作在电流连续段，即只取线性工作段；

（3）忽略控制电源和电位器的内阻。这样图 2-10 中所示的转速负反馈直流调速系统中各个环节的稳态关系如下：

电压比较环节：$\qquad\qquad \Delta U_n = U_n^* - U_n$

比例放大器：$\qquad\qquad\quad U_{ct} = K_p \Delta U_n$

触发装置和电力电子变换器：$\quad U_{d0} = K_s U_{ct}$

测速反馈环节：$\qquad\qquad\quad U_n = \alpha n$

调速系统开环机械特性：$\qquad n = \dfrac{U_{d0} - I_d R}{C_e}$

以上各关系式中，K_p 为放大器的电压放大系数；K_s 为电力电子变换器的电压放大系数；α 为转速反馈系数；U_{d0} 为 UPE 的理想空载输出电压；$R = R_a + R_{rec} + R_L$ 为电枢回路总电阻，R_a 为电机电枢电阻，R_L 为电机回路中电抗器电阻，R_{rec} 为整流器装置内阻。

根据上述关系式，推导出系统的稳态结构图如图 2-11 所示。

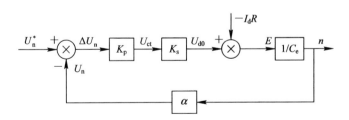

图 2-11 有静差转速负反馈单闭环直流调速系统的稳态结构图

对上述各环节的稳态关系进行数学化简，消去中间变量并整理后，得到转速负反馈闭环直流调速系统的静特性方程：

$$n = \frac{K_p K_s U_n^* - I_d R}{C_e(1 + K_p K_s \alpha / C_e)} = \frac{K_p K_s U_n^*}{C_e(1+K)} - \frac{R I_d}{C_e(1+K)} \qquad (2-17)$$

式中，$K = K_p K_s \alpha / C_e$ 称作闭环系统的开环放大系数。它相当于在测速反馈电位器输出端把反馈回路断开后，从放大器输入起直到测速反馈输出为止总的电压放大系数，是各环节单独的放大系数的乘积。注意，这里电机环节的放大系数 $C_e = \dfrac{E}{n}$。

闭环调速系统的静特性表示闭环系统电机转速与负载电流(或转矩)间的稳态关系，它在形式上与开环机械特性相似，但本质上却有很大不同，故定名为"静特性"，以示区别。

2. 开环系统机械特性与闭环系统静特性的关系

图 2-11 中，断开测速反馈回路，可得到系统的开环机械特性方程式：

$$n = \frac{U_{d0} - I_d R}{C_e} = \frac{K_p K_s U_n^*}{C_e} - \frac{R I_d}{C_e} = n_{0op} - \Delta n_{op} \tag{2-18}$$

式中，n_{0op} 为开环理想空载转速；Δn_{op} 为开环系统的静态速降。

而闭环静特性的方程式可以写成

$$n = \frac{K_p K_s U_n^*}{C_e(1+K)} - \frac{R I_d}{C_e(1+K)} = n_{0cl} - \Delta n_{cl} \tag{2-19}$$

式中，n_{0cl} 称作闭环理想空载转速；Δn_{cl} 称作闭环稳态速降。

式(2-18)和式(2-19)形式上非常相似，但二者本质却有很大不同。二者进行比较，不难得出下述结论：

(1) 在同样的负载扰动下，闭环系统的静特性比开环系统的机械特性硬。开环系统和闭环系统的转速降落分别为

$$\Delta n_{op} = \frac{R I_d}{C_e}$$

$$\Delta n_{cl} = \frac{R I_d}{C_e(1+K)}$$

二者的关系为

$$\Delta n_{cl} = \frac{\Delta n_{op}}{1+K} \tag{2-20}$$

显然，当比例放大倍数 K 较大时，Δn_{cl} 比 Δn_{op} 小得多，即闭环系统的特性要硬得多。

(2) 在同样的理想空载转速 n_0 下，闭环系统的静差率较小。开环系统和闭环系统的静差率分别为

$$s_{cl} = \frac{\Delta n_{cl}}{n_{0cl}} \tag{2-21}$$

$$s_{op} = \frac{\Delta n_{op}}{n_{0op}} \tag{2-22}$$

在 $n_{0cl} = n_{0op}$ 时，

$$s_{cl} = \frac{s_{op}}{1+K} \tag{2-23}$$

(3) 当两者的静差率要求一定时，闭环系统的调速范围大大高于开环系统。如果电机的最高转速都是 n_N，而对最低速静差率的要求相同，则由调速范围的计算式(2-7)得：

开环时：

$$D_{op} = \frac{n_N s}{\Delta n_{op}(1-s)} \tag{2-24}$$

闭环时：

$$D_{cl} = \frac{n_N s}{\Delta n_{cl}(1-s)} \tag{2-25}$$

再考虑 Δn_{cl} 和 Δn_{op} 的关系式(2-20)，则得到开环系统和闭环系统的调速范围的关系为

$$D_{cl} = (1+K)D_{op} \tag{2-26}$$

（4）闭环系统必须设置放大器，以确保放大倍数 K 足够大。因为图2-11是按偏差调节的负反馈控制系统，如果没有放大装置或放大倍数 K 不够大，当电压偏差 $\Delta U_n = U_n^* - U_n$ 很小时，触发装置和 UPE 的控制电压 $U_{ct} = K\Delta U_n$ 就非常小，电机两端的电枢电压就非常低，使电机不能工作，因此必须设置足够大的放大器。

把以上四点概括起来，可得下述结论：

闭环调速系统可以获得比开环调速系统硬得多的稳态特性，从而在保证一定静差率的要求下，能够提高调速范围，为此所需付出的代价是，须增设电压放大器以及检测与反馈装置。

例2-4　在例2-3中，龙门刨床要求 $D=20$，$s \leqslant 5\%$，已知 $K_s = 30$，$\alpha = 0.015$ V/(r·min^{-1})，$C_e = 0.2$ V/(r·min^{-1})，如何采用闭环系统满足此要求？

解　在上例中已经求得

$$\Delta n_{op} = 275 \text{ r/min}$$

但为了满足调速要求，须有

$$\Delta n_{cl} = 2.63 \text{ r/min}$$

由式(2-20)可得

$$K = \frac{\Delta n_{op}}{\Delta n_{cl}} - 1 \geqslant \frac{275}{2.63} - 1 = 103.6$$

代入已知参数，则得

$$K_p = \frac{K}{K_s \alpha / C_e} \geqslant \frac{103.6}{30 \times 0.015/0.2} = 46$$

即只要放大器的放大系数等于或大于46，闭环系统就能满足所需的稳态性能指标。

闭环系统中，当转速 n 稍微有降落时，反馈电压 U_n 就会降低，电压偏差 $\Delta U_n = U_n^* - U_n$ 就会增大，电力电子变换器的输出电压 U_d 就会增大，使系统工作在新的机械特性上，使得转速回升至接近原来的转速值。

因此，闭环系统能降低稳态速降（或静差率）的实质在于它的自动调节作用，即随着负载的变化相应地改变电枢电压，以补偿电枢回路的电阻压降。

3. 单闭环调速系统的基本特征

转速负反馈闭环系统是一种基本的反馈控制系统，它具有三个基本特征，也称为基本的反馈控制规律，表述如下：

（1）被调量有静差。从静特性分析中可以看出，闭环系统的开环放大系数 K 值越大，系统的稳态性能越好。但是，只要调节器仅仅选用比例放大器，稳态速降就只能减小，不能消除。因为闭环系统的稳态速降为

$$\Delta n_{cl} = \frac{RI_d}{C_e(1+K)} \tag{2-27}$$

只有 $K \to \infty$，稳态速降 $\Delta n_{cl} = 0$ 才成立，而事实上 K 值是一个有限值，稳态速降不可能为零。同时，具有比例调节器的闭环系统主要依靠偏差电压 ΔU 来调节输出电压 U_{d0}。如果 $\Delta U = 0$，根据闭环系统各环节的稳态关系，则知控制电压 $U_{ct} = 0$，从而 $U_{d0} = 0$，电机则停

转。所以偏差电压 $\Delta U \neq 0$ 是有静差系统的一大特点。

(2) 抵抗扰动,服从给定。闭环控制系统具有良好的抗扰性能,它能有效地抑制一切被负反馈环所包围的前向通道上的扰动作用,但对给定作用的变化则唯命是从,即服从给定。

除了给定信号作用以外,作用在闭环控制系统各环节上的一切会引起输出量变化的因素都叫作"扰动作用"。上面仅提到负载变化这一扰动,实际上除了负载之外还有许多因素会引起转速的变化,这些因素统称为"扰动源"。常见的扰动源有以下几种:

① 负载变化的扰动(使 I_d 变化);

② 交流电源电压波动的扰动(使 K_s 变化);

③ 电机励磁变化的扰动(造成 C_e 变化);

④ 放大器输出电压漂移的扰动(使 K_p 变化);

⑤ 温升引起主电路电阻增大的扰动(使 R 变化);

⑥ 检测误差的扰动(使 α 变化)。

所有这些扰动对转速的影响,都会被测速装置检测出来,再通过反馈控制作用,减小它们对稳态转速的影响。扰动输入的作用点不同,它对系统的影响程度也不同。必须注意的是,转速负反馈能抑制或减小被包围在反馈环内作用在系统前向通道上的扰动,而对检测环节(即反馈通道上)和给定环节的扰动则无能为力。换句话说,闭环控制系统所能抑制的只是被反馈环包围的前向通道上的扰动。

现以交流电源电压 U_2 波动为例,定性说明闭环调速系统对扰动作用的抑制过程:交流电源电压 $U_2 \uparrow \rightarrow U_{d0} \uparrow \rightarrow n \uparrow \rightarrow \Delta U_n \downarrow \rightarrow U_{ct} \downarrow \rightarrow U_{d0} \downarrow \rightarrow n \downarrow$,整个调节过程使得转速回落到接近原来值,但是由于是有静差调速系统,转速不可能恢复到原来的稳态转速。

(3) 系统的精度依赖于给定和反馈检测的精度。如果产生给定电压的电源发生波动,闭环控制系统无法鉴别是对给定电压的正常调节还是不应有的电压波动。因此,高精度的调速系统必须有更高精度的给定稳压电源。又因为闭环控制系统对测速发电机本身误差引起的转速变化无抑制能力,所以对测速发电机的选择以及安装必须特别注意,要确保反馈检测元件的精度,这对闭环系统的稳速精度起决定性的作用。

4. 单闭环调速系统的稳态参数计算

稳态参数计算是控制系统设计的第一步,它决定了控制系统本身的基本构成环节。本章通过一个具体实例来说明转速闭环负反馈控制有静差直流调速系统的稳态参数设计。

例 2-5 主电路采用晶闸管可控整流器供电的 V-M 系统;电机数据:额定数据 10 kW, 220 V, 55 A, 1000 r/min,电枢电阻 $R_a = 0.5\ \Omega$;晶闸管触发整流装置:三相桥式可控整流电路,整流变压器 Y/Y 联结,二次线电压 $U_{21} = 230$ V,电压放大系数 $K_s = 44$;V-M 系统电枢回路总电阻 $R = 1.0\ \Omega$;测速发电机:永磁式,额定数据为 23.1 W, 110 V, 0.21 A, 1900 r/min;直流稳压电源 ± 15 V;若生产机械要求调速范围 $D = 10$,静差率 $s \leqslant 5\%$,试计算系统的稳态参数(不考虑电机的起动问题)。

解 (1) 计算额定负载的稳态转速降落 Δn_{cl}。

$$\Delta n_{cl} = \frac{n_N s}{D(1-s)} \leqslant \frac{1000 \times 0.05}{10 \times (1-0.05)} = 5.26\ \text{r/min}$$

(2) 计算闭环系统的开环放大倍数 K。

电动势系数：

$$C_e = \frac{U_N - I_N R_a}{n} = \frac{220 - 55 \times 0.5}{1000} = 0.1925 \text{ V/(r} \cdot \text{min}^{-1})$$

开环系统的额定速降 Δn_{op} 为

$$\Delta n_{op} = \frac{I_N R}{C_e} = \frac{55 \times 1.0}{0.1925} = 285.7 \text{ r/min}$$

则闭环系统的开环放大倍数 K 为

$$K = \frac{\Delta n_{op}}{\Delta n_{cl}} - 1 \geqslant \frac{285.7}{5.26} - 1 = 53.3$$

（3）计算转速负反馈环节的反馈系数 α 和参数。

转速负反馈系数 α 包含测速发电机的电动势系数 C_{etg} 和其输出电位器 RP_2 的分压系数 α_2：

$$\alpha = \alpha_2 C_{etg}$$

又 $C_{etg} = \dfrac{U_{etg}}{n_{etg}} = \dfrac{110}{1900} = 0.0579 \text{ V/(r} \cdot \text{min}^{-1})$，同时假设 $\alpha_2 = 0.2$，则

$$U_n = \alpha_2 C_{etg} \times n_N = 0.2 \times 0.0579 \times 1000 = 11.58 \text{ V}$$

稳态时，ΔU_n 很小，给定电压 U_n^* 只要略大于 U_n 即可。现在已知直流稳压电源为 ± 15 V，完全满足要求，所以 α_2 取 0.2 是合理的。因此，转速负反馈系数设计为

$$\alpha = \alpha_2 C_{etg} = 0.2 \times 0.0579 = 0.01158 \text{ V/(r} \cdot \text{min}^{-1})$$

电位器 RP_2 的选择方法：

$$RP_2 \approx \frac{C_{etg} n_N}{0.2 I_{Ntg}} = \frac{0.0579 \times 1000}{0.2 \times 0.21} = 1379 \ \Omega$$

电位器 RP_2 上消耗的功率为

$$W_{RP_2} = C_{etg} n_N 0.2 I_N = 0.0579 \times 1000 \times 0.2 \times 0.21 = 2.43 \text{ W}$$

（4）计算放大器的放大系数 K_p 和电阻参数：

$$K_p = \frac{K C_e}{\alpha K_s} \geqslant \frac{53.3 \times 0.1925}{0.01158 \times 44} = 20.14$$

实际取 $K_p = 21$。

运算放大器的参数选择：取 $R_0 = 40$ kΩ，则 $R_1 = K_p R_0 = 21 \times 40$ kΩ $= 840$ kΩ。

2.2.3　有静差转速单闭环直流调速系统的动态特性

在单闭环有静差调速系统中，引入了转速负反馈且有了足够大的放大系数 K 后，就可以满足系统的稳态性能要求。由自动控制理论可知，系统开环放大倍数太大时，可能会引起闭环系统的不稳定，必须采取校正措施才能使系统正常工作。另外，系统还必须满足各种动态性能指标。为此，必须进一步分析系统的动态特性。

1. 系统的动态数学模型

为了分析调速系统的稳定性和动态品质，必须首先建立描述系统动态物理规律的数学模型。由自动控制理论可知，对于连续的线性定常系统，其数学模型是常微分方程的形式，经过拉普拉斯（Laplace）变换，可以用拉氏域的传递函数和动态结构图表示。

建立系统动态数学模型的基本步骤如下：根据系统中各环节的物理规律，列出描述该

环节动态过程的微分方程;求出各环节的传递函数;组成系统的动态结构图并求出系统的传递函数。

1)电力电子器件的传递函数

在闭环控制的 V-M 直流调速系统和 PWM 直流调速系统中,构成调速系统的主要环节是电力电子变换器和直流电机。常用的电力电子器件是晶闸管触发与整流装置和 IGBT 脉宽控制与变换装置。这两种电力电子器件的近似传递函数的表达式是相同的,都是

$$W_s(s) \approx \frac{K_s}{T_s s + 1} \tag{2-28}$$

只是在不同场合下,参数 K_s 和 T_s 的数值不同而已。式(2-28)中,K_s 是电力电子器件的放大系数,T_s 是电力电子器件的失控时间,对应的动态结构图如图 2-12 所示。

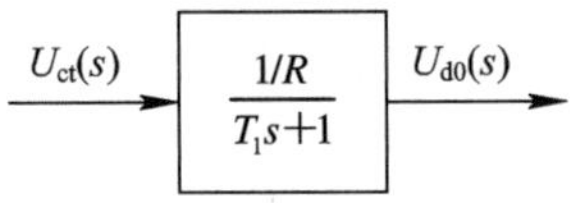

$$U_{ct}(s) \longrightarrow \boxed{\frac{1/R}{T_1 s + 1}} \longrightarrow U_{d0}(s)$$

图 2-12 电力电子变换器的动态结构框图

下面以晶闸管和整流装置为例,简单说明失控时间 T_s 是如何确定的。T_s 是随机的,一般认为最大失控时间 $T_{s\,max}$ 的统计平均值就是失控时间 T_s,即有 $T_s = T_{s\,max}/2$,并认为是一个常数。而最大失控时间与交流电源频率和整流电路形式有关,由下式确定:

$$T_{s\,max} = \frac{1}{mf} \tag{2-29}$$

式中,f 是交流电流频率;m 是一周内整流电压的脉冲波数。作为参考,表 2-3 列出了不同整流电路的失控时间。

表 2-3 各种整流电路的失控时间($f = 50$ Hz)

整流电路形式	最大失控时间 $T_{s\,max}$/ms	平均失控时间/ms
单相半波	20	10
单相桥式全波	10	5
三相半波	6.67	3.33
三相桥式	3.33	1.67
六相半波	3.33	1.67

2)直流电机的传递函数

(1)电路微分方程。他励直流电机的等效电路如图 2-13 所示,其中 E 为电机反电动势;U_{d0} 为等效电路的端电压;电枢回路总电阻 R 和总电感 L 包含电力电子变换器内阻、电枢电阻和电感以及在主电路中串接的外部电阻和电感,规定的电流正方向如图中所示,那么在额定励磁且电枢电流 I_d 连续的条件下,电机电枢回路的电压平衡方程式为

$$U_{d0} - E = RI_d + L\frac{dI_d}{dt} = R\left(I_d + T_1\frac{dI_d}{dt}\right) \tag{2-30}$$

式中 $T_1 = L/R$,定义为电枢回路电磁时间常数,以秒(s)为单位。

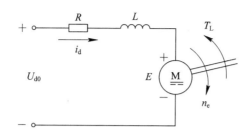

图 2-13　他励直流电机等效电路

额定励磁下的感应电动势和电磁转矩分别为

$$E = C_e n \tag{2-31}$$

$$T_{em} = C_m I_d \tag{2-32}$$

如果忽略黏性摩擦及弹性转矩，则电机轴上的动力学方程为

$$T_{em} - T_{ZL} = \frac{GD^2}{375} \frac{dn}{dt} \tag{2-33}$$

以上公式中：T_{em} 为额定励磁下的电磁转矩；T_{ZL} 为包括电机空载转矩在内的负载转矩，$N \cdot m$；GD^2 为电力拖动系统折算到电机轴上的飞轮惯量，$N \cdot m^2$；C_m 为电机在额定励磁下的转矩系数，$C_m = \dfrac{30}{\pi} C_e$，$N \cdot m/A$。

如果设负载电流为 I_{dL}，则负载转矩 T_{ZL} 可以写成下式：

$$T_{ZL} = C_m I_{dL} \tag{2-34}$$

把式(2-31)、式(2-32)和式(2-34)代入式(2-33)中，然后进行化简、整理，得到电机电枢电流 I_d 和负载电流 I_{dL} 的微分关系式：

$$I_d - I_{dL} = \frac{GD^2}{375} \cdot \frac{dn}{dt} \cdot \frac{1}{C_e} = \frac{T_m}{R} \frac{dE}{dt} \tag{2-35}$$

其中，$T_m = \dfrac{GD^2 R}{375 C_e C_m}$，定义为电力拖动系统机电时间常数，以秒(s)为单位。

(2) 传递函数。将式(2-30)两边取拉氏变换，整理得到整流电压 U_{d0} 和电枢电流 I_d 之间的传递函数为

$$\frac{I_d(s)}{U_{d0}(s) - E(s)} = \frac{1/R}{T_1 s + 1} \tag{2-36}$$

相应的动态结构图如图 2-14 所示。

同样地，对式(2-35)两边取拉氏变换，整理得到电动势 E 与电枢电流 I_d 和负载电流 I_{dL} 之间的传递函数为

$$\frac{E(s)}{I_d(s) - I_{dL}(s)} = \frac{R}{T_m s} \tag{2-37}$$

相应的动态结构图如图 2-14 所示。

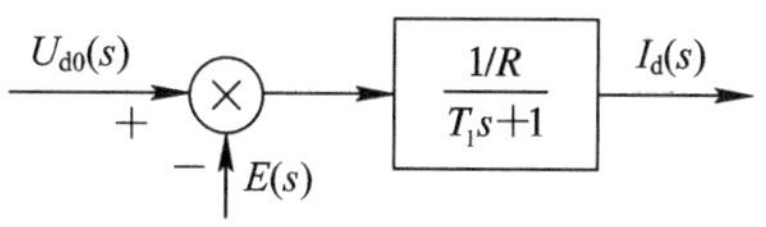

图 2-14　整流电压和电枢电流之间的结构框图

把图 2-14 和图 2-15 结合到一起并考虑到电机转速 $n = E/C_e$,则得到额定励磁下直流电机的动态结构图,如图 2-16 所示。

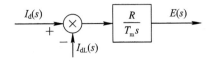

图 2-15 电机电动势和电流之间的动态结构框图

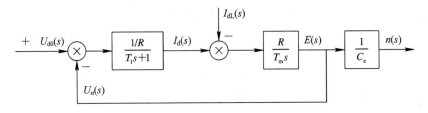

图 2-16 直流电机的动态结构框图

由图 2-16 可以看出,直流电机有两个输入量,一个是施加在电枢上的理想空载电压,另一个是负载电流。前者是控制输入量,后者是扰动输入量。如果不需要在结构图中显现出电流,可将扰动量的综合点移前,再进行等效变换,得到图 2-17(a)。如果是理想空载,则 $I_{dL} = 0$,结构图即简化成图 2-17(b)。

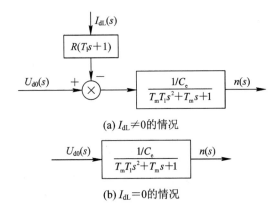

(a) $I_{dL} \neq 0$ 的情况

(b) $I_{dL} = 0$ 的情况

图 2-17 直流电机动态结构图的变换和化简

3) 控制与检测环节的传递函数

控制器选用比例放大器。放大器和检测环节(即测速反馈环节)的响应都可以认为是瞬时的,故它们的传递函数就是它们的放大系数,即有:

$$W_a(s) = \frac{U_{ct}(s)}{\Delta U_n(s)} = K_p \quad \text{(放大环节)} \tag{2-38}$$

$$W_{fn}(s) = \frac{U_n(s)}{n(s)} = \alpha \quad \text{(测速反馈)} \tag{2-39}$$

上式中,电压偏差信号 ΔU_n、控制电压 $U_{ct}(s)$ 和反馈电压 U_n 之间的稳态关系为

$$\Delta U_n(s) = U_n^* - U_n$$

$$U_{ct}(s) = K_p \Delta U_n$$

$$U_n = \alpha n$$

综合考虑上述数学关系式，得到放大器和转速反馈环节的动态结构图，如图 2-18 所示。

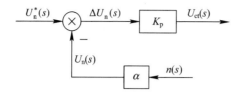

图 2-18 放大器和测速反馈环节的动态结构图

4）系统动态结构图和闭环传递函数

知道了各个环节的传递函数以后，按照它们在系统中输入、输出的关系，可以画出有静差单闭环调速系统的动态结构图，如图 2-19 所示。

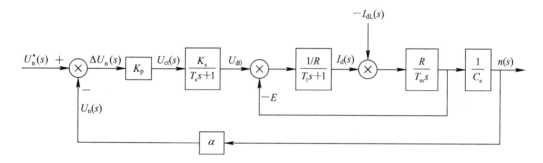

图 2-19 有静差单闭环直流调速系统动态结构图

把直流电机等效成一个环节，同时考虑给定输入 U_n^* 作用和负载扰动 I_{dL} 的作用，由自动控制理论中的线性叠加定理知，系统的输入与输出之间的关系为

$$n(s) = \frac{1}{C_e} E(s) = \frac{1/C_e}{T_l T_m s^2 + T_m s + 1} U_{d0}(s) + R(T_l s + 1) I_{dL}(s) \qquad (2-40)$$

则图 2-19 可以化简为以下形式。

由图 2-20 可知，将电力电子变换器按照一阶惯性环节处理后，有静差单闭环直流调速系统可以近似看作是一个三阶线性系统，该系统的开环传递函数为

$$W_{op}(s) = \frac{K}{(T_s + 1)(T_l T_m s^2 + T_m s + 1)} \qquad (2-41)$$

式中，$K = K_s K_s \alpha / C_e$，是有静差单闭环直流调速系统的开环增益。

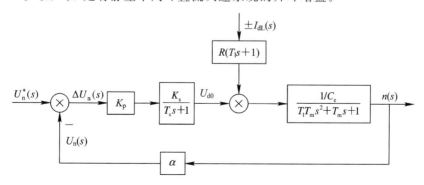

图 2-20 转速负反馈单闭环调速系统动态结构图化简

不考虑负载扰动作用,即假设 $I_{dL}=0$,则在给定信号作用下有静差单闭环直流调速系统的闭环传递函数为

$$W_{cl}(s)=\frac{K_pK_s\alpha/C_e}{(T_s+1)(T_lT_ms^2+T_ms+1)+K_pK_s\alpha/C_e}$$

$$=\frac{\dfrac{K_pK_s}{C_e(1+K)}}{\dfrac{T_mT_lT_s}{1+K}s^3+\dfrac{T_m(T_l+T_s)}{1+K}s^2+\dfrac{T_m+T_s}{1+K}s+1}\tag{2-42}$$

2. 转速负反馈单闭环调速系统的稳定性分析

根据自动控制原理中的赫尔维茨稳定判据,系统稳定的条件为

$$K<\frac{T_m(T_s+T_l)+T_s^2}{T_lT_s}\tag{2-43}$$

式(2-43)表明,在系统参数 T_m、T_s、T_l 已定的情况下,为保证系统稳定,其开环放大系数不能太大,必须满足式(2-43)的条件。该公式的右边被称作闭环系统的临界放大系数 K_{cr},当 $K\geqslant K_{cr}$ 时,系统将不稳定。简言之,对于一个自动控制系统来说,稳定性是它能否正常工作的首要条件,是必须保证的。

由上述的稳态分析可知,为提高静特性硬度,希望系统的开环放大倍数 K 大些,但 K 大到一定值时会引起系统的不稳定。因此由系统稳态误差要求所计算的 K 值还必须按照系统稳定的条件进行校核,必须兼顾静态和动态两种特性。

例 2-6 主电路采用晶闸管可控整流器供电的 V-M 系统,电机额定数据为:$P_N=60$ kW,$U_N=220$ V,$I_N=305$ A,$n_N=1000$ r/min,电枢电阻 $R_a=0.08$ Ω;整流器内阻和平波电抗器电阻为 $R=0.1$ Ω,$C_e=0.2$,$T_m=0.097$ s,$T_l=0.012$ s,$T_s=0.017$ s。若生产机械要求调速范围 $D=20$,静差率 $s\leqslant5\%$,试问系统能否满足要求?

解 (1)由静态指标求闭环系统的开环放大倍数。

系统开环额定转速降落 Δn_{op}:

$$\Delta n_{op}=\frac{I_dR}{C_e}=\frac{305\times(0.08+0.1)}{0.2}=274.5 \text{ r/min}$$

满足稳态指标的闭环系统转速降落 Δn_{cl}:

$$\Delta n_{cl}=\frac{n_Ns}{D(1-s)}=\frac{1000\times0.05}{20\times(1-0.05)}\approx2.63 \text{ r/min}$$

由于 $\Delta n_{op}=(1+K)\Delta n_{cl}$,则有

$$K=\frac{\Delta n_{op}}{\Delta n_{cl}}-1=\frac{274.5}{2.63}-1\approx103.4$$

(2)从系统稳定性条件计算系统的开环增益 K,由公式(2-43)得:

$$K<\frac{T_m(T_s+T_l)+T_s^2}{T_lT_s}=\frac{0.097\times(0.012+0.017)+0.017^2}{0.012\times0.017}=15.2$$

比较计算结果,显然,如果满足稳态性能指标,闭环系统将不稳定,稳态精度与动态稳定性是相互矛盾的。

例 2-7 主电路采用 IGBT 的闭环控制脉宽调速系统,电机额定数据为:$P_N=10$ kW,$U_N=220$ V,$I_N=55$ A,$n_N=1000$ r/min,电枢电阻 $R_a=0.5$ Ω,飞轮惯量 $GD^2=10$ N·m²;电枢回路参数为:总电阻 $R=0.6$ Ω,总电感 $L=5$ mH,$C_e=0.1925$,$K_s=44$,$T_s=0.1$ ms。

若生产机械要求调速范围 $D=20$，静差率 $s\leqslant5\%$，试问系统能否满足要求？

解　（1）由静态指标求脉宽调速系统的开环放大倍数。

系统开环额定转速降落 Δn_{op}：

$$\Delta n_{op} = \frac{I_d R}{C_e} = \frac{55 \times 0.6}{0.1925} = 171.4 \text{ r/min}$$

满足稳态指标的闭环系统转速降落 Δn_{cl}：

$$\Delta n_{cl} = \frac{n_N s}{D(1-s)} = \frac{1000 \times 0.05}{20 \times (1-0.05)} \approx 2.63 \text{ r/min}$$

由于 $\Delta n_{op} = (1+K)\Delta n_{cl}$，则有

$$K = \frac{\Delta n_{op}}{\Delta n_{cl}} - 1 = \frac{171.4}{2.63} - 1 \approx 64.2$$

（2）从系统稳定性条件计算系统的开环增益 K。

计算电枢回路电磁时间常数 T_l：

$$T_l = \frac{L}{R} = \frac{0.005}{0.6} = 0.00833 \text{ s}$$

计算电力拖动系统机电时间常数 T_m：

$$T_m = \frac{GD^2 R}{375 C_e C_m} = \frac{10 \times 0.6}{375 \times 0.1925 \times \frac{30}{\pi} 0.1925} = 0.045 \text{ s}$$

由公式(2-43)得

$$K < \frac{T_m(T_s + T_l) + T_s^2}{T_l T_s} = \frac{0.045 \times (0.0001 + 0.00833) + 0.0001^2}{0.00833 \times 0.0001} = 455.4$$

比较计算结果，根据稳态性能指标计算的放大倍数 $K \approx 64.2$，而根据动态稳定条件计算的放大倍数 $K < 455.4$。显然，系统完全能在满足稳态性能指标的条件下稳定运行。

例 2-8　在例 2-7 给出的闭环脉宽调速系统中，若要求系统处于临界稳定，当要求闭环系统的静差率 $s\leqslant5\%$ 时，试求调速系统最多能达到的调速范围。

解　（1）计算临界稳定时，闭环系统的稳态速降 Δn_{cl}。

根据例 2-7 的计算结果，系统的开环传递函数 $\Delta n_{op}=171.4$ r/min；又系统保证稳定的条件是放大倍数 $K < 455.4$，闭环系统临界稳定时，$K = 455.4$，此时闭环系统的稳态速降 Δn_{cl} 为

$$\Delta n_{cl} = \frac{\Delta n_{op}}{1+K} = \frac{171.4}{1+455.4} = 0.376 \text{ r/min}$$

（2）计算闭环系统的调速范围 D_{cl}。

$$D_{cl} = \frac{n_N s}{\Delta n_{cl}(1-s)} = \frac{1000 \times 0.05}{0.376 \times (1-0.05)} = 140$$

显然，在闭环系统处于临界稳定时，系统的调速范围比原来要求的调速范围 $D=20$ 高得多。

从例 2-7 和例 2-8 的计算中可以看出，由于 IGBT 的开关频率高，PWM 装置的滞后时间常数 T_s 非常小，同时主电路不需要串接平波电抗器，电磁时间常数 T_l 也不大，因此闭环的脉宽调速系统容易稳定。或者说，在保证稳定的条件下，脉宽调速系统的稳态性能指标可以大大提高。

* 2.2.4　有限流保护的有静差转速单闭环直流调速系统

1. 问题的提出

加入限流保护：电流截止负反馈环节，主要为了解决两个常见问题：直流电机起动时电流过大、电机堵转。

为了实现电机的快速起动，很多生产设备需要直接加阶跃给定信号。由于系统的机械惯性比较大，电机的转速不能立即建立起来，尤其起动初期转速反馈信号 $U_n=0$，加在比例调节器输入端的转速偏差信号 $\Delta U_n=U_n^*$，几乎是稳态工作值的 $1+K$ 倍，这时，由于放大器和变换器的惯性都很小，整流电压 U_{d0} 一下子就达到它的最高值，对电机而言，相当于全压起动，而直流电机的起动电流也高达额定电流的几十倍，过电流保护继电器会使系统跳闸，电机无法起动。

所谓堵转，是指转速为 0 时，仍然输出扭矩的一种情况，简单地理解就是转子堵住不转动。实际应用中，当电机有机械故障或者负载过大时都会产生堵转现象。如果堵转时间过长，电机就会被烧坏。例如，机械设备由于故障使机械轴被卡住，或挖土机运行时碰到坚硬的石块等，就会发生堵转现象。由于闭环系统的静特性很硬，若无限流环节，硬干下去，电流将远远超过允许值。如果只依靠过流继电器或熔断器保护，一过载就跳闸，也会给正常工作带来不便。

若电流和电流上升率过大，从直流电机换向及晶闸管元件的安全要求来讲是不允许的。因此，必须引入电流自动控制，限制起动电流，使其不超过电机过载能力的允许限度。

2. 限流保护：电流截止负反馈环节

为了解决反馈闭环调速系统的起动和堵转时电流过大的问题，系统中必须有自动限制电枢电流的环节。根据反馈控制原理，要维持哪一个物理量基本不变，就应该引入那个物理量的负反馈。那么，引入电流负反馈，就能够做到保持电流基本不变，使它不超过允许值。

限流作用只需在起动和堵转时起作用，正常运行时应让电流自由地随着负载增减。如采用某种方法，当电流大到一定程度时才接入电流负反馈以限制电流，而电流正常时仅有转速负反馈起作用控制转速，这种方法叫作电流截止负反馈，简称截流反馈。

在微机控制系统中，用软件编程实现电流截止负反馈环节时，只要采用条件语句即可，要比模拟控制简单得多。

3. 带电流截止负反馈的转速单闭环直流调速系统的稳态分析

1）稳态结构框图

电流截止负反馈环节的方框图如图 2-21 所示，该环节的输入输出特性如图 2-22 所示。观察图 2-22，它表明当输入信号为正值(即 $I_dR_s-U_{com}>0$ 时)，输入和输出相等；当输入信号为负值(即 $I_dR_s-U_{com}\leqslant0$ 时)，输出为零。这是一个两段线性环节，将电流截止负反馈环节和转速单闭环直流调速系统其他部分的框图连接起来，即得到带电流截止负反馈的转速单闭环直流调速系统的稳态结构框图，如图 2-23 所示。图中的 U_i 表示电流负反馈电压，U_n 表示转速负反馈电压。

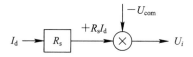

图 2 - 21 电流截止负反馈环节的方框图

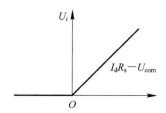

图 2 - 22 电流截止负反馈环节的输入输出特性

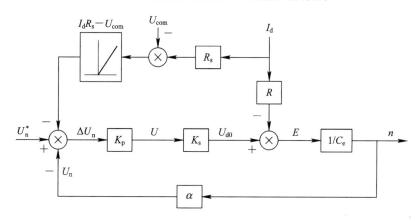

图 2 - 23 带电流截止负反馈的有静差单闭环直流调速系统稳态结构框图

2) 两段式静特性

由图 2 - 23 可以写出该系统的两段静特性的方程式。当电枢电流 $I_d \leqslant I_{dcr}$(截止电流)时,电流截止负反馈环节被截止,系统的静特性(稳态特性)即在给定信号作用下的转速负反馈直流调速系统的静特性,即有

$$n = \frac{K_p K_s U_n^*}{C_e(1+K)} - \frac{RI_d}{C_e(1+K)} \tag{2-44}$$

式中 $K = \dfrac{K_p K_s \alpha}{C_e}$,为系统的开环增益。

当电枢电流大于临界截止电流$(I_d > I_{dcr})$后,电流截止负反馈环节被引入,就得到带电流截止负反馈的转速单闭环直流调速系统的静特性方程式,如下所示:

$$n = \frac{K_p K_s(U_n^* + U_{com})}{C_e(1+K)} - \frac{(R + K_p K_s R_s)I_d}{C_e(1+K)} \tag{2-45}$$

对应式(2 - 44)和式(2 - 45),画出带电流截止负反馈闭环调速系统的静特性,如图 2 - 24 所示。电流截止负反馈不起作用时相当于图中的 CA 段,显然是比较硬的;电流负反馈起作用后,相当于图中的 AB 段。从式(2 - 45)可以看出,AB 段和 CA 段相比有两个特点:

(1) 电流负反馈的作用相当于在主电路中串入一个大电阻 $K_p K_s R_s$,因此,稳态速降极大，静特性急剧下垂；

（2）比较电压 U_{com} 与给定电压 U_n^* 的作用一致，好像把理想空载转速提高到

$$n_0' = \frac{K_p K_s (U_n^* + U_{com})}{C_e (1 + K)} \tag{2-46}$$

即把 n_0' 提高到图中的 D 点。当然，图中 DA 段实际上是不起作用的。

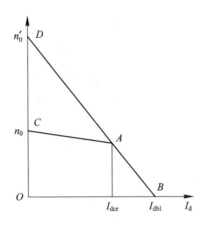

图 2 - 24 带电流截止负反馈闭环调速系统的静特性

这样的两段式静特性常称作下垂特性或挖土机特性。当挖土机遇到坚硬的石块而过载时，电机停下，电流也不过是堵转电流 I_{dbl}，在式（2-45）中，令转速 $n=0$，则得到

$$I_{dbl} = \frac{K_p K_s (U_n^* + U_{com})}{R + K_p K_s R_s} \tag{2-47}$$

一般情况下，$K_p K_s R_s \gg R$，因此，

$$I_{dbl} \approx \frac{U_n^* + U_{com}}{R_s} \tag{2-48}$$

在设计电流截止负反馈环节参数时，一般按照下面的经验依据：堵转电流 I_{dbl} 应小于电机允许的最大电流，一般为 $(1.5\sim2) I_N$。另一方面，从调速系统的稳态性能上看，希望 CA 段（电流负反馈环节被截止）的运行范围足够大，截止电流 I_{dcr} 应大于电机的额定电流，一般取临界截止电流 $I_{dcr} \geqslant (1.1\sim1.2) I_N$。

上述从稳态静特性的角度分析了电流截止负反馈的限流保护作用，而实际上电机起动时电枢回路的电流变化过程是一个动态过程，受多种因素影响，怎样限流以及电流的动态波形如何还取决于系统的动态结构与参数。因此，在工程实际应用中，采用电流截止负反馈环节解决限流起动问题并不是十分精确的，只适合于小容量、对动态要求不太高的系统。

2.3 无静差转速负反馈单闭环直流调速系统

在有静差转速负反馈单闭环直流调速系统中，由于采用比例调节器（P 调节器），稳态时转速只能接近给定转速值，而不可能完全等于给定的转速值。提高开环增益只能减小转速降落而不能完全消除转速降落。为了完全消除转速降落，实现转速无静差调节，可以在调速系统中引入积分控制规律，用积分调节器（I 调节器）、比例积分（PI）调节器比例积分

微分（PID）调节器代替比例调节器，利用积分控制规律就可以实现静态的无偏差。简单地说，采用比例放大器的闭环调速系统是有静差调速系统，采用 I、PI 或者 PID 调节器的闭环调速系统则是无静差调速系统。

2.3.1　无静差转速单闭环直流调速系统的组成

通常在转速单闭环直流调速系统中采用 PI 调节器实现转速的无静差调速。积分调节器虽然能使系统在稳态时无静差，但是积分增长需要时间，控制作用只能逐渐表现出来，其动态响应太慢了。与此相反，采用比例调节器虽然有静差，动态反应却比较快。因此如果既要静态准，又要动态响应快，就可将两者结合起来，采用比例积分（PI）调节器控制。

考虑 PI 调节器输出量的初始值不为零的情况，由带输出限幅作用的 PI 调节器构成的无静差调速系统如图 2-25 所示，对应的系统稳态结构图如图 2-26 所示。对照有静差和无静差转速单闭环直流调速系统的稳态结构图，显然，二者除了转速调节器 ASR 采用的控制器不同外，其他环节都是相同的，其转速调节过程也类似，具体分析过程可以参考无静差调速系统，区别在于无静差调速系统可以实现转速偏差为零。

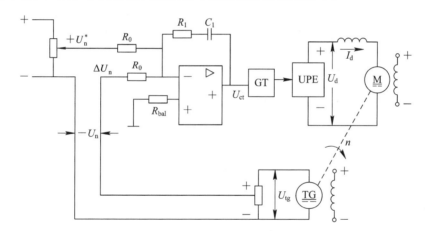

图 2-25　无静差单闭环直流调速系统的原理图

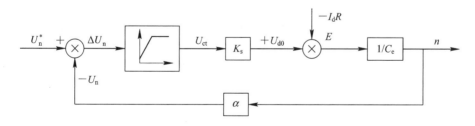

图 2-26　无静差单闭环直流调速系统的稳态结构图

无静差调速系统工作在稳态时，输出的稳态值和输入无关，各个环节的稳态关系如下：

电压比较环节：
$$\Delta U_n = U_n^* - U_n = U_n^* - \alpha n = 0$$

PI 调节器：
$$U_{ct} = K_p \Delta U_n + \frac{K_p}{\tau} \int \Delta U_n \mathrm{d}t$$

触发装置和电力电子变换器：$\qquad U_{d0} = K_s U_{ct}$

转速反馈环节：$\qquad U_{n\,max}^* = \alpha n_{max}$

调速系统开环机械特性：$\qquad n = \dfrac{U_{d0} - I_d R}{C_e}$

根据上述各环节的稳态关系，可知调速系统的开环机械特性受 PI 调节器的输出 U_{ct} 的影响较大，而 U_{ct} 的具体值要根据 PI 调节器饱和和不饱和的情况而定。如果 PI 调节器工作在不饱和状态，当偏差电压 $\Delta U_n = 0$ 时，其输出电压 U_{ct} 维持一个恒定的值；如果 PI 调节器工作在饱和状态，则只要偏差电压 $\Delta U_n \geqslant 0$（即 ΔU_n 极性不变），其输出电压 U_{ct} 就等于 PI 调节器的限幅值 U_{ctm}。

*2.3.2 有限流保护的无静差转速单闭环直流调速系统

1. 系统组成

由上可知，在转速单闭环直流调速系统中，如果采用积分控制器和比例积分控制器来调节电机转速，则可以实现无静差调速。如果考虑到无静差转速单闭环调速系统的起动和堵转情况下电流过大的问题，那么，同带电流截止负反馈有静差调速系统中一样：首先，无静差系统中要引入电流负反馈，自动控制电流；其次，为了解决电流负反馈在限流的同时会使系统的特性变软的问题，系统中必须引入电流截止负反馈环节。有关电流截止负反馈环节的电路原理图及其输入输出特性可以参考 2.2.4 小节中的内容，下面仅分析由比例积分(PI)控制器构成的带电流截止负反馈环节的无静差调速系统的调速性能，首先给出其电路原理图，如图 2-27 所示。

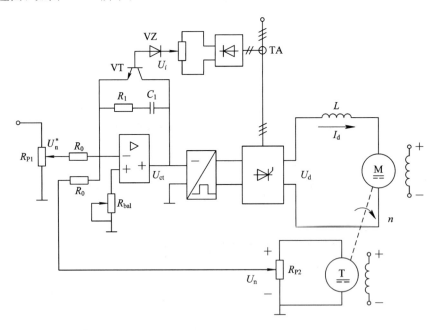

图 2-27 带电流截止负反馈的 PI 控制无静差直流调速系统

2. 工作原理

在图 2-27 所示的无静差转速单闭环直流调速系统中，采用比例积分(PI)调节器实现转速无静差,采用电流截止负反馈限流保护环节来抑制动态过程中的冲击电流。TA 为检测电流的交流互感器,经整流后得到电流反馈信号 U_i;VZ 为稳压二极管,是反映电流允许值的阈值电平检测环节,其电压稳定值为 U_z。U_i 和 U_z 进行比较,其比较差值 $\Delta U_i = U_i - U_z$ 送入比例积分调节器,构成电流反馈截止环节。

如果假设系统中电流检测环节的比例系数为 β,允许电枢电流截止反馈的临界电流为 I_{dcr},则有 $U_i = \beta I_d$,$I_{dcr} = U_z / \beta$。当电流 I_d 小于截止电流 I_{dcr}(即 $U_i = \beta I_d < U_z = \beta I_{dcr}$,$I_d < I_{dcr}$)时,电流截止负反馈环节不起限流保护作用,此时系统中仅存在转速负反馈环节,调速系统就是一个由比例积分控制器构成的无静差转速单闭环调速系统;当电流 I_d 超过截止电流 I_{dcr} 时(即 $U_i > U_z$,$I_d > I_{dcr}$),U_i 高于稳压管 VZ 的击穿电压,使晶体三极管 VT 导通,则 PI 调节器的输出电压接近于零,转速负反馈信号和电流负反馈信号同时起作用,使 PI 调节器的输出 U_{ct} 迅速下降,迫使电力电子变换器 UPE 的输出电压 U_d 急剧下降,从而有效地达到限制电枢电流的目的。

3. 稳态结构与静特性

图 2-27 所示的带电流截止负反馈的 PI 控制无静差转速单闭环直流调速系统对应的稳态结构图如图 2-28 所示。在系统正常工作时,即当电流 $I_d < I_{dcr}$ 时,电流截止负反馈环节不起作用,图 2-27 所示的无静差调速系统就是一个典型的转速负反馈单闭环直流调速系统,由 PI 调节器实现转速无静差。下面仅分析带限流保护的 PI 控制无静差调速系统的静特性。

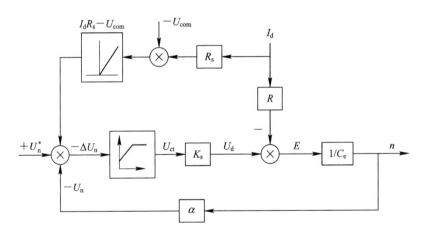

图 2-28 带电流截止负反馈的 PI 控制无静差直流调速系统的稳态结构图

当电枢电流 I_d 小于截止电流 I_{dcr} 时,电流截止,系统是一个转速负反馈单闭环调速系统。在稳态时,由于比例积分调节器的作用,调节器综合输入电压 ΔU(即偏差电压)为零,即有

$$\Delta U = U_n^* - U_n = 0 \tag{2-49}$$

即稳态时 $U_n^* = U_n = \alpha n$,电机转速为

$$n = \frac{U_n^*}{\alpha} \ (I_d \leqslant I_{dcr}) \tag{2-50}$$

式(2-50)是带电流截止保护无静差调速系统的静特性方程(当 $I_d < I_{dcr}$ 时)。显然,在转速

负反馈系数 α 一定的情况下，电机转速 n 仅仅和给定电压(给定转速信号) U_n^* 有关，而与负载电流等扰动量无关，此时，系统的静特性为对应不同转速时的一族水平线，如图 2-29 所示。可以看到，转速由给定电压信号 U_n^* 控制，系统完全按照给定电压的变化"无差"地跟随，而不受负载变化等影响。

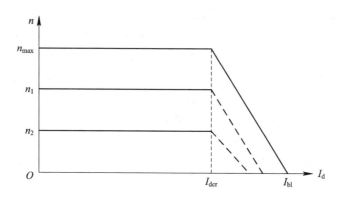

图 2-29 带电流截止负反馈环节的无静差直流调速系统的静特性

当电枢电流 I_d 突然变化，引起转速 n 升降时，依靠转速负反馈作用，可以使转速调节到稳定值，系统调节的物理过程叙述如下：当负载突然增加时，负载电流 I_{dL} 增大，电机转速 n 下降，转速反馈电压 U_n 减小，则给定电压 U_n^* 和 U_n 之间的偏差电压信号 ΔU 增加，使得比例积分调节器的输出电压 U_{ct} 增加，迫使电力电子变换器 UPE 的平均输出电压 U_d 增加，从而使得电枢电流上升，电机转速回升，直至 PI 调节器输入偏差信号 ΔU 再次为零，系统重新工作在稳态。为了便于理解，上述调节过程可以采用相关参数变化情况示意表示，如下所示：

$$I_{dL}\uparrow \to n\downarrow \to U_n\downarrow \to \Delta U=U_n^*-U_n\uparrow \to U_{ct}\uparrow \to U_d\uparrow \to I_d\uparrow \to n\uparrow$$

上述调节过程在满足条件 $U_n^*=U_n$ 时停止，此时系统又处于稳态，保证了 $U_n^*=U_n=\alpha n$。

当电枢电流 I_d 大于截止电流 I_{dcr} 时，转速负反馈继续起到调节转速的作用，同时电流负反馈环节开始起作用，限制电流过大。在稳态时，比例积分调节器的综合输入信号 ΔU 仍为零，即有：

$$\begin{cases} \Delta U=U_n^*-U_n-\Delta U_i=0 \\ \Delta U_i=U_i-U_z=\beta I_d-\beta I_{dcr} \end{cases} \tag{2-51}$$

其中，U_z 为稳压管的电压稳定值，β 为电流负反馈系数。可得到系统的静特性方程为

$$n=\frac{U_n^*+U_z-\beta I_d}{\alpha}=\frac{U_n^*+\beta(I_{dcr}-I_d)}{\alpha} \tag{2-52}$$

显然，当 $I_d>I_{dcr}$ 时，在给定电压信号 U_n^* 和转速负反馈系数 α 时，随着电流 I_d 的增加，电机转速急剧下垂，基本上接近一条垂直线，整个静特性近似呈矩形，如图 2-29 所示。

同样地，在电流 $I_d>I_{dcr}$ 的情况下，当负载电流 I_{dL} 突然变化，引起转速 n 升降时，系统通过自动调节作用可以重新回到原来的稳态工作点或接近原来的稳态工作点，其物理调节过程如下：当电流 I_d 增加时($I_d>I_{dcr}$)，电流反馈信号 U_i 增大，比例积分调节器反向积分，使调节器输出 U_{ct} 减小，电力电子变换器 UPE 的输出电压 U_d 减小，电机转速 n 下降，转速

反馈电压 U_n 减小，当 U_n 下降到满足式(2-51)时(即 PI 调节器电压综合输入信号为零时)，PI 调节器停止积分，其输出电压 U_d 维持一个恒定值，系统重新进入新的稳态。注意，当电机转速为零时，对应的电流 I_d 就称为堵转电流，记作 $I_d = I_{bl}$。

4. 稳态参数计算

无静差调速系统的稳态参数计算很简单，在理想情况下，稳态时 $\Delta U_n = 0$，因而 $U_n^* = U_n$，可以按下式直接计算转速反馈系数 α：

$$\alpha = \frac{U_{n\,max}^*}{n_{max}} \quad (\mathrm{V/(r \cdot min^{-1})}) \tag{2-53}$$

其中，n_{max} 为电机调压时的最高转速(r/min)；U_{max}^* 为相应的最高给定电压(V)。

2.4　转速负反馈单闭环直流调速系统的 MATLAB/Simulink 仿真

目前，使用 MATLAB 对控制系统进行计算机仿真的主要方法是以控制系统的传递函数为基础，使用 MATLAB 的 Simulink 工具箱对其进行计算机仿真研究。本节提出一种面向控制系统电气原理结构图，使用电力系统工具箱进行调速系统仿真的新方法。

有关 MATLAB 的 Simulink 和 SimPowerSystems 工具箱的内容请参考有关参考文献，这里不再累述。本节将以单闭环直流调速系统为研究对象，采用面向电气原理结构图的仿真方法，对典型的单闭环直流调速系统进行仿真实验分析。

面向电气原理结构图的仿真方法如下：

① 以调速系统的电气原理结构图为基础，弄清楚系统的构成，从 SimPowerSystems 和 Simulink 模块库中找出对应的模块，按系统的结构进行建模；

② 对系统中的各个组成环节进行元件参数设置，在完成各环节的参数设置后，进行系统仿真参数的设置；

③ 起动仿真，对系统进行仿真实验分析。为了使系统得到好的性能，通常要根据仿真结果来对系统的各个环节进行参数的优化调整。

采用计算机仿真技术来实现电机调速，在提高调速系统运行精度，减少累积误差等方面大有益处。下面主要介绍如何利用 Simulink 仿真工具箱来实现直流电机开环直流调速、有静差无限流保护的转速负反馈单闭环直流调速、有静差带限流保护的转速负反馈单闭环直流调速、无静差无限流保护的转速负反馈单闭环直流调速以及无静差带限流保护的转速负反馈单闭环直流调速等。

2.4.1　开环直流调速系统的建模与仿真

开环直流调速系统的电气原理结构图见图 2-5。采用 MATLAB 2010b 软件和 Simulink 仿真工具箱按照面向电气原理图方法构成的开环直流调速系统的仿真模型如图 2-30 所示。该系统主要由脉冲触发控制信号、同步脉冲触发器、V-M 整流桥、平波电抗器、直流电机等部分组成。图中所用到的各模块及其提取的路径如表 2-4 所示，为了画图方便和布线美观，仿真模型中采用了节点 Neutral 模块、From 及 Goto 模块对信号进行标识。下面详细介绍各主要模块及其参数设置过程。

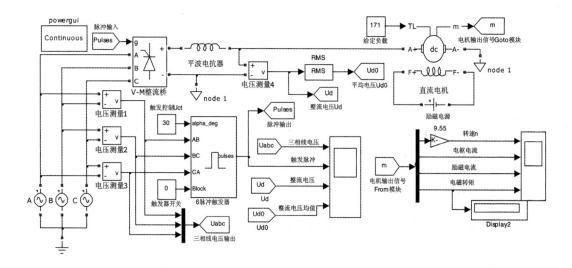

图 2-30 开环直流调速系统的仿真模型

表 2-4 直流电机开环调速系统仿真线路模块

模块名称	提取路径	模块名称	提取路径
三相交流电压源 （AC Voltage Source 或者 Three-Phase Programmable Voltage Source）	SimPowerSystem / Electrical Source	输出端口（Out）	Simulink / Sinks
V-M 整流桥 （Universal Bridge）	SimPowerSystem / Power Electronics	节点模块 Neutral(node)	SimPowerSystem/ Elements
6 脉冲同步触发器	SimPowerSystem/Extra Library/Control Blocks	常数模块 （Constant）	Simulink / Sources
平波电抗器 （Parallel RLC Branch）	SimPowerSystem / Elements	均方根（RMS）	SimPowerSystem / Extra Library/ Measurements
直流电机	SimPowerSystem / Machines	Ground	SimPowerSystem / Elements
直流励磁电源 （DC Machine）	SimPowerSystem / Electrical Source	信号综合（MUX）	Simulink / Signal Routing
示波器（Scope）	Simulink / Sinks	信号分解（Demux）	Simulink / Signal Routing
电压测量 （Voltage Measurement）	SimPowerSystem / Measurements	信号输出（Goto）	Simulink / Signal Routing
输入端口（In1）	Simulink / Sources	信号输入（From）	Simulink / Signal Routing

1. 主电路的建模和参数设置

由开环直流调速系统的原理图(参见图2-5)可知,开环直流调速系统的主电路主要由三相对称交流电压源、晶闸管整流桥、平波电抗器、直流电机等部分组成。由于同步脉冲触发器与晶闸管整流桥是不可分割的两个环节,通常作为一个组合体来讨论,所以将触发器归到主电路进行建模。

(1) 三相对称交流电压源的建模和参数设置。首先从 SimPowerSystem / Electrical Source 路径下提取三个交流电压源模块(AC Voltage Source),并把模块名称分别改为 A、B、C;然后提取接地"Ground"元件,按照图2-30最左边主电路图列进行连接。为了得到三相对称交流电压源,其参数设置方法及参数设置如下:

用鼠标双击交流电压源 A 模块,打开电压源参数设置对话框(也可单击鼠标右键,在弹出的子菜单上选择有关模块参数设置的子命令,单击打开电压源参数设置对话框。常用双击模块的方法来打开模块的参数设置对话框)。A 相交流电源参数设置:交流峰值电压设置 $125\sqrt{2}$ V(参考选择的直流电机模型的额定电压设置),初相位设置成 $0°$,频率为 50 Hz,其他为默认值。因为三相交流电源是对称的,故 B 相和 C 相交流电源幅值大小和 A 相相同,初相位设置成互差 $120°$,其他参数设为默认值,由此可得到三相对称交流电源。

(2) V-M 整流桥选择和参数设置。首先按照表2-4中路径提取"Universal Bridge"(通用变换器桥)模块。模块的输入和输出端取决于所选择的变换器桥的结构。如果选用 A、B、C 为输入端,则直流 DC(+,-)端为输出端;如果选用 A、B、C 为输出端,则 DC 端为输入端。在本书中使用该模块时,A、B、C 均选择为输入端,DC 端为输出端;"g(pulse)"端接收来自外部模块的触发信号。

将模块标签改为"V-M 整流桥",双击模块图标,打开参数设置对话框,当采用三相整流桥时,参数设置为:桥臂数取3;A、B、C 三相交流电源接到整流桥的输入端;电力电子元件选择晶闸管(Thyristors);缓冲电阻(Snubber resistance)$R_s=50$ kΩ;缓冲电容(Snubber capacitance)C_s 为无穷大(inf);内电阻 $R_{on}=0.001$ Ω;内电感 $L_{on}=0$;晶闸管的正向管压降(Forward voltage)$V_f=0$。参数设置的原则如下:如果是针对某个具体的变流装置进行参数设置,对话框中的 R_s、C_s、R_{on}、L_{on}、V_f 应取该装置中晶闸管元件的实际值;如果是一般情况,不针对某个具体的变流装置,这些参数可先取默认值进行仿真,若仿真结果理想,就可认可这些设置的参数,若仿真结果不理想,则通过仿真实验,不断进行参数优化,最后确定其参数。这一参数设置原则对其他环节的参数设置也是适用的。

晶闸管整流装置的主电路为三相桥式全控整流电路。三相桥式全控整流电路的计算公式如下:

$$\begin{cases} U_d = 2.34U_2\cos\alpha & (0\sim60°) \\ U_d = 2.34U_2\left[1+\cos\left(\alpha+\dfrac{\pi}{3}\right)\right] & (60°\sim120°) \end{cases} \tag{2-54}$$

式中,α 是从三相电压源自然换相点算起的触发脉冲控制角;U_2 是整流变压器二次侧额定电压的有效值,则在仿真模型中三相交流电压源的峰值为 $\sqrt{2}U_2$。可通过示波器观察三相电压源信号、晶闸管整流桥的输出电压 u_{d0} 及其平均电压 U_{d0} 的仿真输出图形。

(3) 同步脉冲触发器参数设置。通常,工程上将触发器和晶闸管整流桥作为一个整体来研究。同步脉冲触发器包括同步电源和 6 脉冲触发器两部分。6 脉冲触发器可从

SimPowerSystem / Extra Library / Control Blocks 下的 Synchronized 6-Pulse Generator
子模块组获得。该模块有五个输入端，如图 2 - 31(a)所示，其中 alpha_deg 是移相控制角
信号输入端，单位为度(°)。需要注意的是：在转速开环调速系统中，该输入端可与
Simulink / Sources 路径下的"Constant"（常数）模块相连，但是在转速闭环调速系统中，该
输入端与转速调节器的输出端相连，从而对触发脉冲进行移相控制。输入端 AB、BC、CA
是三相同步线电压的输入端，通过电压测量模块与三相交流电源相电压相连。输入端
Block 为触发器模块的使能端，用于触发器模块的开通与封锁操作，是触发器的开关信号：
当 Block 为"0"时，开放触发器；当 Block 为"1"时，封锁触发器。该模块输出信号为一个六
维脉冲向量，它包含 6 个触发脉冲，移相控制角的起始点为同步电压的零点，pulse 为触发
信号输出端。注意，6 脉冲触发器需用三相线电压同步，所以同步电源的任务是将三相交
流电源的相电压通过电压测量元件转换成线电压，电压测量模块与同步 6 脉冲触发器的连
接如图 2 - 31(b)所示。同步 6 脉冲触发器参数设置对话框中，如果设置同步电压频率为
60 Hz，脉冲宽度为 10°，再勾选了"Double pulsing"，触发器就能给出间隔 60°的双脉冲
信号。

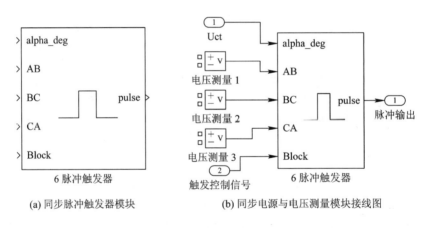

(a) 同步脉冲触发器模块　　　　　　(b) 同步电源与电压测量模块接线图

图 2 - 31　同步脉冲触发器模块

（4）平波电抗器参数设置。首先从 SimPowerSystem / Elements 中选取"Series RLC
Branch"模块，并将模块标签改为"平波电抗器"，然后打开平波电抗器参数设置对话框，参
数设置为：阻抗(Resistance)R＝0 Ω；电感(Inductance)L＝1 mH；电容(Capacitance)C 为
无穷大(inf)。

（5）直流电机的模型选择和参数设置。首先从 SimPowerSystem / Machines 中选取
"DC Machine"模块，并将模块标签改为"直流电机"。直流电机的励磁绕组"F＋ — F－"接
直流恒定励磁电源，励磁电压参数根据电机参数设置；电枢绕组"A＋"经平波电抗器接
V-M 整流桥的输出（标有"＋"的输出端）；为了画线方便，电枢绕组"A－"和 V-M 整流桥
的"－"端经过 Neutral 模块（即 node1）连接；电机经 TL 端口接负载；"直流电机"模块输出
端 m 的信号为电机的角速度 ω，用转速 n 代表输出端 m 的信号时，角速度 ω 和转速 n 之间
的换算公式为 $n＝(60/2\pi)\omega＝9.55\omega$，所以仿真模型中"直流电机"输出端 m 和转速信号 n
之间有一个"Gain"模块，其参数设为 9.55。因此，直流电机的输出参数选择为转速 n、电
枢电流 I_a，励磁电流 I_f 电磁转矩 T_e 四个信号，可以通过"示波器"模块观察仿真输出图形，

也可以用"Out1"模块将仿真输出信息返回到 MATLAB 命令窗口,再用绘图命令 plot (tout,yout)在 MATLAB 命令窗口里绘制出输出图形。

　　直流电机模块如图 2-32(a)所示。用户可以在"Preset model"中选择预设的电机模型,具体参数可以点击"Parameters"查看。当选择预设电机模型 01 时,其对应的电机参数如图 2-32(b)所示。其中 5HP 表示功率为 5 匹,即 $P_N = 5 \times 745.7 = 3728.5$ W;240 V 代表电枢电压;1750RPM 代表电机额定转速为 1750 r/min;Field:300 V 表示励磁电压为 300 V。当"Preset model"选择"No"时,用户可以自设电机参数;电机输入(Mechanical input)默认为 Torque TL。当用户自设直流电机参数时,需要了解给定电机额定参数时一些相关参数的计算方法,下面给出示例进行说明。

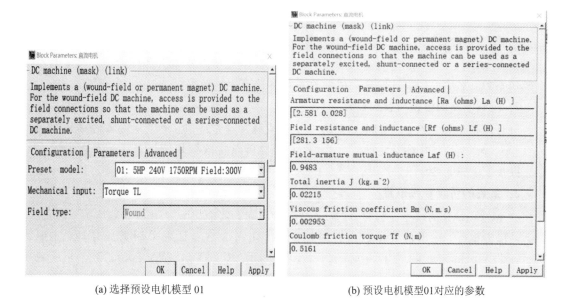

(a) 选择预设电机模型01　　　　　　　　　(b) 预设电机模型01对应的参数

图 2-32　直流电机参数设置

　　例 2-9　已知直流电机额定参数为 $U_N = 220$ V, $I_N = 136$ A, $n_N = 1460$ r/min,电枢回路总电阻 $R_\Sigma = 0.26$ Ω,电枢电阻 $R_a = 0.21$ Ω,飞轮惯量为 $GD^2 = 22.5$ N·m²,励磁电压 $U_f = 220$ V,励磁电流 $I_f = 1.5$ A。采用三相桥式全控整流电路,平波电抗器 $L_p = 200$ mH,计算电枢电感 L_a、励磁电阻 R_f、电枢绕组合励磁绕组互感 L_{af}、电机转动惯量 J、额定负载转矩 T_L。

　　解　(1)整流变压器二次侧额定相电压的有效值(即供电电源电压)为

$$U_2 = \frac{U_N + R_\Sigma I_N}{2.34\cos\alpha} = \frac{220 + 0.26 \times 136}{2.34\cos(30°)} = 126 \text{ V}$$

(2)电机参数计算:

① 励磁电阻为

$$R_f = \frac{U_f}{I_f} = \frac{220}{1.5} = 146.7 \text{ Ω}$$

② 励磁电感在恒定磁场控制时可取 0,即 $L_f = 0$。

③ 电枢电阻 $R_a = 0.21$ Ω,电枢电感由下式估算,其中 p 为电机极对数,即

$$L_a = \frac{19.1CU_N}{2pI_Nn_N} = \frac{19.1 \times 0.4 \times 220}{2 \times 2 \times 1460 \times 136} \text{ H} \approx 0.0021 \text{ H}$$

式中 C 为补偿系数，无补偿时 $C=1$，有补偿时 $C=0.4$。

④ 电枢绕组合励磁绕组互感 L_{af} 由以下步骤计算：

电动势系数 C_e：$C_e = \frac{U_N - R_aI_N}{n_N} = \frac{220 - 0.21 \times 136}{1460}$ V·min/r ≈ 0.131 V·min/r

转矩系数 C_m：$C_m = \frac{30}{\pi}C_e = \frac{30 \times 0.131}{\pi} \approx 1.252$

则电枢绕组合励磁绕组互感 L_{af} 为：$L_{af} = \frac{C_m}{I_f} = \frac{1.252}{1.5} = 0.835$ H

⑤ 电机转动惯量 J 为：$J = \frac{GD^2}{4g} = \frac{22.5}{4 \times 9.8}$ kg·m^2 = 0.57 kg·m^2

⑥ 额定负载转矩 T_L 为：$T_L = C_mI_N = 1.252 \times 136 \approx 171$ N·m

参考上述直流电机参数计算方法，用户可以根据实际需要灵活选择电机、设定电机仿真模块参数，然后根据设计要求完成调速系统的仿真。

2. 控制电路的建模和参数设置

开环直流调速系统的控制电路只有一个触发脉冲给定环节，可以从输入源模块组中选取"Constant"模块，并将模块标签改为"Uct"，然后双击该模块图标，打开参数设置对话框，将参数设置为30。

3. 系统的仿真参数设置

在 MATLAB 的模型窗口打开"Simulation"菜单，选中"Simulation parameters(仿真参数)"，单击鼠标，弹出仿真参数设置对话框。该仿真参数对话框采用页面管理，主要由"Solver""Workspace I/O""Diagnostics""Advanced""Real-Time Workshop"五个页面对仿真参数进行管理，仿真实践中主要采用前三个页面对仿真参数进行设置。其中，Solver 页允许用户设置仿真的开始时间(Start time)和结束时间(Stop time)，选择解法器(算法)，说明解法器参数及选择一些输出选项；Workspace I/O 页的作用是管理模型从 MATLAB 工作空间的输入和对它的输出；Diagnostics 页允许用户选择 Simulink 在仿真中显示的警告信息的等级。

一般地，"Simulation time"选择 Start time 为 0，Stop time 可以根据实际需要而定，一般只要能够仿真出完整的波形就可以了。注意这里的时间概念与真实的时间并不一样，只是计算机仿真中对时间的一种表示，比如 10 秒的仿真时间，如果采样步长定为 0.1，则需要执行 100 步，若把步长减小，则采样点数增加，那么实际的执行时间就会增加。一般仿真开始时间设为 0，而结束时间视不同的因素而选择。总的说来，执行一次仿真要耗费的时间依赖于很多因素，包括模型的复杂程度、解法器及其步长、计算机时钟的速度等。

关于仿真步长模式，可供用户选择的有 Variable-step(变步长)和 Fixed-step(固定步长)方式，实际应用中常采用变步长模式。对于变步长模式，用户可以设置最大的和推荐的初始步长参数，缺省情况下，步长自动确定，由值 auto 表示。注意：Maximum step size(最大步长参数)决定了解法器能够使用的最大时间步长，它的缺省值为"仿真时间/50"，即整个仿真过程中至少取 50 个取样点，但这样的取法对于仿真时间较长的系统可能使取样点过于稀疏从而使仿真结果失真。一般建议对于仿真时间不超过 15 s 的采用默认值即可，对于超过 15 s 的每秒至少保证 5 个采样点，对于超过 100 s 的，每秒至少保证 3 个采样点。

本小节采用的仿真算法为"ode23s"。由于实际系统的多样性，不同的系统需要采用不同的仿真算法，到底哪一种算法最合适，可通过仿真实践进行比较选择，最终确定使得仿真结果最优的一种算法。

按照上述的系统建模和仿真参数设置方法，各仿真模块的主要参数设置总结如下（其他没有指明的采用模块参数默认设置）。

① 交流电压源的参数设置：三相电源的交流峰值相电压取 $126\sqrt{2}$ V、频率为 50 Hz，A 相初相位设置成 0°，三相相位互差 120°；

② 整流桥参数设置：桥臂数为 3；端口 A、B、C 设为输入端；$R_s = 50$ kΩ；$C_s = inf$；"Power Electronic device"选为"Thyristors"；

③ 平波电抗器的参数设置："Series RLC Branch"模块中，令 $R = 0$，$L = 1$ mH，$C = inf$；

④ 直流电机参数设置：励磁电源的电压设为 220 V，电机的其他参数设置采用例 2-9 中的计算结果；

⑤ 同步 6 脉冲触发器的触发控制信号 $U_{ct} = 30$，6 脉冲触发器的频率设为 50 Hz，脉冲宽度为 10°，勾选"Double pulsing"；

⑥ 负载设置为 18 N·m；

⑦ 仿真算法选为 ode23s，仿真结束时间设为 5 s。

4. 系统仿真结果分析

各仿真模块的参数设置完后，然后设置系统仿真运行时间、选择系统仿真算法，即可开始进行仿真。用鼠标单击 MATLAB 模型菜单中的"▶"图标，或者在建立的 Simulink 模型文件主页打开"Simulation"菜单，点击"Start"命令，系统即可进行仿真。在仿真结束后，可以使用"Out"仿真模块输出仿真数据，建立数据文件，方便编程。另外，单击示波器模块，可观察三相交流电压源、触发脉冲、晶闸管整流桥的输出整流电压以及整流电压的平均值等信号的仿真输出图形（时间轴上部分放大波形），如图 2-33 所示。图中从上到下分别为三相电源信号、触发信号、整流器输出电压信号、整流器输出平均电压信号的仿真波形。从图中可见，三相电源对称，触发控制角 $\alpha = 30°$，触发脉冲从自然换相点算起，整流输出电压平均值约为 291 V。

直流电机的转速、电流、转矩等信号仿真波形如图 2-34 所示，图中从上到下分别为电机转速 n，电枢电流 I_a，励磁电流 I_f，电机转矩 T_e 的仿真波形。可以看出，在给定负载 18 N·m 时（电机轻载），直流电机励磁电流为 1.5 A，当直流电机刚开始起动时，起动电流突然增加到 1000 A 左右，电流非常大，转速很快上升；此后，电流开始下降，转速继续上升，在 0.2 s 左右，转速 n 达到最大值，最终转速稳定在 2000 rad/s 左右，高于额定转速值，电机电枢电流下降到 15 A 左右，转矩稳定在给定负载值 18 N·m，起动过程结束。可以看到，电流和转矩波形的形状相似，变化一致，仅是幅值不同。

另外，改变 6 脉冲同步触发器的移相控制角 U_{ct} 的大小，分别取 10°、20°和 30°进行实验对比分析。利用仿真数据编程得到不同触发控制电压下转速和电流波形，如图 2-35 所示。观察转速和电流波形，可以看到，当增大移相控制角 U_{ct} 时，转速稳定值减小，但

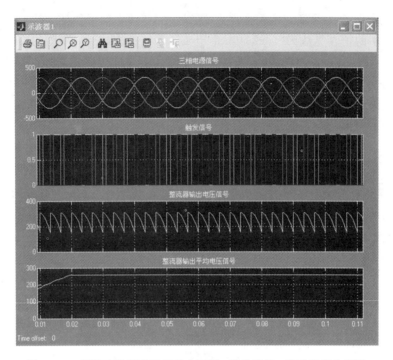

图 2 – 33　开环直流调速时三相电压源、脉冲信号、整流输出电压及
整流平均值电压的仿真波形(控制角为 30°)

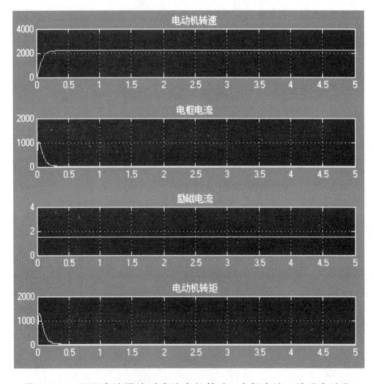

图 2 – 34　开环直流调速时直流电机转速、电枢电流、励磁电流和
电机转矩的仿真波形(控制角为 30°)

$U_{ct}=20°$时，转速超调较大；另外，U_{ct}增大时，电枢电流的稳定值也减小，但是在电机起动的瞬间，U_{ct}增大，起动电流增大。仿真测试中利用"Display"显示模块可以实时观测转速和电流的值。

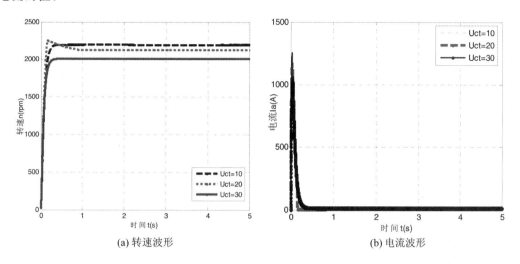

(a) 转速波形　　　　　　　　　　　　　(b) 电流波形

图 2-35　利用仿真数据编程得到的开环直流调速时转速、电枢电流的仿真波形

2.4.2　有静差转速单闭环直流调速系统的仿真

简化的带转速负反馈的有静差直流调速系统的实验原理图如图 2-36 所示。系统由转速给定环节U_n^*、速度调节器 ASR(放大倍数为 K_p 的 P 放大器)、同步脉冲触发器 CF、晶闸管整流器、平波电抗器 L、直流电机 M、测速发电机 TG(速度反馈环节)等组成。该系统在电机负载增加时，转速将下降，转速反馈 U_n 减小，而转速的偏差 $\Delta U_n(\Delta U_n = U_n^* - U_n)$ 将增大，同时放大器输出 U_{ct} 增加，并经移相触发器使整流器输出电压 U_d、电枢电流 I_d 增加，从而使电机电磁转矩增加，转速也随之升高，补偿了负载增加造成的转速降。

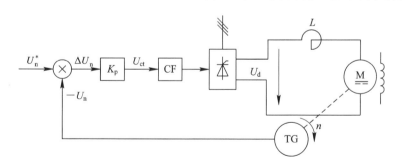

图 2-36　转速负反馈单闭环有静差直流调速系统的结构

根据 2.2 小节内容，带转速负反馈的直流调速系统的稳态方程为 $n = \dfrac{K_p K_s U_n^* - RI_d}{C_e(1+K)}$，转速降落为 $\Delta n = \dfrac{RI_d}{C_e(1+K)}$，其中 $K = \dfrac{K_p K_s \alpha}{C_e}$，$K_p$ 为放大器放大倍数，K_s 为晶闸管整流器放大倍数，C_e 为电机电动势常数，α 为转速反馈系数，R 为电枢回路总电阻。从稳态特性方程可以看到，如果适当增加放大器放大倍数 K_p，电机的转速降落 Δn 将减小，电机将有更硬的机械特性，也就是说在负载变化时，电机的转速变化将减小，电机有更好的保持速度稳定的性能。如果放大倍数过大，也可能造成系统运行的不稳定。

根据图 2-36 构建的有静差转速单闭环直流调速系统的仿真模型如图 2-37 所示。与开环直流调速系统相比，有静差转速单闭环直流调速系统的主电路的建模和模型参数设置基本是相同的，两个系统的差别主要在控制电路上。下面主要介绍该模型中控制电路的建模和参数设置。

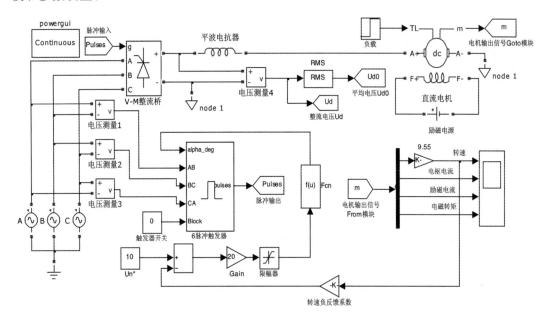

图 2-37 有静差转速单闭环直流调速系统的仿真模型

1. 主电路的建模和参数设置

由图 2-37 的仿真模型可知，主电路包含的模块与开环调速系统相同(本章所有的单闭环调速系统的主电路都有这个特点)，同样由三相对称交流电压源、V-M(晶闸管)整流桥、同步脉冲触发器、平波电抗器、直流电机等组成，且各模块的参数设置和开环直流调速系统相同，特别是直流电机模型参数参考例 2-9 选取。各模块提取的路径可参考 2.4.1小节内容。

2. 控制电路的建模和参数设置

单闭环有静差转速负反馈调速系统的控制电路由转速给定信号、速度调节器 ASR(P调节器)、速度负反馈等环节组成。考虑触发脉冲移相控制信号 U_{ct} 及其工作范围，模型中另增加了限幅器(Saturation)和脉冲移相控制模块。限幅器提取路径为 Simulink/Commonly Used Blocks，上下限设置为[-50,50]。脉冲移相控制模块采用 Polynomial 模块实现，提取路径为 Simulink/Math Operations。

"给定信号"模块采用常数(Constant)模块实现，仿真测试中参数设置为 $U_n^* = 10$ V。速度调节器 ASR 采用比例(P)调节器，选用 Gain 模块，放大倍数可根据实际需要选择，通常通过仿真优化而得。转速负反馈环节采用 Gain 模块实现，测试中设置为 0.05。考虑脉冲触发控制最小控制角 $\alpha_{min} = 30°$，考虑移相控制信号 U_{ct} 的取值范围[-10,10]，则根据

$\alpha=90°-\dfrac{90°-\alpha_{\min}}{U_{\mathrm{ct\,max}}}U_{\mathrm{ct}}$，脉冲移相控制函数多项式 $P(u)$ 模块可设置为 $90-6*u$，其输出信号作为同步触发器的移相控制信号 U_{ct}。测试中可以通过对 U_{ct} 参数变化范围仿真实验的探索，得到同步脉冲触发器能够正常工作时移相控制信号 U_{ct} 的工作范围，然后根据 U_{ct} 的工作范围来设置限幅器的上下限范围。

3. 系统的仿真参数设置

经过仿真算法测试对比分析，最后仿真算法选择为 ode23s，仿真时间设为 5 s，负载采用阶跃信号，阶跃时间设为 2 s，初值设为 18，终值设为 240（过载约 40%）。即在 0～2 s 内模拟电机轻载的运行情况，在 2～5 s 内模拟电机过载的运行情况。

4. 系统仿真结果分析

当有静差单闭环直流调速系统建模和仿真参数设置完成后，即可起动仿真。当 $U_{\mathrm{n}}^{*}=10$ V，转速调节器的比例放大倍数 $K_{\mathrm{p}}=20$、$\alpha=0.05$ 时，得到的转速、电枢电流、励磁电流和转矩的仿真波形如图 2-38 所示。显然，在电机刚开始起动时，起动电流很快上升，转速随着增加，大概在 0.25 s 时电机转速有超调，电流开始下降，但在很短的时间内又趋近稳定；在 2 s 突加负载时，转速随之下降，转矩和电流上升，但很快在 1 s 左右转速又趋于稳定运行。

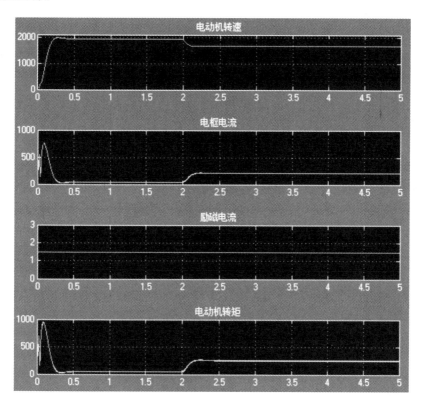

图 2-38　有静差转速单闭环直流调速系统的仿真模型（$U_{\mathrm{n}}^{*}=10$ V、$K_{\mathrm{p}}=15$、$\alpha=0.05$）

下面讨论 K_{p} 取值大小对调速系统的影响，转速给定设置为 $U_{\mathrm{n}}^{*}=10$ V，负载设置为常数 18，其他模块仿真参数设置不变。当转速负反馈系数 $\alpha=0.005$、$K_{\mathrm{p}}=5/20/150$ 时得到的仿真结果如图 2-39 所示(为了方便对比,采用仿真数据编程得到)。显然,在 $K_p=5$ 时转速达到稳定转速的调节时间最长,转速稳态值最小;而且随着放大倍数 K_p 的增加,转速达到稳态的调节时间缩短,转速达到的稳态转速值增加,明显大于 $K_p=5$ 时的转速稳定值。但是,观察 $K_p=20$ 和 $K_p=150$ 时的转速波形,可以看到,放大倍数虽然增加很多,转速调节时间相差不大,转速稳定值也几乎相同。从图 2-39(b) 可以看出,因为负载设定值较小,属于电机轻载运行,在 $K_p=5/20/150$ 时起动电流超过 1400 A 左右,是额定电流的 10 多倍,这样大的起动电流很容易烧毁电机,所以在 ASR 后加了限幅器,以免起动过程中电流过大烧毁电机。而且 K_p 取 5 时,起动电流最大值最大,取 20 和 150 时起动电流最大值几乎相同,波形几乎重合,不同 K_p 下,电流最终稳定值大概为 24 A,转矩稳定值为 31 N·m。另外,由于晶闸管整流器控制的非线性,其输出电压只能在 $0 \sim U_{d\max}$ 范围内变化,尽管放大倍数设置为 150 时转速还没有出现严重的不稳定现象。

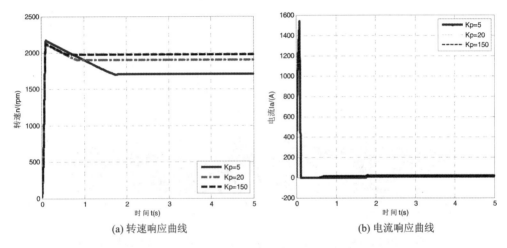

(a) 转速响应曲线　　　　　　　(b) 电流响应曲线

图 2-39　有静差单闭环直流调速系统的仿真结果 ($U_n^*=10$ V、$K_p=5/50/150$、$\alpha=0.005$)

当转速负反馈系数 $\alpha=0.05$、$K_p=5$ 时得到的仿真结果如图 2-40 所示。和图 2-39(a)中 $K_p=5$ 时的转速波形相比,显然,图 2-40 的转速上升到最大值的时间明显减小,转速调节到稳态值的时间较短,而且稳态值也减小。

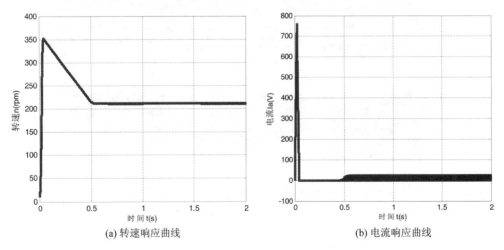

(a) 转速响应曲线　　　　　　　(b) 电流响应曲线

图 2-40　有静差单闭环直流调速系统的仿真结果 ($U_n^*=10$ V、$K_p=5$、$\alpha=0.05$)

综上所述，有静差调速系统的仿真结果与转速反馈系数和放大倍数 K_p 的选取值有关系，当选择合适的转速负反馈系数 α 和比例放大倍数 K_p 时，转速调节有较好的快速性和稳定性。因为不考虑电流截止负反馈环节，仿真中要注意保证 $I_d \leqslant I_{dcr}$ 的条件。实际应用中应针对电机模型与设计要求进行仿真参数设置，但是，与前述开环控制系统的仿真结果相比较，单闭环有静差直流调速系统的电机转速波形比开环控制调速系统有了较明显的改善，转速过渡过程时间大为缩短。

2.4.3　无静差转速单闭环直流调速系统的仿真

把上述有静差转速单闭环直流调速系统仿真模型的 ASR 控制器用 PI 调节器替代，其余环节都不变，就构成无静差转速单闭环直流调速系统，其仿真模型如图 2-41 所示。

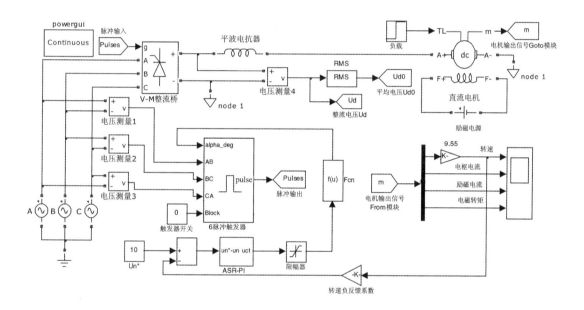

图 2-41　无静差转速单闭环调速系统的仿真模型

1. 主电路的建模和参数设置

不带电流截止负反馈环节的无静差转速单闭环直流调速系统主电路的建模和参数设置和有静差单闭环直流调速系统相同(注意直流电机模型参数不变)，这里不再一一累述，具体内容可参考 2.4.2 小节。

2. 控制电路的建模和参数设置

在无静差直流调速系统的控制电路中 ASR 采用带有限幅作用的 PI 调节器，其仿真模型采用比例调节器和积分调节器相加得到，其内部结构及其封装后的子系统符号如图 2-42(a)和图 2-42(b)所示，封装模块标记为 ASR-PI。PI 模块中的积分环节采用带有限幅作用的积分器，其上下限设置为 [-5,5]。因为 PI 调节器带有限幅作用，所以 ASR 后不再接限幅器模块。当选定 PI 调节器的放大倍数 K_p 和积分时间常数 τ 后，Gain 的值可设为 K_p/τ。PI 调节器的输入信号为转速偏差信号 $\Delta U = U_n^* - U_n$(在 PI 模块中记为 un* - un)；其输出信号为触发器控制信号(标记为 uct)。转速调节达到稳态时，满足转速

偏差 $\Delta U = 0$。

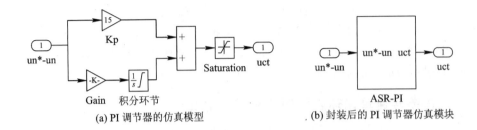

(a) PI 调节器的仿真模型   (b) 封装后的 PI 调节器仿真模块

图 2-42 PI 调节器及其封装后的子系统符号

仿真测试中转速反馈系数 α、PI 调节器的积分时间和放大倍数 K_p 在保证系统稳定的前提下选择即可。系统无静差时，给定转速信号 U_n^* 和转速反馈信号 U_n 近似相等，即 $U_n^* = U_n = \alpha n$。因此，转速反馈系数可以采用公式 $\alpha = U_n^* / n_N$ 估算。设转速给定信号为 $U_n^* = 10$ V，则根据选择的电机模型参数可知电机额定转速 $n_N = 1460$ r/min，所以仿真测试中设置转速负反馈系数 $\alpha = 0.0068$。根据系统稳定条件，可选择 PI 调节器的参数。U_n^* 经过 PI 调节器，再通过移相控制函数后作为同步触发器的移相控制信号 U_{ct}。移相控制函数相应设置为 $90 - 6 * u$。工程应用时，仍可以通过对 U_{ct} 参数变化范围仿真实验的探索得到同步脉冲触发器能够正常工作时的 U_{ct} 的工作范围，进一步根据 U_{ct} 的工作范围设置限幅器的上下限范围。

3. 系统的仿真参数设置

仿真中所选择的算法为 ode23s，仿真时间设为 10 s。同有静差单闭环直流调速系统中一样，负载采用阶跃信号，阶跃时间设为 5 s，初值设为 18，终值设为 60。即在 0～2 s，仿真模拟电机额定带载的运行情况，在 2～5 s 内模拟电机过载运行情况。

4. 系统的仿真及其仿真结果分析

根据无静差转速负反馈单闭环直流调速系统静特性的理论分析结果，在进行仿真时要考虑电枢电流小于截止电流的情况。选取 PI 调节器的积分时间常数 $\tau = 30$ s，比例放大倍数 $K_p = 15$，在 $U_n^* = 10$ V、转速反馈系数 $\alpha = 0.0068$ 时得到的转速、电枢电流、电机转矩的仿真曲线如图 2-43 所示。由图 2-43 可知，在电机起动后转速迅速上升，略有超调后很快达到稳态值；当在 1 s 突加负载扰动时，电流和转矩明显增加，转速稍有下降但很快就回到稳态值，几乎观察不到转速的波动，转矩稳定在额定转速 1460 r/min 附近。

负载模块仍选阶跃信号，参数设置不变。当设置转速给定信号 $U_n^* = 150$ V，转速反馈系数 $\alpha = 0.135$，$K_p = 15$，$\tau = 30$ s 时得到的转速反馈 U_n、转速 n 和电流 I_d 波形如图 2-44 所示。根据调速系统的仿真结果可以知道，在 0.1 s 左右，转速 n 基本上达到稳定，转速稳定值约为 1108 r/min；转速反馈 U_n 恒定值约为 149.6 r/min，系统基本上满足稳态关系 $U_n^* \approx U_n = \alpha n$，可以认为实现了转速无静差。而且在 1 s 突加负载扰动时，虽然电流波动较大，但是转速波动非常小，很难观察到，转速可以迅速地回到稳定值，实现转速无静差调速。

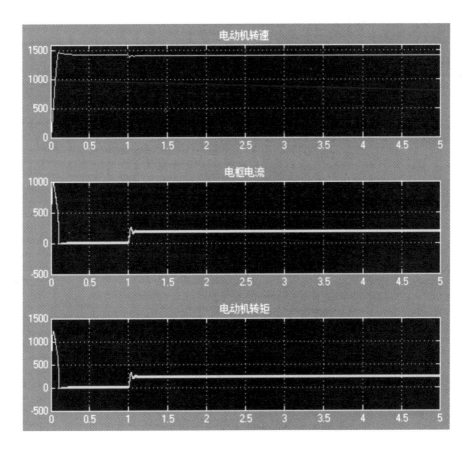

图 2 - 43 无静差转速单闭环直流调速系统的仿真结果(转速反馈系数 $U_n^* = 10$ V，
放大倍数 $K_p = 15$，积分时间常数 $\tau = 30$ s，转速反馈系数 $\alpha = 0.0068$)

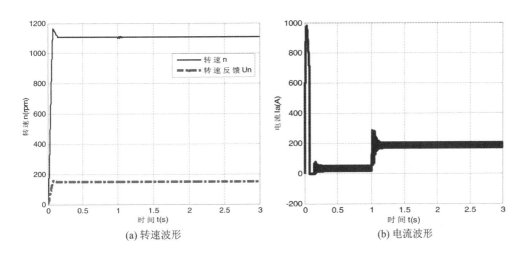

(a) 转速波形   (b) 电流波形

图 2 - 44 无静差转速单闭环直流调速系统的仿真结果(转速给定 $U_n^* = 150$ V，放大倍数
$K_p = 15$，积分时间常数 $\tau = 30$ s，转速反馈系数 $\alpha = 0.135$)

*2.5 有限流保护的转速负反馈单闭环直流调速系统的 MATLAB/Simulink 仿真

2.5.1 有限流保护的有静差转速单闭环直流调速系统的仿真

为了限制电机的起动电流，在有静差转速单闭环直流调速系统仿真模型的基础上考虑限流保护，增加了电流截止负反馈环节。当电枢电流大于截止电流(即 $I_d > I_{dcr}$)时，电流截止负反馈环节被引入，其稳态结构图参见图 2-23。根据图 2-23，采用面向电气原理结构图的方法建立的带限流保护的有静差转速单闭环直流调速系统的仿真模型如图 2-45 所示。

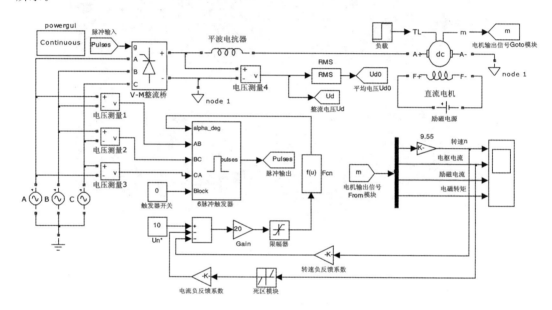

图 2-45 有电流截止负反馈的有静差转速单闭环直流调速系统仿真模型

1. 主电路的建模和参数设置

图 2-45 的仿真模型和不带电流截止负反馈的有静差转速单闭环调速系统(参见图 2-37)相比，主电路完全一样，主电路的仿真建模和参数设置方法都与开环调速系统的主电路相同(参见 2.4.1 节内容)，这里不再赘述。

2. 控制电路的建模和参数设置

有电流截止负反馈和没有电流截止负反馈的转速单闭环直流调速系统的控制电路的主要区别是：前者的控制电路仅增加了一个电流截止负反馈限流保护环节，其余环节都和后者相同。

在图 2-45 中，采用 Gain(即电流反馈系数)和 Dead Zone(死区)模块构成电流截止负反馈环节。设定电流的临界值 $I_{dcr} = 1.2 I_N$，则 Dead Zone 模块的死区区间应选择为 $[-I_{dcr}, I_{dcr}]$。换句话说，当电机电枢电流值小于 Dead Zone 模块的死区范围值(即电流的临界值 I_{dcr})时，Dead Zone 模块没有输出，电流截止负反馈不起作用。当电流反馈信号大于 Dead Zone 模块的死区区间值时，Dead Zone 模块的输出抵消了一部分转速的给定信号 U_n^*，电流截止负反馈环节进入工作状态，参与对系统的调节，结果使电流减小。当设置不同的临界电流值 I_{dcr} 时，图 2-45 中截止电流的设置值也不一样。

参数设置和有静差转速单闭环直流调速系统中的参数完全一样，转速给定信号为 $U_n^* = 10$ V；P 调节器放大倍数设为 $K_p = 20$；转速反馈系数为 $\alpha = 0.05$；电流反馈系数为 $\beta = 0.2$；限幅器上下限为 $[-50, 50]$；负载采用阶跃信号，阶跃时间设置 2 s，初值设为 18，终值设为 240（考虑电机过载约 40%），其他为默认值。

3. 系统的仿真参数设置

仿真中所选择的算法为 ode23s；仿真起始时间设为 0，停止时间设为 3，其他与比例控制有静差转速单闭环调速系统中完全一致。

4. 系统的仿真及其仿真结果分析

当建模和参数设置完成后，即可开始进行仿真。在 $U_n^* = 10$ V、放大倍数 $K_p = 15$、转速反馈系数 $\alpha = 0.05$ 时得到的仿真结果如图 2-46 所示。同时，为了比较电机起动过程中电流变化情况，图 2-47 给出了在仿真参数设置相同的情况下（$U_n^* = 150$ V，$K_p = 20$，$\alpha = 0.103$），有无限流保护环节时有静差单闭环调速系统的电机转速和电流的响应曲线。

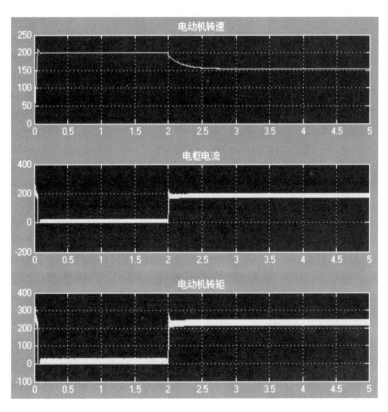

图 2-46　有电流截止负反馈的有静差转速单闭环直流调速系统的仿真结果
（转速给定 $U_n^* = 10$ V，放大倍数 $K_p = 15$，转速反馈系数 $\alpha = 0.05$）

在仿真模块参数设置相同时，和无电流截止负反馈的有静差转速单闭环直流调速系统的仿真结果（参见图 2-38）相比，可以看出：在不带电流截止负反馈环节的有静差单闭环转速负反馈直流调速系统中，当电机起动瞬间，电机起动电流快速上升，其最高值可达

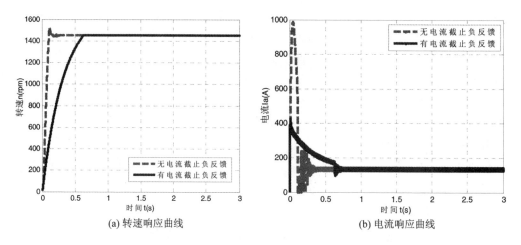

(a) 转速响应曲线　　　　　　　　(b) 电流响应曲线

图 2 - 47　有电流截止负反馈的有静差转速单闭环直流调速系统的仿真结果

($U_\mathrm{n}^* = 10$ V，放大倍数 $K_\mathrm{p} = 20$，转速反馈系数 $\alpha = 0.103$)

970 A 左右。当加入电流截止负反馈限流环节后，有静差单环直流调速系统的起动电流的最高值下降到约为 430 A。很显然，有电流截止负反馈环节时，直流电机在起动过程中电流上升到的最大值明显下降，即电机的最大起动电流值得到了有效的抑制；在电枢电流大于设定的临界电流 163 A 时，电流截止负反馈环节一直起限流作用；当电枢电流基本上稳定在额定电流值 136 A 时，电流截止负反馈环节则失去限流作用，此时，系统中仅有转速负反馈环节起转速调节作用。因此，带电流截止负反馈的有静差直流调速系统的转速和电流波形仿真分析结果和理论分析结果是一致的。

另外，从图 2 - 46 中还可以看到：加入电流截止负反馈环节以后，电机的起动时间显然延长了，也就是说，带电流截止负反馈环节的有静差单闭环调速系统的快速性比不带电流截止负反馈环节时要慢。在 2 s 突加负载扰动时，转速下降，但在约 0.5 s 后转速又达到新的稳态值。因为突加负载为过载情况，电机稳定转速要比之前稳态值低。

注意：在仿真过程中，可以通过调节电流反馈系数和死区模块 Dead Zone 的死区区间来调节起动电流的最大值限制。

2.5.2　有限流保护的无静差转速单闭环直流调速系统的仿真

1. 系统建模和参数设置

有电流截止负反馈的无静差转速负反馈单闭环直流调速系统的仿真模型如图 2 - 48 所示。与有电流截止负反馈的有静差转速负反馈单闭环直流调速系统的仿真模型(图 2 - 45)相比，二者的主电路以及电流截止负反馈环节的仿真模块以及仿真参数设置的方法均相同，仅是控制电路中转速调节器 ASR 采用的类型不同。转速有静差直流调速采用比例(P)控制器实现 ASR 的调节，而转速无静差直流调速采用比例积分(PI)控制器实现 ASR 的调节。

在图 2 - 48 中，PI 控制器具有限幅作用，其仿真模型及其封装后的子系统符号和图 2 - 42 相同。电流截止负反馈环节仍由电流反馈系数和 Dead Zone 死区模块组成，其他环节的仿真模块及其仿真参数设置方法和无静差转速负反馈单闭环直流调速系统的仿真模型

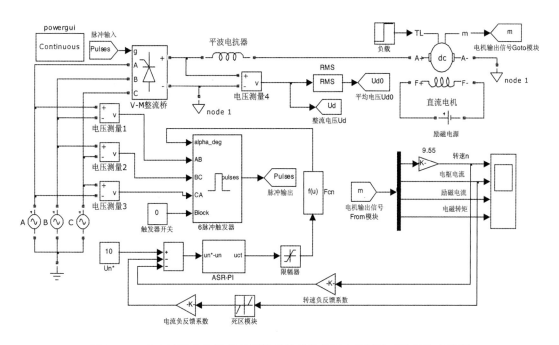

图 2-48　有电流截止负反馈的无静差转速单闭环直流调速系统的仿真模型

中相同(参见图 2-41),只是具体参数值稍有差别,这里不再一一叙述。

在图 2-48 所示的模型中,各模块参数设置和无静差转速单闭环直流调速系统中相同,即设置转速给定信号为 $U_n^* = 10$ V,PI 调节器的放大倍数设为 $K_p = 15$,积分时间为 $\tau = 30$ s,转速负反馈系数为 $\alpha = 0.0068$(根据转速无静差,由式 $U_n \approx U_n^* = \alpha n_N$ 估算转速负反馈系数),电流负反馈系数为 $\beta = 0.75$,临界电流为 $I_{dcr} = 1.2I_N \approx 163$ A,相应的 Dead Zone 模块的死区区间为[-163,163],PI 控制器中限幅器的上下限为[-10,10],平波电抗器为0.005H,其他为默认值。仿真算法设置为 ode23s,仿真时间设为 3 s,负载采用阶跃信号;阶跃时间设为 1 s,初值大小设为 18,终值大小设为 240。

2. 系统仿真结果分析

各模块仿真参数设置好以后,运行仿真后得到的电机转速、电枢电流和转矩的仿真结果如图 2-49 所示。在仿真参数设置相同的情况下,图 2-49 的仿真结果与没有限流保护环节的无静差转速单闭环直流调速系统得到的仿真结果(参见图 2-43)相比,可以明显地看到,在直流电机起动的瞬间,起动电流已被明显降低,也就是说,这时候电流截止负反馈环节起到限流保护的作用,起动电流得到了限制,但起动过程中转速上升到最大转速的时间稍微长一些。

当在 2 s 突加负载扰动时,电枢电流和转矩都会突然增加,并有明显的波动过程;转速会突然下降,但是下降幅度不大,即转速稍有下降后,在 PI 调节器的作用下转速很快进行自动调节,又很快重新回到稳定值。显然,带有截止电流负反馈的无静差转速负反馈单闭环直流调速系统的仿真结果和理论分析结果是一致的。

为了突出电流截止负反馈环节的作用,在仿真参数设置相同时($U_n^* = 150$ V,$K_p = 20$,$\tau = 30$ s,$\alpha = 0.103$,$\beta = 0.75$),图 2-50 给出了有无电流截止负反馈环节的无静差转速单闭环直流调速系统的转速和电流的仿真数据编程曲线。显然,在电机起动的瞬间,带电流

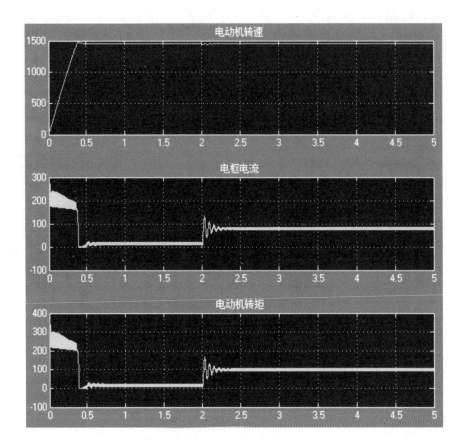

图 2 - 49 有电流截止负反馈的无静差转速单闭环直流调速系统的仿真模型(转速给定信号 $U_n^* = 10$ V，
放大倍数 $K_p = 15$，积分时间 $\tau = 30$ s；转速反馈系数 $\tau = 30$ s、$\alpha = 0.0068$；电流反馈系数 $\beta = 0.75$)

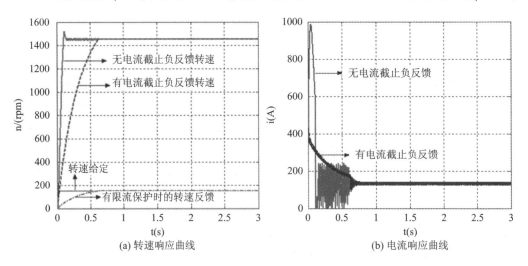

图 2 - 50 有电流截止负反馈的无静差转速单闭环直流调速系统的仿真结果(转速给定 $U_n^* = 150$ V，
放大倍数 $K_p = 20$，积分时间 $\tau = 30$ s；转速反馈系数 $\alpha = 0.103$；电流反馈系数 $\beta = 0.75$)

截止负反馈环节的无静差转速负反馈单闭环直流调速系统的起动电流被大大降低了，当电
枢电流小于临界电流 I_{dcr} ($I_{dcr} = 163$ A)以后，电流截止负反馈环节不再起作用，此时，调速

系统实质上就是一个 PI 控制无静差转速负反馈直流调速系统，电枢电流基本上稳定在额定值 136 A 左右。同样可以看到，加入电流截止负反馈环节以后，无静差转速单闭环直流调速系统的起动时间延长，系统的快速性降低了。另外，图 2 - 50 中也给出了转速负反馈信号 U_n 的响应曲线。可以看到，转速稳定值约为 1452 r/min，转速负反馈信号 $U_n = 149.6$ V，接近转速给定值 150 r/min，电流稳定值约为 134.6 A。因此，该调速系统的稳态关系基本上满足公式 $U_n^* \approx U_n = \alpha n \approx 150$ V，基本上可以实现转速无静差。

习题与思考题

2 - 1　调速范围和静差率的定义是什么？调速范围、静态速降和最小静差率之间有什么关系？

2 - 2　直流电机的调速方法有几种？简单说出各调速方法的特性。

2 - 3　假设直流电机两端的电枢电压为 U，电枢回路总电阻为 R，励磁磁通为 Φ，则稳态运行时，直流电机的转速表达式是什么？给出直流电机等效的闭环电路。

2 - 4　与开环直流调速系统相比，转速单闭环直流调速系统有哪些特点？当改变其给定电压 U_n^* 时，能否改变电机的转速？若给定电压 U_n^* 不变，改变转速负反馈系数的大小，能否改变转速，为什么？

2 - 5　如果转速负反馈系统的反馈信号线突然断掉，在系统运行中或起动时会有什么结果？如果反馈信号的极性接反，那么在系统运行中或起动时又会产生怎样的结果？

2 - 6　调速范围与静态速降和最小静差率之间有何关系？为什么必须同时提高才有意义？

2 - 7　为什么积分控制的调速系统转速是无差的？在转速负反馈调速系统中，当积分器的输入偏差 $\Delta U_n = 0$ 时，调节器的输出电压是多少？它取决于哪些因素？

2 - 8　在无静差转速单闭环直流调速系统中，转速的稳态精度是否还受给定电源和测速发电机精度的影响？

2 - 9　在转速单闭环控制系统中，当电网电压、负载转矩、电机励磁电流、电枢电阻、测速发电机励磁各量发生变化时，都会引起转速的变化，问系统对上述各量有无调节能力？为什么？

2 - 10　某一调速系统，测得的最高转速特性为 $n_{0\,max} = 1500$ r/min，最低转速特性为 $n_{0\,min} = 150$ r/min，带额定负载时的速度降落 $\Delta n_N = 15$ r/min，且在不同转速下额定速降 Δn_N 不变，试问调速系统能够达到的调速范围 D 有多大？调速系统允许的静差率 s 是多少？

2 - 11　某一调速系统的调速范围 $D = 20$，额定转速 $n_N = 1500$ r/min，开环转速降落 $\Delta n_{Nop} = 240$ r/min，若要求系统的静差率由 10% 减少到 5%，则系统的开环增益将如何变化？

2 - 12　某闭环调速系统的调速范围是 1500～150 r/min，要求系统的静差率 $s \leqslant 2\%$，那么系统允许的静态速降是多少？如果开环系统的静态速降为 100 r/min，则闭环系统的开环放大倍数为多少？

2 - 13　某闭环系统的开环放大倍数为 15 时，额定负载下电机的速降为 8 r/min，如果将开环放大倍数提高到 30，它的速降为多少？在同样静差率要求下，调速范围可以扩大多少倍？

2-14 有一个晶闸管-电机(V-M)调速系统，已知电机的参数如下：$P_N = 2.2$ kW，$U_N = 220$ V，$I_N = 12.5$ A，$n_N = 1500$ r/min，电枢电阻 $R_a = 1.2$ Ω，整流装置内阻 $R_{rec} = 1.5$ Ω，触发整流环节的放大倍数为 $K_s = 35$，要求调速范围 $D = 20$，$s \leqslant 10\%$。

(1) 计算开环系统的静态速降 Δn_{op} 和调速要求所允许的闭环静态速降 Δn_{cl}。

(2) 计算放大器所需的放大倍数。

(3) 调整该系统参数，使当 $U_n^* = 15$ V，$I_d = I_N$，$n = n_N$ 时，则转速负反馈系数 α 是多少？

2-15 某一晶闸管-电机(V-M)调速系统，已知电机的参数如下：$P_N = 2.8$ kW，$U_N = 220$ V，$I_N = 15.6$ A，$n_N = 1500$ r/min，电枢电阻 $R_a = 1.5$ Ω，整流装置内阻 $R_{rec} = 1$ Ω，触发整流环节的放大倍数为 $K_s = 35$。

(1) 该调速系统开环工作时，试计算调速范围 $D = 30$ 时的静差率 s 的值；

(2) 当 $D = 30$，$s = 10\%$ 时，试计算调速系统允许的稳态速降 Δn_{cl}；

(3) 如果组成转速负反馈有静差调速系统，要求当 $D = 30$，$s = 10\%$，在 $U_n^* = 10$ V 时，$I_d = I_N$，$n = n_N$，计算转速负反馈系数 α 和放大器的放大系数 K_p；

(4) 如果将上述调速系统改为电压负反馈有静差调速系统，仍要求在 $U_n^* = 10$ V 时，$I_d = I_N$，$n = n_N$，并保持调速系统原来的开环放大系数 K_p 不变，试求在 $D = 30$ 时的静差率 s 是多少？

第三章 转速、电流双闭环直流调速系统

❖ **主要知识点及学习要求**

（1）掌握双闭环直流调速系统的概念及其系统组成。

（2）掌握双闭环直流调速系统的调速原理。

（3）掌握双闭环直流调速系统的稳态参数计算方法和静态特性。

（4）了解典型Ⅰ型和典型Ⅱ型系统的概念及传递函数。

（5）了解电流环的工程设计方法。

（6）了解转速环的工程设计方法。

（7）掌握双闭环直流调速系统的 MATLAB 仿真建模和分析方法。

3.1 双闭环直流调速系统的静态特性

3.1.1 问题的提出

采用 P 调节器的单闭环转速负反馈调速系统动态响应速度快，稳定转速 U_n 非常接近给定转速 U_n^*，但是转速偏差 $\Delta U_n = U_n^* - U_n \neq 0$。采用带电流截止负反馈的转速（PI 调节器）单闭环直流调速可实现系统的稳定运行和无静差调速，同时又限制了起动时的最大电流，这对一般要求不太高的调速系统已基本上满足要求了。但是，如果对系统的动态性能要求较高，例如要求快速起制动，突加负载动态速降小等，单闭环系统就难以满足需要。这主要是因为在单闭环系统中不能随心所欲地控制电流和转矩的动态过程；另外，在单闭环直流调速系统中，只有电流截止负反馈环节是专门用来控制电流的，但它只能在电流超过临界电流值 I_{dcr} 以后才起作用，靠强烈的负反馈作用限制最大起动电流，而不能保证在整个起动过程中维持最大电流，因而并不能很理想地控制电流的动态波形。带电流截止负反馈的单闭环直流调速系统起动时的电流和转速波形如图 3-1(a)所示。由图可见，随着转速的上升，电机反电动势增加，使起动电流到达最大值后又迅速降下来，电磁转速也随之减小，影响了起动的快速性（即起动时间较长），使起动过程延长。

带电流截止负反馈的单闭环直流调速系统的理想起动过程如图 3-1(b)所示，起动电流呈方形波，即在整个起动过程中，起动电流一直保持最大允许值，此时电机以最大转矩起动，转速迅速按线性规律增长，以缩短起动时间；起动过程结束后，电流从最大值迅速下降到负载电流值且保持不变，转速维持给定转速不变。这是在最大电流（转矩）受限制时调速系统所能获得的最快的起动过程。

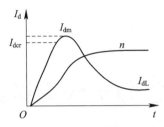
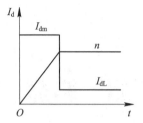

(a) 带电流截止负反馈的单闭环调速系统　　　(b) 理想的快速起动过程

图 3 - 1　直流调速系统起动过程的电流和转速波形

由于电流不能突变，图 3 - 1(b) 的理想波形只能近似得到，不能完全实现。为了实现在允许条件下的最快起动，关键是在起动过程中要获得一段使电流保持为最大值 I_{dm} 的恒流过程。按照反馈控制规律，采用某个物理量的负反馈就可以保持该量基本不变，那么，采用电流负反馈应该能够得到近似的恒流过程。现在的问题是，我们希望能实现控制：起动过程，只有电流负反馈，没有转速负反馈；稳态时，只有转速负反馈，没有电流负反馈。怎样才能做到这种既存在转速和电流两种负反馈，又使它们只能分别在不同的阶段里起作用呢？转速、电流双闭环负反馈直流调速系统正是用来实现上述目标的。在电机起动时，让转速调节器饱和，不起调节作用，电流环调节器起主要作用，用以调节起动电流并使之保持最大值，使得转速线性变化，迅速上升到给定值；在电机稳定运行时，转速调节器退出饱和状态，开始起主要调节作用，使转速随着转速给定信号的变化而变化，电流环跟随转速环调节电机的电枢电流以平衡负载电流。

3.1.2　双闭环直流调速系统的组成

为了实现转速和电流两种负反馈分别起作用，可在系统中设置两个调节器，分别调节转速和电流，即分别引入转速负反馈和电流负反馈，二者之间实行嵌套（或称串级）连接，如图 3 - 2 所示。图 3 - 2 中的参数名称分别为：U_n^* 为转速给定信号（电压信号）；U_n 为转速负反馈信号；ΔU_n 为转速偏差信号；ASR 为转速调节器；U_i^* 为电流给定的电压信号；U_i 为电流负反馈信号；ΔU_i 为电流偏差信号；ACR（Automatic Current Regulator）为电流调节器；U_{ct} 为三相全控桥式电路的脉冲触发控制信号；TA 为电流互感器。

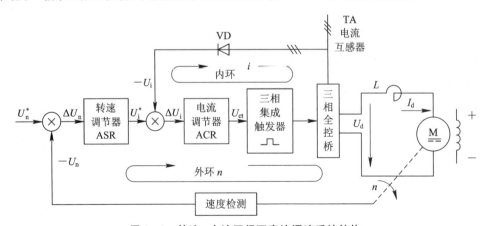

图 3 - 2　转速、电流双闭环直流调速系统结构

图 3 - 2 中，电流调节器 ACR 和电流检测反馈回路构成了电流环；转速调节器 ASR 和转速检测反馈环节构成了转速环，所以称作转速、电流双闭环直流调速系统。从闭环结构上看，转速环包围电流环，电流环在里面，所以称作内环（又称副环）；转速环在外边，所以称作外环（又称主环）。为了使直流调速系统获得良好的静、动态性能，转速和电流两个调节器一般都采用比例积分调节器（Proportional-Integral，PI）调节器。在电路中，转速环 ASR 和电流环 ACR 串联，即把 ASR 的输出当作 ACR 的输入，再由 ACR 的输出去控制三相集成触发器，产生 6 路双脉冲触发信号，并按照一定的脉冲相序去控制三相全控桥式电路的 6 个电力电子功率管的导通与关断，从而输出直流电压驱动直流电机运转。

3.1.3　双闭环直流调速系统的工作原理

为了更清楚地了解转速、电流双闭环直流调速系统的特性，必须对双闭环调速系统的稳态结构图进行分析。图 3 - 3 为双闭环调速系统的稳态结构图，只要用带限幅的输出特性表示 PI 调节器就可以了。电流调节器 ACR 和转速调节器 ASR 的输入、输出信号的极性主要视触发器对控制电压 U_{ct} 的要求而定。假如触发器要求电流调节器 ACR 的输出电压 U_{ct} 为正极性，由于调节器一般为反相输入，那么则要求 ACR 的输入电压 U_i^* 为负极性，因此，转速调节器 ASR 的给定电压 U_n^* 则要求为正极性。下面主要从电流环和转速环的工作过程说明双闭环直流调速系统的工作原理。

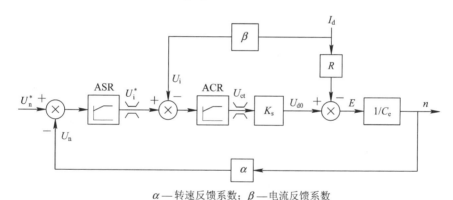

α —转速反馈系数；β —电流反馈系数

图 3 - 3　双闭环直流调速系统的稳态结构图

1. 以 ACR 为核心的电流环

电流环是由电流调节器 ACR 和电流负反馈环节组成的闭合回路，其主要作用是通过电流检测元件的反馈作用稳定电流。由于 ACR 采用 PI 调节器，在调速系统稳定运行时，ACR 的输入偏差电压 $\Delta U_i = U_i^* - U_i = U_i^* - \beta I_d = 0$，即 $I_d = U_i^*/\beta$，其中 β 为电流反馈系数。

当 U_i^* 一定时，由于电流负反馈的调节作用，使整流装置的输出电流保持在 U_i^*/β 数值上，当 $I_d > U_i^*/\beta$ 时，自动调节过程如下：

$$I_d \uparrow \ \rightarrow \ \Delta U_i \downarrow \ \rightarrow U_{ct} \downarrow \ \rightarrow U_d \downarrow \ \rightarrow \ I_d \downarrow$$

最终保持电流稳定。当电流下降时，也有类似的调节过程。

2. 以 ASR 为核心的转速环

转速环是由转速调节器 ASR 和转速负反馈环节组成的闭合回路，其主要作用是通过转速检测元件的反馈作用保持转速稳定,最终消除转速偏差。

由于 ASR 采用 PI 调节器,所以在系统达到稳态时应满足 $\Delta U_n = U_n^* - U_n = U_n^* - \alpha n = 0$,即 $n = U_n^*/\alpha$,其中 α 为转速负反馈系数。

当 U_n^* 一定时,转速 n 将稳定在 U_n^*/α 数值上。当 $n < U_n^*/\alpha$,在突加负载 T_L 时,其自动调节过程如下:

$$T_L \uparrow \to n \downarrow \to U_n \downarrow \to \Delta U_n \uparrow \to U_i^* \uparrow \to \Delta U_i \uparrow \to U_{ct} \uparrow \to U_d \uparrow \to n \uparrow$$

最终保持转速稳定。当负载减小,转速上升时,也有类似的调节过程。

3.1.4 双闭环直流调速系统的静特性及其稳态参数计算

分析转速、电流双闭环直流调速系统的静特性的关键是掌握 PI 调节器的稳态特征。在调速系统稳态运行时,电流调节器 ACR 和转速调节器 ASR 的输入电压偏差一定为零,因此,转速、电流双闭环直流调速系统属于无静差调速系统。

1. 双闭环直流调速系统的静特性

在正常运行时,电流调节器 ACR 是不会出现饱和情况的,因此,对于静特性来说,只有转速调节器 ASR 会出现饱和和不饱和两种工作状态。当转速调节器 ASR 饱和时,ASR 的输出达到限幅值,转速给定信号 U_n^* 的变化不再影响 ASR 的输出(除非 U_n^* 的极性发生改变使得 ASR 退出饱和状态),这时 ASR 相当于开环,调速系统中只有 ACR 起到主要调节作用,实现电流无静差调节;当转速调节器 ASR 不饱和时,ASR 的输出未达到限幅值,ASR 起到转速调节作用,使得转速给定信号 U_n^* 和转速反馈信号 U_n 的差值为零,即 $\Delta U_n = U_n^* - U_n = 0$,实现转速无静差调节。

1)ASR 饱和

在电机刚开始起动时,突加阶跃给定信号 U_n^*,由于机械惯性,转速 n 很小,转速负反馈信号 U_n 很小,则转速偏差电压 $\Delta U_n = U_n^* - U_n > 0$ 很大,转速调节器 ASR 很快达到饱和状态,ASR 的输出维持在限幅值 U_{im}^*,转速外环呈开环状态,转速的变化对系统不再产生影响。在这种情况下,电流负反馈环起恒流调节作用,转速线性上升,从而获得极好的下垂特性,如图 3-4 中的 AB 段虚线所示。此时,电流 $I_d = U_{im}^*/\beta = I_{dm}$,$I_{dm}$ 为最大电流,是由设计者选定的,取决于电机的容许过载能力和拖动系统允许的最大加速度,一般选择为额定电流 I_{dN} 的 1.5~2 倍。

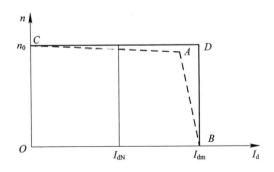

图 3-4 双闭环直流调速系统的静特性

注意,图 3-4 中的 AB 段下垂特性只适合于 $n < n_0$(n_0 为电机理想空载转速)情况,如

果 $n > n_0$，ASR 则退出饱和状态。

2）ASR 不饱和

当转速 n 达到给定值且略有超调时（即 $n > n_0$），$\Delta U_n = U_n^* - U_n < 0$，则转速调节器 ASR 的输入信号极性发生改变，ASR 退出饱和状态，转速负反馈环节开始起转速调节作用，最终使转速保持恒定，即 $\Delta U_n = U_n^* - U_n = 0$，$n = U_n^*/\alpha$，如图 3-4 中的 CA 段虚线所示。此时，转速环要求电流迅速响应转速 n 的变化，而电流环则要求维持电流不变。这不利于电流对转速变化的响应，有使稳态特性变软的趋势。但是由于转速环是外环，起主导作用，而电流环的作用只相当于转速环内部的一种扰动作用而已，只要转速环的开环放大倍数足够大，最终靠 ASR 的积分作用，可以消除转速偏差，因此，双闭环系统的稳态特性具有近似理想的"挖土机特性"（如图 3-4 中实线所示）。

由图 3-4 可知，由于 ASR 不饱和，$U_i^* < U_{im}^*$，则有 $I_d < I_{dm}$。也就是说，CA 段静特性从理想空载状态的 $I_d = 0$ 一直延续到 $I_d = I_{dm}$，而 I_{dm} 一般都是大于额定电流 I_{dN} 的，这就是静特性的运行段，它是一条近似水平的特性。

3）两个调节器的作用

总的来说，双闭环直流调速系统的静特性在负载电流 I_{dL} 小于 I_{dm} 时表现为转速无静差；当负载电流 I_{dL} 大于 I_{dm} 时，对应于 ASR 的饱和输出 U_{im}^*，这时，ACR 起主要调节作用，系统表现为电流无静差，得到过电流的自动保护。这就是采用了两个 PI 调节器分别形成内、外两个闭环的效果。这样的静特性显然比带电流截止负反馈的单闭环系统的静特性要好。然而实际上运算放大器的开环放大系数并不是无穷大，特别是为了避免零点漂移而采用"准 PI 调节器"时，静特性的两段实际上都略有很小的静差，如图 3-4 中虚线所示。

2. 各变量的稳态工作点和稳态参数计算

双闭环调速系统在稳态工作中，当两个调节器都不饱和时，各变量之间有下列关系：

$$U_n^* = U_n = \alpha n = \alpha n_0 \tag{3-1}$$

$$n = n_0 = \frac{U_n^*}{\alpha} \tag{3-2}$$

$$U_i^* = U_i = \beta I_d = \beta I_{dL} \tag{3-3}$$

$$U_{ct} = \frac{U_{d0}}{K_s} = \frac{C_e n + I_d R}{K_s} = \frac{C_e U_n^*/\alpha + I_{dL} R}{K_s} \tag{3-4}$$

上述关系表明，在稳态工作点上，转速 n 是由给定电压 U_n^* 决定的；转速调节器 ASR 的输出量 U_i^* 是由负载电流 I_{dL} 决定的；而控制电压 U_{ct} 的大小则同时取决于 n 和 I_d，或者说，同时取决于 U_n^* 和 I_{dL}。这些关系反映了比例积分（PI）调节器不同于比例（P）调节器的特点。P 调节器的输出量总是正比于其输入量，而 PI 调节器则不然，其输出量在动态过程中决定于输入量的积分，到达稳态后，输入为零，输出的稳态值与输入无关，而是由它后面环节的需要决定的。后面需要 PI 调节器提供多么大的输出值，它就能提供多少，直到饱和为止。

鉴于这一特点，双闭环直流调速系统的稳态参数计算与单闭环有静差调速系统完全不同，而是和无静差调速系统的稳态计算相似，即根据各个调节器的给定信号和反馈信号计算有关的反馈系数：

转速负反馈系数 $\qquad\qquad\qquad \alpha = \dfrac{U_{nm}^*}{n_{max}} \tag{3-5}$

电流负反馈系数 $\qquad \beta = \dfrac{U_{im}^*}{I_{dm}}$ (3-6)

两个给定电压的最大值 U_{nm}^* 和 U_{im}^* 由设计者选定，设计原则如下：

(1) U_{nm}^* 受运算放大器允许输入电压和稳压电源的限制；

(2) U_{im}^* 为 ASR 的输出限幅值。

3.2 双闭环直流调速系统的动态特性

3.2.1 双闭环直流调速系统的动态数学模型

转速、电流双闭环直流调速系统的动态结构图如图 3-5 所示。图中 $W_{ASR}(s)$ 和 $W_{ACR}(s)$ 分别表示转速调节器 ASR 和电流调节器 ACR 的传递函数。为了引出电流反馈，在电机的动态结构框图中必须把电枢电流 I_d 显露出来。图 3-5 中，转速调节器 ASR 和电流调节器 ACR 均采用 PI 调节器，因此，传递函数 $W_{ASR}(s)$ 和 $W_{ACR}(s)$ 分别为

$$W_{ASR}(s) = K_n \frac{(\tau_n s + 1)}{\tau_n s}$$ (3-7)

$$W_{ACR}(s) = K_i \frac{(\tau_i s + 1)}{\tau_i s}$$ (3-8)

式中，K_n、K_i 分别是 ASR、ACR 的放大倍数；τ_n、τ_i 分别是 ASR、ACR 的积分时间常数。图 3-5 中，K_s 为三相全控桥整流装置的放大倍数，T_s 为三相全控桥整流装置的失控时间，T_m 为直流电机的机电时间常数，T_1 为电机的电磁时间常数，I_d 为电机的电枢电流，I_{dL} 为负载电流，α 为转速负反馈环节的反馈系数，β 为电流负反馈环节的反馈系数。

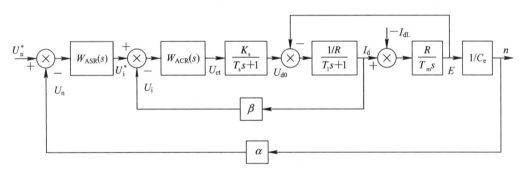

图 3-5 转速、电流双闭环直流调速系统的动态结构图

上图中的变量涉及到的关系式如下：

$$T_s = \frac{1}{mf}$$ (3-9)

$$T_1 = \frac{L}{R}$$ (3-10)

$$T_m = \frac{GD^2 R}{375 C_e C_m}$$ (3-11)

$$C_e = \frac{U_N - R_a I_N}{n_N}$$ (3-12)

$$C_{\mathrm{m}} = \frac{30}{\pi} C_{\mathrm{e}} \qquad\qquad (3-13)$$

式中，m 为一个周期内整流电压的波头数；f 为交流电源的频率；R 为电机主电路的总电阻，包括电机电枢电阻 R_{a}、平波电抗器电阻 R_{L} 和三相全控桥整流装置内阻 R_{rec}；L 为主电路的总电感，包括平波电抗器电感 L_{G}、电机电枢电感 L_{a}、电机励磁电感 L_{f} 以及电枢电感和励磁电感之间的互感 L_{af} 等；GD^2 为电机转动惯量，C_{e} 为电动势系数，C_{m} 为电磁转矩系数。

3.2.2　双闭环直流调速系统的起动特性

前面已经指出，设置双闭环控制的一个重要目的就是要获得接近于理想的起动过程，因此在分析双闭环直流调速系统的动态性能时，有必要首先探讨它的起动过程。双闭环直流调速系统突加给定电压 U_{n}^* 由静止状态起动时，转速和电流的动态过程如图 3-6 所示。在分析起动过程的阶段时，对电枢电流 I_{d}、负载电流 I_{dL} 要抓住这样几个关键：

(1) $I_{\mathrm{d}} > I_{\mathrm{dL}}$，$\dfrac{\mathrm{d}n}{\mathrm{d}t} > 0$，$n$ 升速；

(2) $I_{\mathrm{d}} < I_{\mathrm{dL}}$，$\dfrac{\mathrm{d}n}{\mathrm{d}t} < 0$，$n$ 降速；

(3) $I_{\mathrm{d}} = I_{\mathrm{dL}}$，$\dfrac{\mathrm{d}n}{\mathrm{d}t} = 0$，$n$ 恒速。

由于在起动过程中转速调节器 ASR 经历了不饱和、饱和、退饱和三种情况，整个动态过程就分成图 3-6 中标明的 Ⅰ、Ⅱ、Ⅲ 三个阶段。

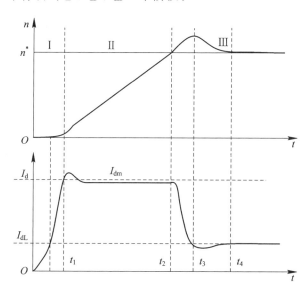

图 3-6　双闭环直流调速系统起动时的转速和电流波形

1. 起动过程的第Ⅰ阶段 $(0 \sim t_1)$（电流上升）

双闭环直流调速系统突加给定电压 U_{n}^* 由静止状态起动时，经过 ACR 调节器和 ASR 调节器的给随作用，触发脉冲控制电压 U_{ct}、三相全控桥整流装置输出的整流电压 U_{d0}、电枢电流 I_{d} 都跟着上升，但是在 I_{d} 没有达到负载电流 I_{dL} 以前，电机还不能转动；当 $I_{\mathrm{d}} \geqslant I_{\mathrm{dL}}$

以后，电机开始起动，由于机电惯性的作用，起动瞬间电机转速 n 不能很快增长，转速 n 近似为零（即 $U_n \approx 0$），则转速调节器 ASR 的输入偏差电压 $\Delta U_n \approx U_n^*$，其数值较大，ASR 很快达到饱和状态，其输出电压保持在限幅值 U_{im}^*，强迫电枢电流 I_d 迅速上升；当 $I_d \approx I_{dm}$，$U_i \approx U_{im}^*$ 时，电流调节器的作用使电枢电流 I_d 不再迅速增长，标志着这一阶段的结束。在这一阶段中，转速调节器 ASR 由不饱和很快达到饱和，不再起调节作用；由于电机的电磁时间常数 T_l 小于机电时间常数 T_m，电流负反馈电压 U_i 比转速负反馈电压 U_n 增长快，这使得电流调节器 ACR 不饱和，ACR 起主要调节作用。

特征关系：$\beta = U_i^* / I_d$，$U_{im}^* = \beta I_{dm}$，为电流闭环的整定依据；

关键位置：$I_d = I_{dL}$ 时，n 开始升速；$I_d = I_{dm}$ 时，快速起动。

2. 起动过程的第 Ⅱ 阶段 $(t_1 \sim t_2)$（恒流升速）

从电流上升到 I_{dm} 开始，到转速 n 上升到给定值 n^*（即静特性上的理想空载转速 n_0）为止，属于恒流升速阶段，这是起动过程中的主要阶段。在这个阶段中，转速调节器 ASR 一直是饱和的，转速环相当于开环，系统实际上成为在恒值电流（给定 U_{im}^*）下的电流调节系统，基本上保持电流 I_d 恒定，因而系统的加速度恒定，转速呈线性增长。与此同时，电机的反电动势 E 也按线性增长。对电流调节系统来说，该反电动势 E 是一个线性渐增的扰动量，为了克服它的扰动，整流装置输出电压 U_{d0} 和控制电压 U_{ct} 也必须基本上按线性规律增长，才能保持电枢电流 I_d 恒定。由于电流调节器 ACR 采用 PI 调节器，要使它的输出量按线性规律增长，其输入偏差电压 $\Delta U_i = U_{im}^* - U_i$ 必须维持一定的恒值，也就是说，电枢电流 I_d 要略低于电流最大值 I_{dm}（参见图 3-6）。此外还应该指出，为了保证电流环的这种调节作用，在起动过程中 ACR 不应饱和，同时整流装置的最大输出电压也需留有余地。

特征关系：ACR 的输入电压偏差 $\Delta U_i = U_{im}^* - U_i$ 维持一定的恒值，U_{ct} 线性上升；

关键位置：$n = n^*$，$U_n^* = U_n = \alpha n^*$。

3. 起动过程的第 Ⅲ 阶段 $(t_2$ 以后）（转速调节阶段）

这个阶段开始时，转速已经达到给定值 $n = n^* = n_0$，即转速偏差电压 $\Delta U_n = 0$。但是，ASR 的输出却由于积分作用还维持在限幅值 U_{im}^*，所以电机仍在最大电流 I_{dm} 下加速，转速继续上升，必然使转速出现超调。转速超调后（即 $U_n > U_n^*$），转速调节器 ASR 的输入偏差电压 $\Delta U_n < 0$，ASR 开始退出饱和状态，U_i^* 和电枢电流 I_d 很快下降。但是，由于电枢电流 I_d 仍大于负载电流 I_{dL}，在一段时间内，转速仍将继续上升，直到 $I_d = I_{dL}$ 时，转速 $T_e = T_L$，则 $dn/dt = 0$，转速 n 才到达峰值（$t = t_3$ 时）。此后，电机开始在负载的阻力下减速，与此相应，在一小段时间内（$t_3 \sim t_4$），电枢电流 I_d 也出现一段小于负载电流 I_{dL} 的过程，直到稳定，如果调节器参数整定得不够好，也会有一些振荡过程。在这最后的转速调节阶段内，ASR 和 ACR 都不饱和，ASR 起主导的转速调节作用，而 ACR 则力图使 I_d 尽快地跟随其给定值 U_i^*，或者说，电流内环是一个电流随动子系统。

注意：转速调节器 ASR 在第一阶段达到饱和状态，第二阶段保持饱和状态，第三阶段为不饱和状态；而电流调节器 ACR 在三个阶段中都是不饱和状态。

综上所述，双闭环直流调速系统的起动过程有以下三个特点：

（1）饱和非线性控制。根据转速调节器 ASR 的饱和与不饱和，整个系统处于完全不同的两种状态。当 ASR 饱和时，转速环开环，系统表现为恒值电流调节的单闭环系统；而当

ASR 不饱和时，转速环闭环，整个系统是一个无静差调速系统，而电流环则表现为电流随动系统。

在不同情况下表现为不同结构的线性系统，这就是饱和非线性控制的特征，决不能简单地用线性控制理论来分析整个起动过程，也不能简单地用线性控制理论来笼统地设计这样的控制系统。

（2）准时间最优控制。起动过程中主要的阶段是第 Ⅱ 阶段，即恒流升速阶段。它的特征是维持电流恒定不变，一般选择为允许的最大值，以便充分发挥电机的过载能力，使起动过程尽可能最快。这个阶段属于电流受限制条件下的最短时间控制，或称为"时间最优控制"。但是，整个起动过程与理想快速起动过程相比还有一些差距，主要表现在第 Ⅰ、Ⅱ 阶段电流不是突变的。不过这两段时间只占全部起动时间中很小的部分，影响不大，所以双闭环调速系统的起动过程可以称为"准时间最优控制"过程。

（3）转速超调。由于采用饱和非线性控制，起动过程结束进入第 Ⅲ 阶段，即转速调整阶段后，必须使 ASR 退出饱和状态。按照 PI 调节器的特性，只有使转速超调，ΔU_n 为负值，才能使 ASR 退出饱和状态。也就是说，转速动态响应必然有超调，在一般情况下，转速略有超调是容许的，对实际运行影响不会太大；如果工艺上要求较严格，完全不允许超调，则应采用其他控制方法来抑制超调。

*3.3　转速、电流调节器的工程设计方法

调节器的设计过程一般分作两步：

（1）选择调节器的结构，以确保系统稳定，同时满足所需的稳态精度。

（2）选择调节器的参数，以满足动态性能指标的要求。

这样就把稳、快、准和抗干扰之间互相交叉的矛盾问题分成两步来解决，第一步先解决主要矛盾，即动态稳定性和稳态精度，第二步再进一步满足其他动态性能指标。通常电流调节器和转速调节器分别设计成典型 Ⅰ 型和 Ⅱ 型系统，下面主要介绍典型系统和转速、电流调节器的工程设计方法。

3.3.1　典型 Ⅰ 型和 Ⅱ 型系统

控制系统的开环传递函数一般都可表示为

$$W(s) = \frac{K \prod_{j=1}^{m}(\tau_j s + 1)}{s^r \prod_{i=1}^{n}(T_i s + 1)} \tag{3-14}$$

其中分子和分母上还有可能含有复数零点和复数极点。分母中的 s^r 项表示该系统在原点处有 r 重极点（即分母等于 0 对应的解）；或者说，系统含有 r 个积分环节。根据 $r=0,1,$ $2,\cdots,n$ 等不同数值，分别称作 0 型，Ⅰ 型，Ⅱ 型，$\cdots$，n 型系统。自动控制理论已经证明，0 型系统稳态精度低，而 Ⅲ 型和 Ⅲ 型以上的系统很难稳定。因此，为了保证稳定性和较好的稳态精度，多选用 Ⅰ 型和 Ⅱ 型系统。Ⅰ 型和 Ⅱ 型系统的结构是多样的，我们只各选一种作为典型系统。

1. 典型Ⅰ型系统

典型Ⅰ型系统的结构非常简单，由一个积分环节和一个惯性环节串联而成，其开环传递函数形式如下：

$$W(s) = \frac{K}{s(Ts+1)} \tag{3-15}$$

式中 T 为系统的惯性时间常数，K 是系统的开环增益。该开环传递函数对应的闭环系统结构图和开环对数频率特性如图 3-7 所示。

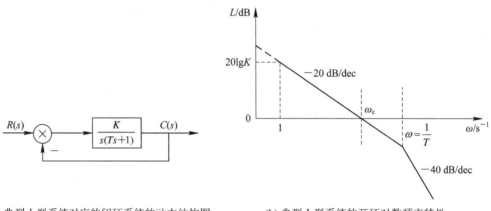

(a) 典型Ⅰ型系统对应的闭环系统的动态结构图　　　(b) 典型Ⅰ型系统的开环对数频率特性

图 3-7　典型的Ⅰ型系统

图 3-7(a)中，典型Ⅰ型系统是由一个积分环节和一个惯性环节串联而成的单位负反馈系统。从图 3-7(b)的开环对数频率特性上看出，中频段是以 -20 dB/dec 的斜率穿越零分贝线的，只要参数的选择能保证足够的中频带宽度，典型Ⅰ型系统就一定是稳定的，并且有足够的稳定裕量。显然，要做到这一点，应在参数选择时保证下列条件成立：

$$\omega_c T < 1 \quad \text{或者} \quad \arctan(\omega_c T) < 45° \tag{3-16}$$

于是，相角稳定裕度 $\gamma = 180° - 90° - \arctan(\omega_c T) > 45°$，可以确保典型Ⅰ型系统具有足够的稳定性。

在开环传递函数中，时间常数 T 往往是控制对象本身所固有的，唯一可变的参数只有开环放大倍数 K，因此，可供设计选择的参数也只有 K，一旦 K 值确定，典型Ⅰ型系统的性能就被确定了。一般地有 $20\lg K = 20(\lg\omega_c - \lg1) = 20\lg\omega_c$。

2. 典型Ⅱ型系统

典型Ⅱ型系统是由两个积分环节、一个惯性环节和一个微分环节组成的，其开环传递函数形式如下所示：

$$W(s) = \frac{K(\tau s+1)}{s^2(Ts+1)} \tag{3-17}$$

式(3-17)对应的闭环系统结构框图和开环对数频率特性如图 3-8 所示，其开环对数频率特性的低频段转折频率为 $\omega_1 = 1/\tau$，高频段转折频率为 $\omega_2 = 1/T$，中频段以 -20 dB/dec 的斜率穿越 0 dB 线，截止频率为 ω_c，则有 $\omega_1 < \omega_c < \omega_2$。由于分母中 s^2 项对应的相频特性是 $-180°$，后面还有一个惯性环节，如果不在分子上添加一个比例微分环节 $(\tau s+1)$，就无法把相频特性抬到 $-180°$ 线以上，也就无法保证典型Ⅱ型系统稳定，因此，要实现图 3-8(b)

的特性，显然应选择参数满足

$$\frac{1}{\tau} < \omega_c < \frac{1}{T} \quad \text{或者} \quad \tau > T \quad\quad (3-18)$$

而系统对应的相角稳定裕度为 $\gamma = 180° - 180° + \arctan(\omega_c\tau) - \arctan(\omega_c T)$。要保证典型 II 型系统具有足够的稳定性，其相角稳定裕度 γ 应大于 $42°$，即有 $\gamma = \arctan(\omega_c\tau) - \arctan(\omega_c T) > 42°$，显然，时间常数 τ 比 T 要大得越多，系统的稳定裕度 γ 越大，系统的稳定性越好。

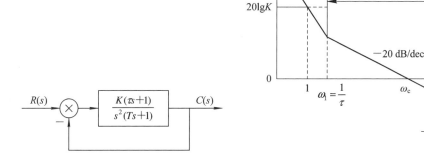

(a) 典型 II 型系统对应的闭环系统的动态结构图　　　(b) 典型 II 型系统的开环对数频率特性

图 3-8　典型的 II 型系统

同典型 I 型系统相似，时间常数 T 往往是控制对象本身所固有的，所不同的是，典型 I 型系统只有开环放大系数 K 需要进行选择，而典型 II 型系统有两个参数 K 和 τ 要选择，这就增加了参数选择的复杂性。具体的选择方法在下面章节中会详细介绍，这里不再赘述。

3.3.2　典型 I 型系统性能指标和参数的关系

典型 I 型系统的开环传递函数包含两个参数：开环增益 K 和时间常数 T。其中，时间常数 T 在实际系统中往往是控制对象本身固有的，能够由调节器改变的只有开环增益 K，也就是说，K 是唯一的待定参数。设计时，需要按照性能指标选择参数 K 的大小。

在图 3-7 中，当截止频率 ω_c 小于 $1/T$ 时，特性曲线以 -20 dB/dec 斜率穿越 0 dB，系统具有较好的稳定性。由图中的特性曲线可知：$20\lg K = 20\lg\omega_c$，所以 $K = \omega_c$。因此，K 值越大，截止频率 ω_c 也越大，系统响应越快，但相角稳定裕度 $\gamma = 90° - \arctan\omega_c T$ 越小，这也说明快速性与稳定性之间的矛盾。在具体选择参数 K 时，须在二者之间折中。

1. K 与开环对数频率特性的关系

典型 I 型系统的稳态跟随性能是指在给定输入信号下的稳态误差。由控制理论误差分析可知，典型 I 型系统对阶跃输入信号 $R(s) = r_0/s$ 的稳态误差为

$$e_{ss} = \lim_{s\to 0} sE(s) = \lim_{s\to 0} s \cdot \frac{1}{1 + W(s)} \cdot \frac{r_0}{s} = \lim_{s\to 0} \frac{r_0}{1 + \dfrac{K}{s(Ts+1)}} = 0 \quad (3-19)$$

对斜坡输入信号 $R(s) = v_0/s^2$，其稳态误差为

$$e_{ss} = \lim_{s \to 0} sE(s) = \lim_{s \to 0} s \cdot \frac{1}{1 + W(s)} \cdot \frac{v_0}{s^2} = \lim_{s \to 0} \frac{1}{1 + \frac{K}{s(Ts+1)}} \cdot \frac{v_0}{s} = \frac{v_0}{K} \quad (3-20)$$

对加速度输入信号 $R(s) = a_0/s^3$，其稳态误差为

$$e_{ss} = \lim_{s \to 0} sE(s) = \lim_{s \to 0} s \cdot \frac{1}{1 + W(s)} \cdot \frac{a_0}{s^3} = \lim_{s \to 0} \frac{1}{1 + \frac{K}{s(Ts+1)}} \cdot \frac{a_0}{s^2} = \infty \quad (3-21)$$

由此可见：在阶跃输入下的 Ⅰ 型系统稳态时是无差的；但在斜坡输入下则有恒值稳态误差，且与 K 值成反比；在加速度输入下稳态误差为 ∞。因此，Ⅰ 型系统不能用于具有加速度输入的随动系统。

2. K 与系统动态跟随性能的关系

典型 Ⅰ 型系统是一种二阶系统。二阶系统的闭环传递函数的一般形式为

$$W_{cl}(s) = \frac{C(s)}{R(s)} = \frac{\omega_n^2}{s^2 + 2\zeta\omega_n s + \omega_n^2} \quad (3-22)$$

式中，ω_n 为无阻尼时的自然振荡角频率，或称固有角频率；ζ 称为阻尼比，或称衰减系数。

根据典型 Ⅰ 型系统的开环传递函数表达式(参见式(3-15))，可以求出其对应的闭环传递函数形式为

$$W_{cl}(s) = \frac{W(s)}{1 + W(s)} = \frac{K/T}{s^2 + s/T + K/T} \quad (3-23)$$

比较式(3-22)和式(3-23)，可得典型 Ⅰ 型系统中的参数 K、T 与二阶系统标准形式中的参数 ω_n、ζ 之间的换算关系：

$$\omega_n = \sqrt{\frac{K}{T}} \quad (3-24)$$

$$\zeta = \frac{1}{2}\sqrt{\frac{1}{KT}} \quad (3-25)$$

则有

$$\zeta\omega_n = \frac{1}{2T} \quad (3-26)$$

在自动控制理论中已经归纳出二阶系统的基本性质：当 $0 < \zeta < 1$ 时，系统动态响应是欠阻尼的振荡特性；当 $\zeta > 1$ 时，是过阻尼的单调特性；当 $\zeta = 1$ 时，是临界阻尼。虽然过阻尼系统在阶跃输入信号的作用下的超调量和稳态误差为零，过阻尼系统的稳定性较好，但是，由于过阻尼特性动态响应较慢，所以一般常把系统设计成欠阻尼状态，即 $0 < \zeta < 1$。前面已经指出，在典型 Ⅰ 型系统中，$KT < 1$，代入式(3-25)，可得 $\zeta > 0.5$，因此在典型 Ⅰ 型系统中应取

$$0.5 < \zeta < 1 \quad (3-27)$$

下面列出欠阻尼二阶系统在零初始条件下的阶跃响应动态指标计算公式：

超调量 $\qquad\qquad \sigma\% = e^{-(\zeta\pi/\sqrt{1-\zeta^2})} \times 100\% \qquad\qquad (3-28)$

上升时间 $\qquad\qquad t_r = \frac{2\zeta T}{\sqrt{1-\zeta^2}}(\pi - \arccos\zeta) \qquad\qquad (3-29)$

峰值时间 $\qquad\qquad t_p = \frac{\pi}{\omega_n \sqrt{1-\zeta^2}} \qquad\qquad (3-30)$

调节时间
$$t_\mathrm{p}=\frac{3}{\zeta\omega_\mathrm{n}}=6T\ (\zeta<0.9) \tag{3-31}$$

截止频率
$$\omega_\mathrm{c}=\omega_\mathrm{n}\left[\sqrt{4\zeta^4+1}-2\zeta^2\right]^{\frac{1}{2}} \tag{3-32}$$

相角稳定裕度
$$\gamma(\omega_\mathrm{c})=\arctan\frac{2\zeta}{\left[\sqrt{4\zeta^4+1}-2\zeta^2\right]^{\frac{1}{2}}} \tag{3-33}$$

根据式(3-24)~式(3-33),可求出 $0.5<\zeta<1$ 时典型 I 型系统各项动态跟随性能指标和频域指标与参数 KT 的关系,列于表 3-1 中。

表 3-1　典型 I 型系统跟随性能指标和频域指标与参数 KT 的关系

(ξ 与 KT 的关系服从于 $\xi=\frac{1}{2}\sqrt{\frac{1}{KT}}$)

参数 KT	0.25	0.39	0.5	0.69	1.0
阻尼比 ζ	1.0	0.8	0.707	0.6	0.5
超调量 σ	0%	1.5%	4.3%	9.5%	16.3%
上升时间 t_r	∞	6.6T	4.7T	3.3T	2.4T
峰值时间 t_p	∞	8.3T	6.2T	4.7T	3.2T
相角稳定裕度 $\gamma/°$	76.3°	69.9°	65.5°	59.2°	51.8°
截止频率 ω_c	0.243/T	0.367/T	0.455/T	0.596/T	0.786/T

由表中数据可知,当系统的时间常数 T 已知时,随着 K 的增大,阻尼比 $\zeta(0.5<\zeta<1)$ 减小,超调量 $\sigma\%$ 变大,稳定性变差,调节时间 t_r 减小,快速性变好;当放大系数 K 值过大时,调节时间 t_r 反而增加,快速性变差。当 $KT=0.5$ 或者 $\zeta=0.707$ 时,稳定性和快速性都较好,通常称为"I 型系统工程最佳参数",这时系统的传递函数为

开环传递函数
$$W(s)=\frac{1}{2Ts}\frac{1}{(Ts+1)} \tag{3-34}$$

闭环传递函数
$$W_\mathrm{cl}(s)=\frac{1}{2T^2s^2+2Ts+1} \tag{3-35}$$

单位阶跃输入时,系统输出为

$$C(t)=1-\sqrt{2}\,\mathrm{e}^{-\frac{t}{2T}}\sin\left(\frac{t}{2T}+45°\right) \tag{3-36}$$

具体选择参数时,应根据系统工艺要求选择参数以满足性能指标。

实践证明,上述典型参数对应的性能指标适合于响应快而又不允许过大超调量的系统,一般情况下都能满足设计要求。但工程最佳参数不是唯一的参数选择,设计者或调试者应根据不同的控制要求,掌握参数变化对系统动态性能影响的规律,灵活地选择满意的参数。

3.3.3　典型 II 型系统性能指标和参数的关系

1. 典型 II 型系统参数的计算公式

典型 II 型系统有两个参数 K 和 τ 要确定。为了分析方便起见,引入一个新的变量

h，令

$$h = \frac{\tau}{T} = \frac{\omega_2}{\omega_1} \tag{3-37}$$

根据典型 II 型系统的开环对数频率特性图(见图 3-8)，h 是斜率为 -20 dB/dec 的中频段的宽度(对数坐标)，称作"中频宽"。由于中频段的状况对控制系统的动态品质起着决定性的作用，因此 h 值是一个很关键的参数。

在一般情况下，$\omega=1$ 点处在 -40 dB/dec 特性段，由图 3-8 可以看出：

$$20\lg K = 40[\lg(\omega_1) - \lg 1] + 20[\lg(\omega_c) - \lg(\omega_1)] = 20\lg(\omega_1 \omega_c)$$

因此

$$K = \omega_1 \omega_c \tag{3-38}$$

从频率特性上还可看出，由于 T 一定，改变 τ 就等于改变了中频段宽度 h；而在 τ 确定以后，再改变参数 K 相当于使开环对数幅频特性上下平移，从而改变了截止频率 ω_c。因此，在设计调节器时，选择频域参数 h 和 ω_c，就相当于选择了参数 τ 和 K。

在工程设计中，常采用"振荡指标法"中的闭环幅频特性峰值 M_r 最小准则找到 h 和 ω_c 两个参数之间的一种最佳配合。这一准则表明，对于一定的 h 值，只有一个确定的 ω_c(或 K)可以得到最小的闭环幅频特性峰值 M_{rmin}，这时，ω_c 和 ω_1、ω_2 之间的关系是

$$\frac{\omega_2}{\omega_c} = \frac{2h}{h+1} \tag{3-39}$$

$$\frac{\omega_c}{\omega_1} = \frac{h+1}{2} \tag{3-40}$$

式(3-39)和式(3-40)称作 M_{rmin} 准则的"最佳频比"。可以推出：

$$\omega_1 + \omega_2 = \frac{2\omega_c}{h+1} + \frac{2h\omega_c}{h+1} = 2\omega_c \tag{3-41}$$

对应的最小闭环幅频特性峰值是

$$M_{r\min} = \frac{h+1}{h-1} \tag{3-42}$$

表 3-2 列出了不同中频宽 h 值时由式(3-39)～式(3-42)计算得到的 $M_{r\min}$ 值和对应的最佳频比。由表 3-2 中的数据可见，加大中频宽 h，可以减小最小闭环幅频特性峰值 $M_{r\min}$，从而降低超调量 σ，但同时截止频率 ω_c 也将减小，使得调速系统的快速性减弱。经验表明，$M_{r\min}$ 在 $1.2 \sim 1.5$ 之间时，系统的动态性能较好，有时也允许达到 $1.8 \sim 2.0$，所以 h 值可在 $3 \sim 10$ 之间选择。

表 3-2 典型 II 型系统中不同中频宽 h 时的 $M_{r\min}$ 值和频率比

h	3	4	5	6	7	8	9	10
$M_{r\min}$	2	1.67	1.5	1.4	1.33	1.29	1.25	1.22
ω_2/ω_c	1.5	1.6	1.67	1.71	1.75	1.80	1.80	1.82
ω_c/ω_1	2.0	2.5	3.0	3.5	4.0	5.0	5.0	5.5

确定了中频宽度 h 和截止频率 ω_c 以后，要计算 K 和 τ 也就比较容易了。由 h 的定义可知：

$$\tau = hT \tag{3-43}$$

又因为 $K = \omega_1 \omega_c$、$\omega_1 = 1/\tau$、$\omega_c = (h+1)\omega_1/2$，则有：

$$K = \omega_1 \omega_c = \frac{h+1}{2}\omega_1^2 = \left(\frac{1}{hT}\right)^2 \frac{h+1}{2} = \frac{h+1}{2\,h^2\,T^2} \tag{3-44}$$

式(3-43)和式(3-44)是工程设计中计算典型Ⅱ型系统参数的公式。只要按照动态性能指标的要求确定了中频宽 h 值，就可以代入这两个公式来进行系统设计，可以计算出参数 K 和 τ，并由此计算调节器的参数。下面分别讨论跟随性能指标和抗扰性能指标与 h 值的关系，作为确定 h 值的依据。

2. 典型Ⅱ型系统跟随性能指标和参数的关系

1）稳态跟随性能指标

已知典型Ⅱ型系统的开环传递函数 $W(s) = \dfrac{K(\tau s+1)}{s^2(Ts+1)}$，由自动控制理论误差分析可知，典型Ⅱ型系统对阶跃输入信号 $R(s) = r_0/s$ 的稳态误差为

$$e_{ss} = \lim_{s\to 0} sE(s) = \lim_{s\to 0} s \cdot \frac{1}{1+W(s)} \cdot \frac{r_0}{s} = \lim_{s\to 0} \frac{r_0}{1+\dfrac{K(\tau s+1)}{s^2(Ts+1)}} = 0 \tag{3-45}$$

对斜坡输入信号 $R(s) = v_0/s^2$，其稳态误差为

$$e_{ss} = \lim_{s\to 0} sE(s) = \lim_{s\to 0} s \cdot \frac{1}{1+W(s)} \cdot \frac{v_0}{s^2} = \lim_{s\to 0} \frac{1}{1+\dfrac{K(\tau s+1)}{s^2(Ts+1)}} \cdot \frac{v_0}{s} = 0 \tag{3-46}$$

对加速度输入信号 $R(s) = a_0/s^3$，其稳态误差为

$$e_{ss} = \lim_{s\to 0} sE(s) = \lim_{s\to 0} s \cdot \frac{1}{1+W(s)} \cdot \frac{a_0}{s^3} = \lim_{s\to 0} \frac{1}{1+\dfrac{K(\tau s+1)}{s^2(Ts+1)}} \cdot \frac{a_0}{s^2} = \frac{a_0}{K} \tag{3-47}$$

由此可见：在阶跃输入和斜坡输入下的Ⅱ型系统稳态时是无差的；但在加速度输入下则有恒值稳态误差，且与开环增益 K 成反比。

2）动态跟随性能指标

按照 $M_{r\,min}$ 最小准则确定系统的调节器参数时，如果要求出系统的动态跟随性能，可以先将式(3-43)和式(3-44)代入典型Ⅱ型系统的开环传递函数，得到下式：

$$W(s) = \frac{K(\tau s+1)}{s^2(Ts+1)} = \frac{h+1}{2\,h^2\,T^2} \times \frac{(hTs+1)}{s^2(Ts+1)} \tag{3-48}$$

则系统的闭环传递函数为

$$\phi(s) = \frac{W(s)}{1+W(s)} = \frac{hTs+1}{\dfrac{2h^2}{h+1}T^3s^3 + \dfrac{2h^2}{h+1}T^2s^2 + hTs + 1} \tag{3-49}$$

由于闭环传递函数 $\phi(s) = \dfrac{C(s)}{R(s)}$，在单位阶跃输入信号 $R(s) = \dfrac{1}{s}$ 作用下，系统的输出为

$$C(s) = \phi(s)R(s) = \frac{hTs+1}{s\left(\dfrac{2h^2}{h+1}T^3s^3 + \dfrac{2h^2}{h+1}T^2s^2 + hTs + 1\right)} \tag{3-50}$$

以时间 T 为基准，当 h 取不同值时，可以由式(3-50)求出对应的单位阶跃响应函数 $C(t/T)$，从而计算出超调量 σ、上升时间 t_r/T、调节时间 t_s/T 和振荡次数 k，如表3-3

所示。

表 3 - 3　典型Ⅱ型系统阶跃输入跟随性能指标(按 $M_{r\min}$ 准则确定参数关系时)

h	3	4	5	6	7	8	9	10
σ	52.6%	43.6%	37.6%	33.2%	29.8%	27.2%	25%	23.3%
t_r	2.4T	2.65T	2.85T	3.0T	3.1T	3.2T	3.3T	3.35T
t_s	12.15T	11.65T	9.55T	10.45T	11.30T	12.25T	13.25T	14.20T
k	3	2	2	1	1	1	1	1

与表 3 - 1 比较,典型Ⅱ型系统跟随过程超调量比典型Ⅰ型系统大,而快速性较好。另外,由于过渡过程的衰减振荡性质,调节时间随 h 的变化不是单调的, $h = 5$ 时的调节时间最短。此外, h 减小时,上升时间快; h 增大时,超调量小。把各项指标综合起来看, $h = 5$ 时动态性能比较适中。因此工程设计中常选用 $h = 5$ 的单位阶跃输入性能指标为最佳参数,即 $\sigma = 37.6\%$, $t_r = 2.85T$, $t_s = 9.55T$ 。

3.3.4　双闭环直流调速系统的动态结构图及相关参数

1. 双闭环调速系统的动态结构图

双闭环直流调速系统的实际动态结构框图如图 3 - 9 所示,该图中增加了滤波环节,包括转速给定信号滤波、转速滤波、电流给定信号滤波、电流滤波等环节。滤波环节传递函数一般用一阶惯性环节来表示,其滤波时间常数按需要选定。由于测速发电机得到的转速反馈电压含有换向纹波,因此也需要滤波,滤波时间常数用 T_{0n} 表示。根据和电流环一样的道理,在转速给定通道上也加入时间常数为 T_{0n} 的给定滤波环节。

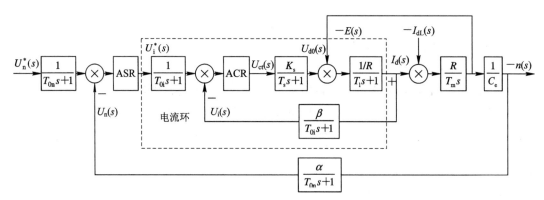

T_{0i} —电流反馈滤波时间常数; T_{0n} —转速反馈滤波时间常数

图 3 - 9　双闭环直流调速系统的动态结构图

在双闭环系统中,应该首先设计电流调节器,然后把整个电流环看作是转速调节系统中的一个环节,再设计转速调节器。简单地说,双闭环调速系统的设计原则是"先内环(电流环),后外环(转速环)"。

2. 相关参数

在设计之前,须了解调速系统由生产机械和工艺要求选择的电机、测速发电机、整流器等元件的固有参数。

（1）已知固有参数。

电机：P_N、U_N、I_N、n_N、R_a、L_a（分别为电机额定功率、额定电压、额定电流、额定转速、电枢电阻、电枢电感）；

变压器：L_B、R_B、X_B（分别为变压器电感、电阻、感抗）；

整流器：m（相数），U_{d0}（整流器输出的整流电压平均值）；

负载及电机转动惯量：GD^2。

（2）预置参数。

电流调节器 ACR 输出限幅值 U_{ctm}，它对应于最大整流电压 $U_{d0m}=1.05U_N$，一般 U_{ctm} 取 $5\sim10$ V；

速度调节器 ASR 输出限幅值 U_{im}，即 ACR 的输入值，一般取 $5\sim10$ V；

速度给定最大值 U_{nm}^*，它对应于电机转速额定值 n_N；

电流反馈滤波时间常数 T_{0i}：一般取 $1\sim3$ ms；

速度反馈滤波时间常数 T_{0i}：一般取 $5\sim20$ ms；

电机起动电流 I_{dm}：一般取 $(1.5\sim2)I_N$。

（3）计算的参数。

根据上述固有参数和预置参数，需要计算的参数列于表 3-4 中。

表 3-4　计　算　参　数

参数名称	计　算　公　式
电机主回路总电阻	$R=R_a+\dfrac{mX_B}{2\pi}+R_L+R_B$
电机主回路总电感	$L=L_a+L_B+L_p$（L_p 为平波电抗器电感）
整流装置的滞后时间常数 T_s	$T_s=\dfrac{1}{2}\cdot\dfrac{1}{mf}$（$f$ 为电源频率）
电机电动势系数 C_e	$C_e=\dfrac{U_N-R_aI_N}{n_N}$
电磁转矩系数 C_m	$C_m=\dfrac{C_e}{1.03}$
电磁时间常数 T_l	$T_l=\dfrac{L}{R}$
机电时间常数 T_m	$T_m=\dfrac{GD^2R}{375C_eC_m}$
电流反馈系数 β	$\beta=\dfrac{U_{im}^*}{I_{dm}}$
转速反馈系数 α	$\alpha=\dfrac{U_{in}^*}{n_N}$
整流装置的放大倍数 K_s	$K_s=\dfrac{U_{d0m}}{U_{ctm}}=\dfrac{1.05U_N}{U_{ctm}}$

3.3.5 电流调节器的设计

电流调节器设计分为以下四个步骤：电流环结构图的简化、电流调节器结构的选择、电流调节器的参数计算、电流调节器的实现。

按照上述步骤，可以很方便地设计出所需要的电流调节器。

1. 电流环结构图的简化

电流环结构图的简化主要体现在三个方面：① 忽略反电动势的动态影响；② 等效成单位负反馈系统；③ 小惯性环节的近似处理。最后得到简化的电流环结构图如图 3-10 所示。

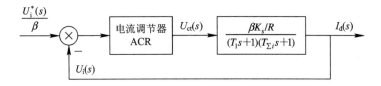

图 3-10 电流环化简后的动态结构图

（1）忽略反电动势的动态影响。在一般情况下，系统的电磁时间常数 T_l 远小于机电时间常数 $T_m(T_l \ll T_m)$，因此，转速的变化往往比电流变化慢得多。对电流环来说，反电动势是一个变化较慢的扰动，在电流的瞬变过程中，可以认为电动势基本不变，即 $\Delta E \approx 0$，也就是说，可以暂且把反电动势的作用去掉。忽略反电动势对电流环作用的近似条件是：

$$\omega_{ci} \geqslant 3\sqrt{\frac{1}{T_m T_l}} \tag{3-51}$$

上式中 ω_{ci} 为电流环开环频率特性的截止频率。

（2）等效成单位负反馈系统。如果把电流给定滤波和电流负反馈滤波环节都等效地移到反馈环内，同时把电流给定信号改成 $U_i^*(s)/\beta$，则电流环 ACR 便等效成为一个单位负反馈系统。

（3）小惯性环节的近似处理。最后，由于晶闸管装置的滞后时间常数 T_s 和电流环滤波时间常数 T_{0i} 一般都比电磁时间常数 T_l 小得多，可以当作小惯性群来处理，把这些小惯性群近似成一个惯性环节，其时间常数为

$$T_{\Sigma i} = T_s + T_{0i} \tag{3-52}$$

简化的近似条件为

$$\omega_{ci} \leqslant \frac{1}{3}\sqrt{\frac{1}{T_s T_{0i}}} \tag{3-53}$$

2. 电流调节器结构的选择

电流环一般设计成典型 I 型系统。电流环 ACR 的控制对象是双惯性型的，要校正成典型 I 型系统，显然应采用 PI 调节器，其传递函数可以写成

$$W_{ACR}(s) = \frac{K_i(\tau_i s + 1)}{\tau_i s} \tag{3-54}$$

上式中 K_i 是电流调节器的比例系数；τ_i 是电流调节器的超前时间常数。

为了让电流调节器零点与控制对象的大时间常数极点对消，选择

$$\tau_i = T_l \qquad (3-55)$$

上式中 $T_l = L/R$ 为电磁时间常数,则电流环的动态结构框图便成为图 3-11 所示的典型 I 型系统形式,其中

$$K_I = \frac{K_i K_s \beta}{\tau_i R} \qquad (3-56)$$

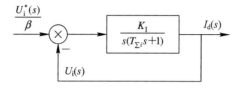

图 3-11 校正成典型 I 型系统的电流环

上述结果是在一系列假定条件下得到的,现将用过的假定条件归纳如下,以便具体设计时校验。

(1) 电力电子变换器(整流装置)纯滞后的近似处理:

$$\omega_{ci} \leqslant \frac{1}{3T_s} \qquad (3-57)$$

(2) 忽略反电动势变化对电流环的动态影响(见式(3-51)):

$$\omega_{ci} \geqslant 3\sqrt{\frac{1}{T_m T_l}}$$

(3) 电流环小惯性群的近似处理(见式(3-53)):

$$\omega_{ci} \leqslant \frac{1}{3}\sqrt{\frac{1}{T_s T_{0i}}}$$

3. 电流调节器的参数计算

电流调节器 ACR 的参数有 K_i 和 τ_i,其中 $\tau_i = T_l$ 已选定,剩下的只有比例系数 K_i,可根据所需要的动态性能指标选取。在一般情况下,希望电流超调量 $\sigma_i < 5\%$,则根据典型 I 型系统动态跟随性能指标与参数配合关系,可以选择阻尼比 $\zeta = 0.707$,$K_I T_{\Sigma i} = 0.5$,则

$$K_I = \omega_{ci} = \frac{1}{2T_{\Sigma i}} \qquad (3-58)$$

再利用式(3-55)和式(3-56)得到:

$$K_i = \frac{T_l R}{2K_s \beta T_{\Sigma i}} = \frac{R}{2K_s \beta}\left(\frac{T_l}{T_{\Sigma i}}\right) \qquad (3-59)$$

注意:如果实际系统要求的跟随性能指标不同,式(3-58)和式(3-59)当然应作相应的改变。此外,如果对电流环的抗扰性能也有具体的要求,还得再校验一下抗扰性能指标是否满足。

4. 电流调节器的实现

含给定滤波和反馈滤波的模拟式 PI 型电流调节器原理图如图 3-12 所示。图中 U_i^* 为电流给定电压;$-\beta I_d$ 为电流负反馈电压;U_c 为电力电子变换器的控制电压。根据运算放大器的电路原理,可以容易地导出电流调节器电路参数的计算公式:

$$K_i = \frac{R_i}{R_0} \qquad (3-60)$$

$$\tau_i = R_i C_i \qquad (3-61)$$

$$T_{0i} = \frac{1}{4} R_0 C_{0i} \qquad (3-62)$$

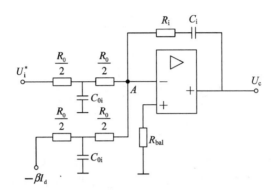

图 3 - 12 含给定滤波与反馈滤波的 PI 型电流调节器

例 3 - 1 某晶闸管供电的双闭环直流调速系统，整流装置采用三相全控桥式电路，基本数据如下：直流电机的 $U_N = 220$ V，$I_N = 136$ A，$n_N = 1460$ r/min，$C_e = 0.132$ V·min/r，允许过载倍数 $\lambda = 1.5$，电枢回路总电阻 $R = 0.5$ Ω；晶闸管装置放大倍数 $K_s = 40$；电磁时间常数 $T_1 = 0.03$ s；机电时间常数 $T_m = 0.18$ s；电流反馈系数 $\beta = 0.05$ V/A(≈ 10 V/$1.5 I_N$)。

设计要求：设计电流调节器，要求电流超调量 $\sigma_i \leqslant 5\%$。

解 (1) 确定时间常数。

① 整流装置滞后时间常数 T_s：整流装置采用三相全控桥式电路，三相全控桥式电路的平均失控时间 $T_s = 0.0017$ s；

② 电流滤波时间常数 T_{0i}：三相全控桥式电路每个波头的时间是 3.3 ms，为了基本滤平波头应有 $(1\sim 2)T_{0i} = 3.33$ ms，因此取 $T_{0i} = 2$ ms $= 0.002$ s；

③ 电流环小时间常数之和 $T_{\Sigma i}$。按小时间常数近似处理，取 $T_{\Sigma i} = T_{0i} + T_s = 0.0037$ s。

(2) 选择电流调节器结构。根据设计要求 $\sigma_i \leqslant 5\%$，并保证电流无静差，可按典型 I 型系统设计电流调节器，电流环控制对象是双惯性型的，因此可用 PI 型调节器。

(3) 计算电流调节器参数。

电流调节器超前时间常数：$\tau_i = T_1 = 0.03$ s；

电流环开环增益：要求 $\sigma_i \leqslant 5\%$，取 $K_I T_{\Sigma i} = 0.5$，因此

$$K_I = \frac{0.5}{T_{\Sigma i}} = \frac{0.5}{0.0037} = 135.1 \text{ s}^{-1}$$

于是，电流环 ACR 的比例系数为

$$K_i = \frac{K_I \tau_i R}{K_s \beta} = \frac{135.1 \times 0.03 \times 0.5}{40 \times 0.05} = 1.013$$

(4) 校验近似条件。

电流环截止频率：

$$\omega_{ci} = K_I = 135.1 \text{ s}^{-1}$$

① 晶闸管整流装置传递函数的近似条件为

$$\frac{1}{3T_s} = \frac{1}{3 \times 0.0017} = 196.1 \text{ s}^{-1} > \omega_{ci} = 135.1 \text{ s}^{-1}$$

满足近似条件。

② 忽略反电动势变化对电流环动态影响的条件为

$$3\sqrt{\frac{1}{T_m T_l}} = 3 \times \sqrt{\frac{1}{0.18\ \text{s} \times 0.03}} = 40.82\ \text{s}^{-1} < \omega_{ci} = 135.1\ \text{s}^{-1}$$

满足近似条件。

③ 电流环小时间常数近似处理条件为

$$\frac{1}{3}\sqrt{\frac{1}{T_s T_{0i}}} = \frac{1}{3} \times \sqrt{\frac{1}{0.0017\ \text{s} \times 0.002}} = 180.8\ \text{s}^{-1} > \omega_{ci} = 135.1\ \text{s}^{-1}$$

满足近似条件。

（5）计算调节器电阻和电容。

按所用运算放大器取 $R_0 = 40\ \text{k}\Omega$，各电阻和电容值为

$$R_i = K_i R_0 = 1.013 \times 40 = 40.52\ \text{k}\Omega，取 40\ \text{k}\Omega;$$

$$C_i = \frac{\tau_i}{R_i} = \frac{0.03}{40 \times 10^3}\text{F} = 0.75 \times 10^{-6}\text{F} = 0.75\ \mu\text{F}，取 0.75\ \mu\text{F};$$

$$C_{0i} = \frac{4 T_{0i}}{R_0} = \frac{4 \times 0.002}{40 \times 10^3} = 0.2 \times 10^{-6}\text{F} = 0.2\ \mu\text{F}，取 0.2\ \mu\text{F}$$

按照上述参数，电流环可以达到的动态跟随性能指标为 $\sigma_i = 4.3\% < 5\%$，满足设计要求。

3.3.6 转速调节器的设计

转速调节器设计分为以下几个步骤：电流环等效闭环传递函数的计算；转速调节器结构的选择；转速调节器参数的选择；转速调节器的实现。

1. 电流环的等效闭环传递函数的计算

电流环经简化后可视作转速环中的一个环节，为此，须求出它的闭环传递函数。由图 3-11 可知

$$W_{cli}(s) = \frac{I_d(s)}{U_i^*(s)/\beta} = \frac{\dfrac{K_i}{s(T_{\Sigma i}s + 1)}}{1 + \dfrac{K_I}{s(T_{\Sigma i}s + 1)}} = \frac{1}{\dfrac{T_{\Sigma i}}{K_I}s^2 + \dfrac{1}{K_I}s + 1} \tag{3-63}$$

当 ASR 开环频率特性的截止频率 ω_{cn} 满足 $\omega_{cn} \leqslant \dfrac{1}{3}\sqrt{\dfrac{K_I}{T_{\Sigma i}}}$ 时，式（3-63）忽略高次项，可降阶近似为

$$W_{cli}(s) \approx \frac{1}{\dfrac{1}{K_I}s + 1} \tag{3-64}$$

ACR 接入转速环内，其等效环节的输入量应为 $U_i^*(s)$，因此 ACR 在转速环 ASR 中应等效为

$$\frac{I_d(s)}{U_i^*(s)} = \frac{W_{cli}(s)}{\beta} \approx \frac{\dfrac{1}{\beta}}{\dfrac{1}{K_I}s + 1} \tag{3-65}$$

这样，原来是双惯性环节的电流环控制对象，经闭环控制后，可以近似地等效成只有较小时间常数的一阶惯性环节。这就表明，电流的闭环控制改造了控制对象，加快了电流的跟随作用，这是局部闭环(内环)控制的一个重要功能。

2. 转速调节器结构的选择

用电流环的等效环节代替双闭环调速系统动态结构图 3 - 9 中的电流环，把转速给定滤波和反馈滤波环节移到环内，同时将给定信号改成 $U_n^*(s)/\alpha$，再把时间常数为 $1/K_I$ 和 T_{0n} 的两个小惯性环节合并起来，近似成一个时间常数 $T_{\Sigma n}=\dfrac{1}{K_I}+T_{0n}$ 的惯性环节并等效为单位负反馈系统，则转速环 ASR 的结构框图可以简化成图 3 - 13(a)所示，校正为典型Ⅱ型系统的结构图如图 3 - 13(b)所示。

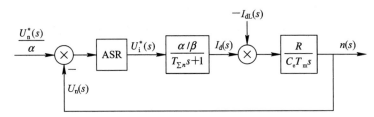

(a) 等效成单位负反馈系统和小惯性环节的近似处理

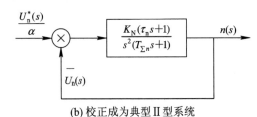

(b) 校正成为典型Ⅱ型系统

图 3 - 13 转速环的动态结构图及其简化

转速环 ASR 设计成典型Ⅱ型系统，可以满足动态抗扰性能好的要求。至于其阶跃响应超调量较大，那是线性系统的计算数据，实际系统中转速调节器的饱和非线性性质会使超调量大大降低，由此可见，转速调节器 ASR 也应该采用 PI 调节器，其传递函数为

$$W_{ASR}(s) = \frac{K_n(\tau_n s + 1)}{\tau_n s} \qquad (3-66)$$

式中 K_n 是转速调节器的比例系数；τ_n 是转速调节器的超前时间常数。

图 3 - 13(a)的开环传递函数为

$$W_n(s) = \frac{K_n(\tau_n s + 1)}{\tau_n s} \cdot \frac{\dfrac{\alpha R}{\beta}}{C_e T_m s(T_{\Sigma n}s + 1)} = \frac{K_n \alpha R(\tau_n s + 1)}{\tau_n \beta C_e T_m s^2 (T_{\Sigma n}s + 1)} \qquad (3-67)$$

上式中转速环开环增益为

$$K_N = \frac{K_n \alpha R}{\tau_n \beta C_e T_m} \qquad (3-68)$$

则转速环的开环传递函数可以写成下列形式：

$$W_n(s) = \frac{K_N(\tau_n s + 1)}{s^2 (T_{\Sigma n}s + 1)} \qquad (3-69)$$

上述转速环 ASR 的简化结果所需服从的近似条件归纳如下：

$$\omega_{cn} \leqslant \frac{1}{3}\sqrt{\frac{K_I}{T_{\Sigma i}}} \tag{3-70}$$

$$\omega_{cn} \leqslant \frac{1}{3}\sqrt{\frac{K_I}{T_{0n}}} \tag{3-71}$$

3. 转速调节器参数的选择

转速调节器的参数包括 K_n 和 τ_n。按照典型 II 型系统的参数关系，得到

$$\tau_n = hT_{\Sigma n} \tag{3-72}$$

又得到转速环的开环增益：

$$K_N = \frac{h+1}{2h^2 T_{\Sigma n}^2} \tag{3-73}$$

因此，转速调节器的放大系数为

$$K_n = \frac{(h+1)\beta C_e T_m}{2h\alpha R T_{\Sigma n}} \tag{3-74}$$

至于中频宽 h 应选择多少，要看动态性能的要求决定。在一般情况下，无特殊要求时，一般选择 $h=5$。

4. 转速调节器的实现

含给定滤波和反馈滤波的模拟式 PI 转速调节器原理图如图 3-14 所示，图中 U_n^* 为转速给定电压，$-\alpha n$ 为转速负反馈电压，U_i^* 调节器的输出是电流调节器的给定电压。

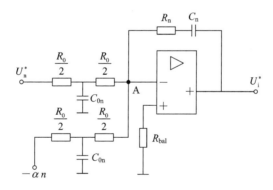

图 3-14 含给定滤波与反馈滤波的 PI 型转速调节器

与电流调节器相似，转速调节器参数与电阻、电容值的关系为

$$K_n = \frac{R_i}{R_0} \tag{3-75}$$

$$\tau_n = R_n C_n \tag{3-76}$$

$$T_{0n} = \frac{1}{4}R_0 C_{0n} \tag{3-77}$$

综上所述，电流环和转速环的关系可以归纳为：转速环(外环)的响应比电流环(内环)慢，这是按上述工程设计方法设计多环控制系统的特点。这样做，虽然不利于快速性，但每个控制环本身都是稳定的，对系统的组成和调试工作非常有利。

例 3-2 采用例 3-1 中的已知数据，即双闭环系统中整流装置采用三相全控桥式电

路,直流电机数据如下:$U_N = 220$ V,$I_N = 136$ A,$n_N = 1460$ r/min,$C_e = 0.132$ V·min/r,允许过载倍数 $\lambda = 1.5$,电枢电阻 $R_a = 0.21$ Ω,电枢回路总电阻 $R = 0.5$ Ω;晶闸管装置放大倍数 $K_s = 40$;电磁时间常数 $T_l = 0.03$ s;机电时间常数 $T_m = 0.18$ s;电流反馈系数 $\beta = 0.05$ V/A(≈ 10 V/$1.5I_N$)。又转速反馈系数 $\alpha = 0.007$ V·min/r,要求转速无静差,空载起动到额定转速时的转速超调量 $\sigma_n \leqslant 10\%$。试按工程设计方法设计转速调节器,并校验转速超调量的要求是否能得到满足。

解 (1)确定时间常数。

① 电流环等效时间常数 $1/K_I$:

根据例 3-1,已取 $K_I T_{\Sigma i} = 0.5$,$T_{\Sigma i} = T_{0i} + T_s = 0.0037$ s,则有

$$\frac{1}{K_I} = 2T_{\Sigma i} = 2 \times 0.0037 = 0.0074 \text{ s}$$

② 转速滤波时间常数 T_{0n}:

根据所用测速发电机纹波情况,取 $T_{0n} = 0.01$ s;

③ 转速环小时间常数 $T_{\Sigma n}$:

按小时间常数近似处理,取

$$T_{\Sigma n} = \frac{1}{K_I} + T_{0n} = 0.0074 \text{ s} + 0.01 \text{ s} = 0.0174 \text{ s}$$

(2)选择转速调节器结构。

按照设计要求,选用 PI 调节器,其传递函数为

$$W_{ASR}(s) = \frac{K_n(\tau_n s + 1)}{\tau_n s}$$

(3)计算转速调节器参数。

按照跟随性能和抗扰性能都较好的原则,取 $h = 5$,则转速环 ASR 的超前时间常数为

$$\tau_n = hT_{\Sigma n} = 5 \times 0.0174 \text{ s} = 0.087 \text{ s}$$

由式(3-73)可以求出转速环开环增益 K_N:

$$K_N = \frac{h+1}{2h^2 T_{\Sigma n}^2} = \frac{6}{2 \times 5^2 \times 0.0174^2} = 396.4 \text{ s}^{-2}$$

于是,由式(3-74)可得到转速调节器 ASR 的比例系数为

$$K_n = \frac{(h+1)\beta C_e T_m}{2h\alpha R T_{\Sigma n}} = \frac{6 \times 0.05 \times 0.132 \times 0.18}{2 \times 5 \times 0.007 \times 0.5 \times 0.0174} = 11.7$$

(4)校验近似条件。

在典型 II 型系统性能指标和参数的关系小节中已经指出:在开环对数幅频特性上,当 $\omega = 1$ 时,典型 II 型系统的开环增益 K 和截止频率 ω_c 之间的关系为 $K = \omega_1 \omega_c = \dfrac{\omega_c}{\tau}$。因此,当转速环节设计为典型 II 型系统时,其截止频率则为

$$\omega_{cn} = \frac{K_N}{\omega_1} = K_N \tau_n = 396.4 \times 0.087 = 34.5 \text{ s}^{-1}$$

① 电流环传递函数简化条件为

$$\frac{1}{3}\sqrt{\frac{K_I}{T_{\Sigma i}}} = \frac{\sqrt{1/0.0074}}{3 \times \sqrt{0.0037}} = 63.7 \text{ s}^{-1} > \omega_{cn} = 34.5 \text{ s}^{-1}$$

满足简化条件。

② 转速环小时间常数近似处理条件为

$$\frac{1}{3}\sqrt{\frac{K_{\mathrm{I}}}{T_{0\mathrm{n}}}} = \frac{\sqrt{1/0.0074}}{3 \times \sqrt{0.01}} \mathrm{\ s}^{-1} = 38.7 \mathrm{\ s}^{-1} > \omega_{\mathrm{cn}} = 34.5 \mathrm{\ s}^{-1}$$

满足简化条件。

（5）计算调节器电阻和电容。

根据图 3 - 14 和式（3 - 75）~式（3 - 77），取电阻 $R_0 = 40 \mathrm{\ k\Omega}$，则

$R_{\mathrm{n}} = K_{\mathrm{n}}R_0 = 22.51 \times 40 = 900.4 \mathrm{\ k\Omega}$，取 $900 \mathrm{\ k\Omega}$；

$C_{\mathrm{n}} = \dfrac{\tau_{\mathrm{n}}}{R_{\mathrm{n}}} = \dfrac{0.087}{900 \times 10^3} = 0.097 \times 10^{-6} \mathrm{\ F} = 0.097 \mathrm{\ \mu F}$，取 $C_{\mathrm{n}} = 0.1 \mathrm{\ \mu F}$；

$C_{0\mathrm{n}} = \dfrac{4T_{0\mathrm{n}}}{R_0} = \dfrac{4 \times 0.01}{40 \times 10^3} \mathrm{\ F} = 1 \times 10^{-6} \mathrm{\ F} = 1 \mathrm{\ \mu F}$，取 $C_{0\mathrm{n}} = 1 \mathrm{\ \mu F}$。

（6）校验转速超调量。

在典型 Ⅱ 型系统中，当中频宽 $h = 5$ 时，根据典型 Ⅱ 型系统阶跃输入跟随性能指标（按照 M_{rmin} 准则确定参数关系），可知转速超调量 $\sigma_{\mathrm{n}} = 37.6\% > 10\%$，不能满足设计要求。实际上，突加给定时，转速环 ASR 饱和，不符合线性系统的前提，应该按照 ASR 退饱和的情况重新计算 σ_{n}。已知电流过载倍数为 $\lambda = 1.5$，负载系数为 z，在 $h = 5$ 时，根据典型 Ⅱ 型系统动态抗扰性能指标和参数的关系，可知 $C_{\mathrm{max}}/C_{\mathrm{b}} = 81.2\%$，$\Delta n_{\mathrm{N}} = I_{\mathrm{N}}R/C_{\mathrm{e}}$，则退饱和后的超调量 σ_{n} 计算如下：

$$\sigma_{\mathrm{n}} = 2\left(\frac{\Delta C_{\mathrm{max}}}{C_{\mathrm{b}}}\right)(\lambda - z)\frac{\Delta n_{\mathrm{N}}}{n^*} \cdot \frac{T_{\Sigma\mathrm{n}}}{T_{\mathrm{m}}} = 2 \times 81.2\% \times 1.5 \times \frac{\dfrac{136 \times 0.5}{0.132}}{1460} \times \frac{0.0174}{0.18}$$

$$= 4.59\% < 10\%$$

所以，按照上述参数设计的转速环满足超调量要求。

3.4 双闭环直流调速系统的 MATLAB/Simulink 仿真

本节以双闭环直流调速系统为研究对象，对转速、电流双闭环直流调速系统进行建模和分析。

双闭环直流调速系统的仿真可以依据双闭环系统的动态结构图进行，也可以用电力系统（SimPowerSystem）仿真工具箱的模块来组建。两种仿真的不同在于主电路，前者晶闸管和电机是用传递函数来表示的，后者电力电子变换器件和电机使用电力系统工具箱的仿真模块，但二者的控制电路部分则是相同的。下面主要介绍采用面向电气原理结构图的仿真方法，对转速、电流双闭环直流调速系统进行仿真建模和分析。

注意，在对转速、电流双闭环直流调速系统进行仿真建模和仿真分析之前，所采用的 V-M 直流调速系统的参数及其具体设计要求如下：

直流电机参数：额定电压 $U_{\mathrm{N}} = 220 \mathrm{\ V}$，额定电流 $I_{\mathrm{N}} = 136 \mathrm{\ A}$，额定转速 $n_{\mathrm{N}} = 1460 \mathrm{\ r/min}$，电动势系数 $C_{\mathrm{e}} = 0.132 \mathrm{\ V \cdot min/r}$，允许过载倍数 $\lambda = 1.5$；

晶闸管装置放大倍数 $K_{\mathrm{s}} = 40$；电枢回路总电阻 $R = 0.5 \mathrm{\ \Omega}$；电磁时间常数 $T_{\mathrm{l}} = 0.03 \mathrm{\ s}$；机电时间常数 $T_{\mathrm{m}} = 0.18 \mathrm{\ s}$；电流反馈系数 $\beta = 0.05 \mathrm{\ V/A}（\approx 10 \mathrm{\ V}/1.5I_{\mathrm{N}}）$；转速反馈系数

$\alpha = 0.007\ \text{V} \cdot \text{min/r}(\approx 10\ \text{V}/n_N)$。

设计要求：

静态指标：转速无静差；

动态指标：电流超调量 $\sigma_i \leqslant 5\%$；空载起动到额定转速时的转速超调量 $\sigma_n \leqslant 10\%$。

根据上述参数和设计要求，参考例 3-1 和例 3-2 中 ACR 和 ASR 的设计方法，可以计算 ACR 和 ASR 的 PI 控制器参数。

3.4.1 仿真建模和参数设置

根据转速、电流双闭环直流调速系统的电气原理图(参见图 3-2)构建的双闭环直流调速仿真模型如图 3-15 所示。该调速系统的主电路与开环直流调速系统、单闭环直流调速系统的主电路模型是一样的，它们之间的主要差别是控制电路不同。双闭环直流调速系统控制回路的主体是转速和电流两个调节器以及转速负反馈和电流负反馈的滤波环节。

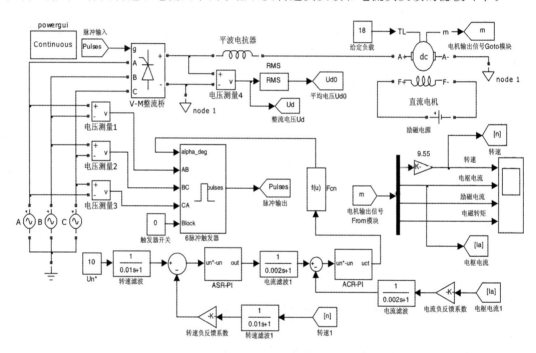

图 3-15 转速、电流双闭环直流调速系统仿真

1. 主电路的建模和模型参数设置

双闭环直流调速系统的主电路与开环直流调速系统、转速负反馈单闭环直流调速系统几乎完全相同，仍然是由对称三相交流电源、三相全控式整流桥、同步脉冲触发器、平波电抗器、直流电机等仿真模块组成，只是在该模型中将平波电抗器的电感值修改为 1e-2H，下面主要介绍控制电路部分的建模与参数设置过程。

2. 控制电路的建模和参数设置

双闭环直流调速系统的控制电路包括以下环节：给定环节、速度调节器 ASR、电流调节器 ACR、限幅器、移相控制环节、电流滤波环节、电流负反馈环节、转速滤波环节、转速负反馈环节等。ASR 的输出作为 ACR 的电流给定信号，而 ACR 的输出端接移相控制函数的输入端，而电流调节器 ACR 的输出限幅就决定了控制角的 $\alpha_{\min}$ 和 $\alpha_{\max}$ 的限制。

ASR 和 ACR 均采用带有限幅作用的 PI 调节器，其仿真模型内部结构及其封装模型如图 3-16 所示。ASR 和 ACR 调节器的参数可以参考例 3-1 和例 3-2 计算，根据选择的电机，两个 PI 调节器的参数设置分别是：ACR 的放大增益 $K_{pi}=1.013$，$\tau_i = T_l = 0.03$ s，积分器饱和值设为 10，限幅器上下限幅值设为 $[-200, 200]$；ASR 的 $K_n = 11.7$，$\tau_n = 5T_{\Sigma n} = 0.087$ s，积分器饱和值设为 10，限幅器上下限幅值设为 $[-10, 10]$；图 3-16(a) 中，如果是 ASR 的 PI 调节器，Gain 的值用 K_n/τ_n 计算，如果是 ACR 的 PI 调节器，Gain 的值用 K_i/τ_i 计算；电流反馈系数为 0.05；转速反馈系数为 0.007；电流滤波时间常数 $T_{0i} = 0.002$ s；转速滤波时间常数 $T_{0n} = 0.01$ s。同时需要注意的是：在测试中要根据给定的电机参数计算电枢电阻 R_a、电枢电感 L_a、电枢绕组和励磁绕组互感 L_{af} 的值，以便配置电机仿真模块的参数。

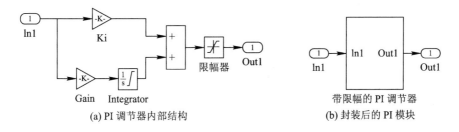

(a) PI 调节器内部结构　　　　(b) 封装后的 PI 模块

图 3-16 带饱和和输出限幅的 PI 调节器仿真模块

3.4.2 仿真结果分析

仿真算法选择为 ode23s，给定转速信号设为 $U_n^* = 10.22$ V，负载设定为 171 N·m，仿真时间设为 3 s，起动仿真得到的仿真结果分别如图 3-17 所示。图 3-17(a) 和 (b) 为电机转速示波器波形及其对应的编程曲线；图 3-17(c) 和 (d) 为电机电枢电流示波器波形及其对应的编程曲线；图 3-17(e) 为转速反馈信号变化曲线；图 3-17(f) 为电流反馈信号变化曲线。显然，转速反馈信号和转速的波形变化趋势一致；电流反馈信号和电流的波形变化一致。又因为电机电流和转矩波形变化是一致的，这里仅给出转矩的编程曲线，如图 3-17(g) 所示。另外，为了方便观察双闭环直流调速过程中转速和电流波形的变化情况，理解双环起动过程中的三个重要阶段，我们把二者的仿真数据进行存储，然后利用 MATLAB 语言编程把二者的曲线画在同一张图中，如图 3-17(h) 所示。

从转速、电流的仿真响应曲线可以看到，面向电气原理结构图的双闭环直流调速系统的仿真起动过程同样经历了电流上升、恒流调节、转速调节三个阶段。每一个阶段的转速和电流的变化都和转速、电流双闭环直流调速系统的理论分析结果是一致的。从图 3-17(a) 可以看到，电机起动后，电流快速上升，转速增加，电流略有超调后进入恒流升速阶段；随着转速增加，转速出现超调，在 1.3 s 左右转速趋于稳定，但电流和转矩稍有波动，可以看作近似稳定，这和选择的电机模型以及 ASR 和 ACR 的参数有关系。转速稳定时，电机的转速接近额定转速值 1460 r/min，电枢电流接近额定电流 136 A。另外，值得注意的是，在第 Ⅱ 阶段结束，第 Ⅲ 阶段开始时，转速达到额定值 1460 r/min，但在 PI 调节器的积分器作用下，转速会继续上升以致出现转速超调的情况，这时电流调节器的给定信号极性变负，

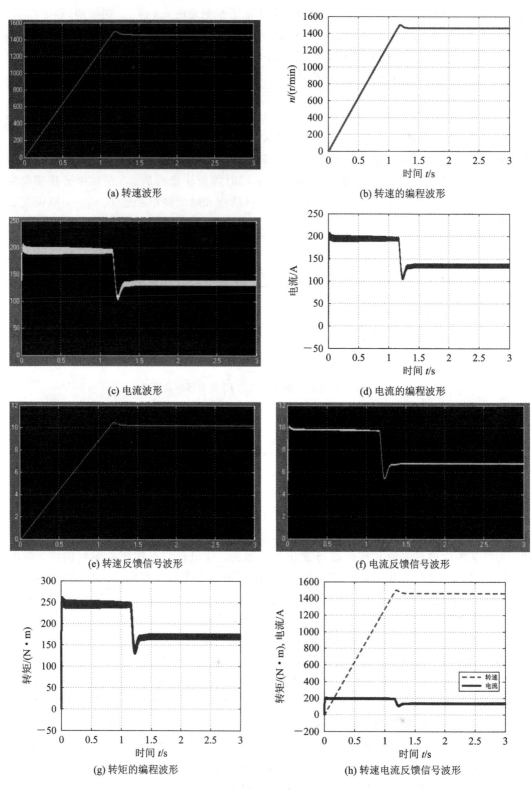

(a) 转速波形

(b) 转速的编程波形

(c) 电流波形

(d) 电流的编程波形

(e) 转速反馈信号波形

(f) 电流反馈信号波形

(g) 转矩的编程波形

(h) 转速电流反馈信号波形

图 3 - 17　仿真结果

使得电枢电流下降。在电枢电流下降的过程中,由于图 3 – 17 的仿真模型为不可逆直流调速系统,晶闸管整流装置不能产生反向电流,所以电机电枢电流不会出现负值,双闭环直流调速系统在电流环的调节作用下,使得转速最终稳定在给定转速上。

习题与思考题

3 – 1 在无静差转速单闭环调速系统中,转速的稳态精度是否还受给定电源和测速发电机精度的影响?说明理由。

3 – 2 双闭环直流调速系统中,给定电压 U_n^* 不变,增加转速负反馈系数 α,系统稳定后转速反馈电压 U_n 是增加、不变还是减小?

3 – 3 请分析双闭环直流调速系统中,忽略直流电机电动势对电流环影响的近似条件是什么?

3 – 4 在转速、电流双闭环调速系统中,若要改变电机的转速,应调节什么参数?改变转速调节器的放大倍数 K_n 行不行?改变电力电子变换器的放大倍数 K_s 行不行?改变转速反馈系数 α 行不行?若要改变电机的堵转电流,应调节什么参数?

3 – 5 转速、电流双闭环调速系统稳态运行时,两个调节器的输入偏差电压和输出电压各是多少?如果转速、电流双闭环调速系统中的转速调节器不是 PI 调节器,而是 P 调节器,对系统的静态和动态性能将会产生什么影响?

3 – 6 双闭环直流调速系统起动过程分为哪几个阶段?起动过程中转速和电流调节器各起什么作用?

3 – 7 在转速、电流双闭环调速系统中,两个调节器均采用 PI 调节器。当系统带额定负载时,转速反馈线突然断线,系统重新进入稳态后,电流调节器输入偏差电压 $\Delta U_i = 0$ 是否为零?为什么?

3 – 8 在转速、电流双闭环调速系统中,两个调节器 ASR、ACR 均采用 PI 调节器。已知参数:电机 $P_N = 3.7\ \text{kW}$,$U_N = 220\ \text{V}$,$I_N = 20\ \text{A}$,$n_N = 1000\ \text{r/min}$,电枢回路总电阻 $R = 1.5\ \Omega$,设 $U_{nm}^* = U_{im}^* = U_{cm} = 8\ \text{V}$,电枢回路最大电流 $I_{dm} = 40\ \text{A}$,三相全控桥整流装置的放大系数 $K_s = 40$,试求:

(1) 电流反馈系数 β 和转速反馈系数 α;

(2) 当电机在最高转速发生堵转时的 U_{d0}、U_i、U_i^*、U_c。

3 – 9 在转速、电流双闭环调速系统中,调节器 ASR、ACR 均采用 PI 调节器。当 ASR 输出达到 $U_{im}^* = 8\ \text{V}$ 时,主电路电流达到最大电流 80 A。当负载电流由 40 A 增加到 70 A 时,试问:

(1) U_{im}^* 应如何变化?

(2) U_c 应如何变化?

(3) U_c 值由哪些条件决定?

3 – 10 在转速、电流双闭环调速系统中,已知参数:电机 $P_N = 60\ \text{kW}$,$U_N = 220\ \text{V}$,$I_N = 300\ \text{A}$,$n_N = 1000\ \text{r/min}$,电枢回路总电阻 $R = 0.18\ \Omega$,设 $C_e = 0.196\ \text{V} \cdot \text{min/r}$,电枢回路最大电流 $I_{dm} = 40\ \text{A}$,三相全控桥整流装置的放大系数 $K_s = 35$。电磁时间常数 $T_l = 0.012\ \text{s}$,机电时间常数 $T_m = 0.22\ \text{s}$,电流反馈滤波时间常数 $T_{0i} = 0.0025\ \text{s}$,转速反

滤波时间常数 $T_{0n} = 0.015$ s。额定转速时的给定电压 $U_{nN}^* = 10$ V；ASR 和 ACR 饱和输出电压 $U_{im}^* = 8$ V，$U_{cm} = 6.5$ V。系统的静、动态指标为：稳态无静差，调速范围 $D = 10$，电流超调量 $\sigma_i \leqslant 5\%$，空载起动到额定转速时的转速超调量 $\sigma_n \leqslant 10\%$，试求：

（1）电流反馈系数 β（起动电流限制在 $1.5I_N$）和转速反馈系数 α；

（2）设计电流调节器，调节器输入电阻取 $R_0 = 39$ kΩ，计算其余参数 R_i、C_i、C_{0i}；

（3）设计转速调节器，调节器输入电阻取 $R_0 = 39$ kΩ，计算其余参数 R_n、C_n、C_{0n}；

（4）计算电机带 40% 额定负载起动到最低转速时的转速超调量 σ_n。

第四章 脉宽调制(PWM)直流调速系统

❖ 主要知识点及学习要求

(1) 了解 PWM 控制的概念。

(2) 掌握直流电机 PWM 调速原理。

(3) 熟悉不可逆 PWM 变换器的工作原理。

(4) 熟悉双极式可逆 PWM 变换器的工作原理。

(5) 掌握 PWM 直流调速系统的机械特性。

(6) 熟悉 PWM 双闭环直流调速系统的组成及工作原理。

(7) 熟悉 PWM 双闭环直流调速系统的 MALAB/Simulink 仿真建模和分析方法。

4.1 PWM 控制原理

PWM 控制技术就是对脉冲的宽度进行调制的一种功率变换技术，其基本原理是利用电力电子器件的导通和关断的时间比，将恒定直流电压转换成连续的直流电压脉冲序列，并通过控制脉冲的宽度或者脉冲序列的周期以达到变压变频的目的，从而改变输出电压的平均值。PWM 变换器所采用的电力电子器件都为全控型器件，如电力晶体管 GTR、绝缘栅场效应管 MOSFET、绝缘栅双极性电子晶体管 IGBT 等。与半控型开关器件相比，全控型开关器件体积可以缩小 30% 以上，而且装置效率高，功率因数高。随着全控型器件的不断发展和 PWM 技术的日益完善，PWM 控制技术目前已广泛应用于开关稳压电源、不间断电源(UPS)以及交直流电机传动等领域。

4.1.1 直流电机 PWM 调速原理

直流电机调速系统采用 PWM 控制技术直接将恒定的直流电压调制成可改变大小和极性的直流电压，以此作为直流电机的电枢端电压实现调速系统的平滑调速。它广泛地应用在中小功率的调速系统中，其主电路采用 PWM 变换器。脉宽调制型调速系统的原理示意图及输出电压波形如图 4-1 所示。图 4-1(a)中晶闸管 VT 表示电力电子开关器件(即 PWM 变换器)；VD 表示续流二极管；U_s 为调速系统的外加电源电压，是一固定的直流电压；M 是直流电机。当开关 VT 闭合时，直流电压 U_s 经过 VT 加到电机上；当开关 VT 断开时，直流电源供给电机的电流被切断，电机的储能经过二极管 VD 续流，电枢两端电压接近于零。如果开关 VT 按照某一固定频率开闭而改变周期内的接通时间 t_{on}，控制脉冲宽度相应改变，从而改变了电机两端的平均电压，达到调速的目的。如此周而复始，则电枢端电压波形如图 4-1(b)所示，好像是电源电压 U_s 在 t_{on} 时间内被接上，又在 $T-t_{on}$ 时间内被斩断，故称"斩波"。

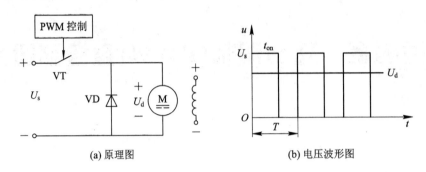

(a) 原理图　　　　　　　　　　(b) 电压波形图

图 4-1　直流斩波器电机系统的原理示意图和电压波形

图 4-1 中，电机电枢端电压 U_d 为其平均值：

$$U_d = \frac{1}{T}\int_0^{t_{on}} U_s \mathrm{d}t = \frac{t_{on}}{t_{on}+t_{off}}U_s = \frac{t_{on}}{T}U_s = \rho U_s \tag{4-1}$$

式中，T 是脉冲周期；t_{on} 是接通时间；ρ 是一个周期 T 中晶闸管 VT 导通时间的比率，即占空比，$\rho = \dfrac{U_d}{U_s} = \dfrac{t_{on}}{T} = t_{on}f$，$f$ 是开关频率。使用下面三种方法中的任何一种，都可以改变占空比 ρ 的值，从而达到调压的目的，实现电机的平滑调速。

（1）脉冲宽度调制(PWM)法：晶闸管的开关周期 T 不变，改变导通时间 t_{on}，也称定频调宽法；

（2）脉冲频率调制(PFM)法：晶闸管导通时间 t_{on} 不变，改变晶闸管的开关周期 T，也称定宽调频法；

（3）调宽调频法：晶闸管导通时间 t_{on} 和开关周期 T 都可调。

4.1.2　PWM 直流调速系统的优点

采用简单的单管控制的 PWM 变换器，称作直流斩波器，后来逐渐发展成采用各种脉冲宽度调制开关的电路。与 V-M 直流调速系统相比，PWM 直流调速系统的优点有：

（1）主电路线路简单，需用的功率器件少；

（2）开关频率高，电流容易连续，谐波少，电机损耗及发热都较小；

（3）低速性能好，稳速精度高，调速范围宽；

（4）若与快速响应的电机配合，则控制系统的频带宽，动态响应快，动态抗扰能力强；

（5）功率开关器件工作在开关状态，导通损耗小，当开关频率适当时，开关损耗也不大，因而装置效率较高；

（6）直流电源采用不控整流时，电网功率因数比相控整流器的高。

严格地讲，调节占空比时得到的电机平均速度与占空比 ρ 并不是严格的线性关系，在一般的应用中，将其近似地看作线性关系。在直流电机驱动控制电路中，PWM 信号由外部电路提供，并经过高速光电隔离电路、电机驱动逻辑与放大电路后，驱动全控桥式功率管的开关来改变电机电枢上的平均电压，从而控制电机的转速，实现 PWM 直流调速。

4.2 PWM 变换器

脉宽调速系统的主电路采用脉宽调制式变换器,简称 PWM 变换器。PWM 变换器的电路有多种形式,主要分为不可逆和可逆两大类。不可逆 PWM 变换器分为无制动作用和有制动作用两种;可逆 PWM 变换器分为双极式、单极式和受限单极式等多种。下面主要介绍不可逆 PWM 变换器和双极式 H 型可逆 PWM 变换器的工作原理与特性。

4.2.1 不可逆 PWM 变换器

1. 无制动作用的不可逆 PWM 变换器

无制动作用的不可逆 PWM 变换器是一种简单的不可逆 PWM 变换器,其实际上是一种直流斩波器。该 PWM 变换器的主电路原理图如图 4 - 2 所示,其电路组成为:电路采用全控型的电力晶体管代替半控型的晶闸管;电源电压 U_s 一般由不可控整流电源提供;采用大电容滤波;二极管 VD 在晶体管 VT 关断时为电枢回路提供续流回路;PWM 的负载为电机电枢,它可被看成电阻、电感、反电动势负载。

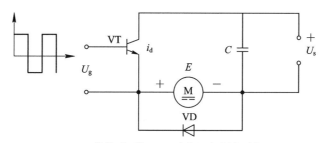

(a) 简单不可逆 PWM 变换器电路原理图

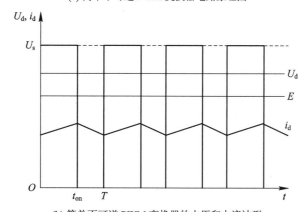

(b) 简单不可逆 PWM 变换器的电压和电流波形

图 4 - 2 简单的不可逆 PWM 变换器直流电机系统电路原理图和电压电流的波形

图 4 - 2(a)所示电路的工作原理分析如下:

(1) 电力晶体管 VT 的基极由脉宽可调的脉冲电压 U_g 驱动。

(2) 在一个开关周期内,当 $0 \leqslant t < t_{on}$ 时,U_g 为正,VT 饱和导通,电源电压 U_s 通过 VT 加到电机电枢两端。

（3）当 $t_{on} \leqslant t < T$ 时，U_g 为负，VT 截止，电机电枢两端失去电源，经二极管 VD 续流。

（4）电机得到的平均端电压为 $U_d = \rho U_s$。改变 ρ 即可调节电机的转速，若令 $\gamma = U_d / U_s$ 为 PWM 电压系数，则在不可逆 PWM 变换器中 $\gamma = \rho$。

图 4-2(b)给出了稳态时的电源电压 u_s、电枢平均电压 U_d 和电枢电流 i_d 的波形。由图可见，稳态电流是脉动的，其平均值与负载电流成正比。设连续的电枢脉动电流 i_d 的平均值为 I_d，与稳态转速相应的反电动势为 E，电枢回路总电阻为 R，则回路平衡电压方程为

$$U_d = \rho U_s = E + R I_d \tag{4-2}$$

又已知电机的反电动势 $E = C_e n$，C_e 为电动势系数，则电机的机械特性方程为

$$n = \frac{U_d - R I_d}{C_e} = \frac{\rho U_s - R I_d}{C_e} \tag{4-3}$$

令 $n_0 = \dfrac{\rho U_s}{C_e}$，$\Delta n = \dfrac{R I_d}{C_e}$，其中 n_0 为调速系统的空载转速，与占空比 ρ 成正比，Δn 为负载电流造成的转速降，则电机转速 n 为

$$n = n_0 - \Delta n \tag{4-4}$$

电流连续时，调节占空比 ρ 便可以得到一簇平行的机械特性曲线，如图 4-3 所示。这与晶闸管变流器供电的直流调速系统电流连续的情况是一样的。

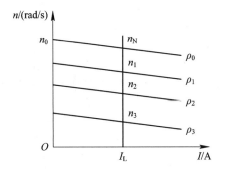

图 4-3　无制动作用的不可逆 PWM 变换器的机械特性

2. 有制动作用的不可逆 PWM 变换器

在图 4-2(a)所示的电路中，电流 i_d 不能反向，因此不能产生制动作用，只能作单象限运行。需要制动时必须具有反向电流 $-i_d$ 的通路，因此应该设置控制反向通路的第二个电力晶体管，形成如图 4-4 所示的双管交替开关电路。该电路由两个电力晶体管 VT_1、

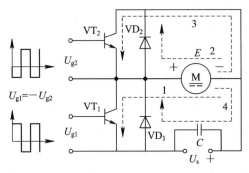

图 4-4　有制动作用的不可逆 PWM 变换器电路原理图

VT_2 和两个二极管 VD_1、VD_2 组成。当 VT_1 导通时，流过正向电流 i_d；当 VT_2 导通时，流过反向电流 $-i_d$。电力晶体管 VT_1 是主管，起控制作用；VT_2 是辅助管，用以构成电机的制动电路。应注意，这个电路仍是不可逆的，只能工作在第一、二象限，因为平均电压 U_d 并没有改变极性。

设 VT_1 和 VT_2 的驱动电压分别为 U_{g1} 和 U_{g2}，且 $U_{g1} = -U_{g2}$。图 4-4 所示电路的工作原理分析如下：

(1) 电动工作状态。

电动工作状态下，正脉冲比负脉冲宽，平均电流始终为正值(其正方向示于图 4-5(a) 中)。设 t_{on} 为 VT_1 的导通时间，T 为导通周期，则一个工作周期 T 分为以下两个工作阶段。

① 在 $0 \leqslant t \leqslant t_{on}$ 期间：U_{g1} 为正，VT_1 饱和导通；U_{g2} 为负，VT_2 被关断。此时，电源电压 U_s 加到电枢两端，电流 i_d 沿图 4-4 中的回路 1 流通。

② 在 $t_{on} \leqslant t \leqslant T$ 期间：U_{g1} 为负，U_{g2} 为正，VT_1 被关断，但是 VT_2 却不能立即导通，因为电流 i_d 沿回路 2 经二极管 VD_2 续流，在 VD_2 两端产生的压降给 VT_2 施加反压，使它失去导通的可能。

(2) 制动工作状态。

如果在电动运行中要降低转速，则应减小控制电压，使 U_{g1} 的正脉冲变窄，负脉冲变宽，从而使平均电枢电压 U_d 降低，但是，由于惯性的作用，转速和反电动势还来不及立即变化，造成电机的反电动势 E 大于平均电枢电压 U_d(即 $E > U_d$)的局面，这时，晶体管 VT_2 就在电机制动中发挥作用。下面对制动过程进行详细的分析：

① 在 $t_{on} \leqslant t \leqslant T$ 阶段：U_{g2} 变正，VT_2 导通，反电动势 E 和整流电压 U_d 之间的电压差 $E - U_d$ 产生的反向电流 $-i_d$ 沿回路 3 通过 VT_2 流通，产生能耗制动，直到 $t = T$ 为止。

② 在 $T \leqslant t \leqslant T + t_{on}$ 阶段，即下一个 $0 \leqslant t \leqslant t_{on}$ 阶段，这时 VT_2 截止，$-i_d$ 沿着回路 4 通过 VD_1 续流，对电源回馈制动，同时在 VD_1 上的压降使 VT_1 不能导通。

根据对上述制动过程的分析，可以得出一个结论：在整个制动状态中，VT_2、VD_1 轮流导通，而 VT_1 始终截止，此时电压和电流的波形如图 4-5(b) 所示。反向电流的制动作用使电机转速下降，直到新的稳态。

最后，应该指出，当直流电源采用半导体整流装置时，在回馈制动阶段电能不可能通过它送回电网，只能向滤波电容 C 充电，从而造成瞬间的电压升高，称作"泵升电压"。如果回馈能量大，泵升电压太高，将危及电力晶体管和整流二极管，需要采取措施加以限制。

(3) 轻载电动工作状态。

轻载电动工作状态是电机一种特殊的工作情况。在轻载电动工作状态下，负载电流较小，以致在晶体管 VT_1 关断后 i_d 续流时，还没有到达周期 T，电流已经衰减到零，如图 4-5(c) 中 $t_{on} \sim T$ 期间的 t_2 时刻，这时二极管 VD_2 两端的电压也降为零，使 VT_2 得以导通，反电动势 E 沿回路 3 送过反向电流 $-i_d$，产生局部时间的能耗制动作用。到了 $t = T$(相当于 $t = 0$)，$-i_d$ 又开始沿着回路 4 经 VD_1 续流，直到 $t = t_4$ 时，$-i_d$ 衰减到零，VT_1 才开始导通。这种在一个开关周期内 VT_1、VD_2、VT_2、VD_1 四个管子轮流导通时的电流波形如图 4-5(c) 所示。显然，在电机的轻载电动工作状态下，一个周期分成以下四个工作阶段。

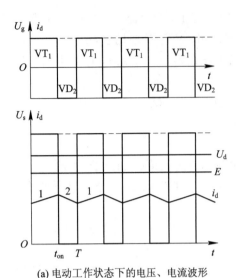

(a) 电动工作状态下的电压、电流波形　　　　(b) 制动工作状态下的电压、电流波形

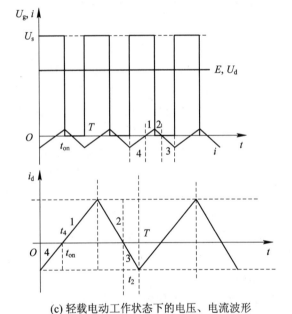

(c) 轻载电动工作状态下的电压、电流波形

图 4-5　有制动作用的不可逆 PWM 变换器电路的电压、电流波形

① 第 1 阶段：VD_1 续流，电流$-i_d$ 沿回路 4 流通；

② 第 2 阶段：VT_1 导通，电流 i_d 沿回路 1 流通；

③ 第 3 阶段：VD_2 续流，电流 i_d 沿回路 2 流通；

④ 第 4 阶段：VT_2 导通，电流$-i_d$ 沿回路 3 流通。

注意：① 在第 1、4 阶段，电机流过负方向电流，电机工作在制动状态；

② 在第 2、3 阶段，电机流过正方向电流，电机工作在电动状态。

因此，在轻载时，电流可在正负方向之间脉动，平均电枢电流等于负载电流。对上述不同工作状态下的导通器件及电流 i_d 的回路和方向进行归纳总结，如表 4-1 所示。

表 4-1　二象限不可逆 PWM 变换器的不同工作状态

工作状态		$0 \sim t_{on}$		$t_{on} \sim T$	
		$0 \sim t_4$	$t_4 \sim t_{on}$	$t_{on} \sim t_2$	$t_2 \sim T$
电动工作状态	导通器件	VT_1		VD_2	
	电流回路	1		2	
	电流方向	+		+	
制动工作状态	导通器件	VD_1		VT_2	
	电流回路	4		3	
	电流方向	−		−	
轻载电动工作状态	导通器件	VD_1	VT_1	VD_2	VT_2
	电流回路	4	1	2	3
	电流方向	−	+	+	−

4.2.2　可逆 PWM 变换器

　　可逆 PWM 变换器电路的结构形式有多种,常见的有 H 型和 T 型两种电路,这里主要讨论常用的 H 型可逆 PWM 变换器,它是由 4 个功率管 $VT_1 \sim VT_4$ 和 4 个续流二极管 $VD_1 \sim VD_4$ 组成的桥式电路,其电路图如图 4-6 所示。其中 4 个功率管被分为两个工作组,4 个续流二极管被分成两个续流工作组。VT_1 和 VT_4 为一组,二者同时导通和关断,其驱动电压为 $U_{g1} = U_{g4}$;VT_2 和 VT_3 为一组,二者同时导通和关断,其驱动电压为 $U_{g2} = U_{g3}$,而且两组触发脉冲互为反向,即 $U_{g1} = -U_{g2}$。续流二极管 VD_1 和 VD_4 为一组,VD_2 和 VD_3 为一组。VD_2 和 VD_3 续流二极管工作组配合 VT_1 和 VT_4 工作组构成直流电机的正向电动运行阶段,VD_1 和 VD_4 续流二极管工作组配合 VT_2 和 VT_3 工作组构成直流电机的反向电动运行阶段。

　　H 型可逆 PWM 变换器在控制方式上分为双极式、单极式和受限单极式三种。这里重点分析双极式 H 型可逆 PWM 变换器。

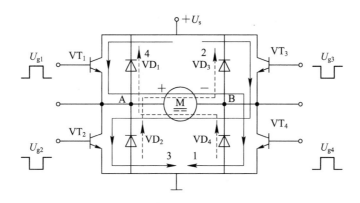

图 4-6　H 型可逆 PWM 变换器电路原理图

图 4-6 所示电路的工作原理分析如下。

(1) 在 $0 \leqslant t \leqslant t_{on}$ 期间(电机正向电动):U_{g1} 和 U_{g4} 为正,VT_1 和 VT_4 导通;而 U_{g2} 和 U_{g3} 为负,VT_2 和 VT_3 关断。此时,电源电压 U_s 加到电枢 AB 两端,$U_{AB}=U_s$,电枢电流 i_d 沿回路 1 流通,如图 4-7(a)所示。

(2) 在 $t_{on} \leqslant t \leqslant T$ 期间(电机正向续流):U_{g1} 和 U_{g4} 为负,VT_1 和 VT_4 截止;而 U_{g2} 和 U_{g3} 为正,但是 VT_2 和 VT_3 却不能立即导通,保持截止状态,在电枢电感释放储能的作用下,电枢电流 i_d 沿回路 2 经 VD_2、VD_3 续流,如图 4-7(b)所示。在 VD_2、VD_3 上的压降使 VT_2 和 VT_3 的 c-e 极承受着反压,这时 $U_{AB}=-U_s$。故 U_{AB} 出现正负相间的脉冲波形,这是双极式名称的由来。

(3) 在 $t_{on} \leqslant t \leqslant T$ 期间(电机反向电动):U_{g2} 和 U_{g3} 为正,VT_2 和 VT_3 进入导通阶段,VT_1 和 VT_4 保持截止状态。此时,加到电枢 AB 两端的电压为电源电压的负值,即 $U_{AB}=-U_s$,电机反向电动运行,电枢电流 i_d 沿回路 3 流通,如图 4-7(c)所示。

(4) 在 $0 \leqslant t \leqslant t_{on}$ 期间(电机反向续流):U_{g2} 和 U_{g3} 为负,VT_2 和 VT_3 截止;U_{g1} 和 U_{g4} 为正,但是 VT_1 和 VT_4 不能立即导通,仍保持截止状态,电枢电流 i_d 沿回路 4 经二极管 VD_1、VD_4 续流,如图 4-7(d)所示。此时,加到 $t_{on} \leqslant t \leqslant T$ 电枢 AB 两端的电压为电源电压值,即 $U_{AB}=U_s$。

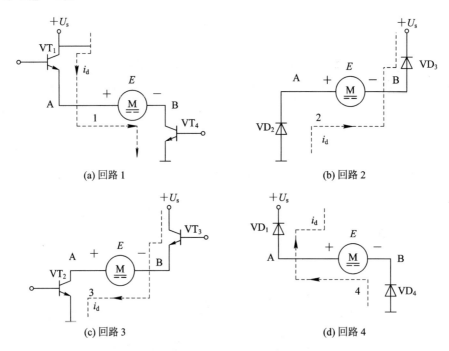

(a) 回路 1　　　　　　　　　　　　　(b) 回路 2

(c) 回路 3　　　　　　　　　　　　　(d) 回路 4

图 4-7　双极式 H 型可逆 PWM 变换器

(5) 在一个工作周期内电机的正向运行和反向运行的电压、电流波形的变化如图 4-8 所示。

(6) 带载时电流波形变化分析:由于电压 U_{AB} 的正负变化,使电流波形存在两种情况,见图 4-9 中的电枢电流 i_{d1} 和 i_{d2}(假设 VT_1 和 VT_4 加正向触发脉冲)。电流 i_{d1} 相当于电机负载较重的情况,这时平均负载电流大,在续流阶段电流仍维持正方向,电机始终工作在第一象限的电动状态。电流 i_{d2} 相当于负载很轻的情况,平均电流小,在续流阶段电流很快衰减到零,于是 VT$_2$ 和 VT$_3$ 的 c-e 极失去反向电压,在负电源电压(−U$_s$)和电枢反电动势 E 的合成作用下导通,电枢电流反向,VT$_2$ 和 VT$_3$ 沿着回路 3 导通,电机处于制动状态,如图 4 − 7(c)所示。与此相仿,在 $0 \leqslant t \leqslant t_{on}$ 期间,当负载轻时,电流也有一次倒向。

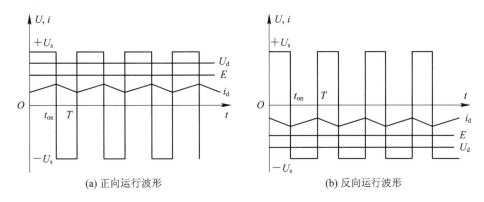

(a) 正向运行波形   (b) 反向运行波形

图 4 − 8 直流电机电动状态下的电压、电流波形

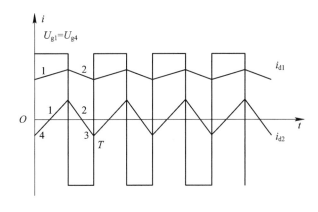

图 4 − 9 电流波形变化分析

根据图 4 − 9 中的电流变化情况可知,双极式 H 型可逆 PWM 变换器的电流波形和有制动作用的不可逆 PWM 变换器的电流通路相类似。那么,怎样才能反映出"可逆"的作用呢?这要视正、负脉冲电压的宽窄而定。

双极式 H 型可逆 PWM 变换器电机电枢平均端电压计算如下:

$$U_d = \frac{t_{on}U_s}{T} - \frac{T-t_{on}}{T}U_s = \left(\frac{2T_{on}}{T} - 1\right)U_s \tag{4−5}$$

如果占空比 ρ 和电压系数 γ 的定义与不可逆 PWM 变换器中的相同$\left(\text{即 } \rho = \frac{t_{on}}{T},\ \gamma = \frac{U_d}{U_s}\right)$,则在双极式控制的可逆 PWM 变换器中,电压系数 $\gamma = 2\rho - 1$。

调速时,占空比 ρ 的范围为 0~1,电压系数 γ 的变化范围为 $-1 < \gamma < 1$。当 $\rho > 0.5$ 时,γ 为正,电机正转;当 $\rho < 0.5$ 时,γ 为负,电机反转;当 $\rho = 0.5$ 时,$\gamma = 0$,电机停止。

注意:在 $\gamma = 0$ 时,虽然电动势不变,电枢两端的瞬时电压和瞬时电流却都不是零,而是交变的。这个交变电流平均值为零,不产生平均转矩,徒然增大电机的损耗。但是它的好处是使电机带有高频的微振,起着所谓"动力润滑"的作用,消除了正、反向时的静摩擦死区。

双极式可逆 PWM 变换器控制方式的优点如下：

(1) 电流一定连续；

(2) 可使电机在四象限运行；

(3) 电机停止时有微振电流，能消除静摩擦死区；

(4) 低速平稳性好，系统的调速范围可达 1：20 000 左右；

(5) 低速时，每个开关器件的驱动脉冲仍较宽，利于保证器件的可靠导通。

双极式可逆 PWM 变换器控制方式的不足之处是：在工作过程中，4 个开关器件可能都处于开关状态，开关损耗大，而且在切换时可能发生上、下桥臂直通(即同时导通)的事故，降低了装置的可靠性。为了防止上、下管直通，在一管关断和另一管导通的驱动脉冲之间应设置逻辑延时。

4.3 PWM 直流调速系统的机械特性

在稳态情况下，PWM 直流调速系统中电机承受的电压仍为脉冲电压，因此，尽管有高频电感的平波作用，电枢电流和转速还是脉动的。所谓稳态，是指电机的平均电磁转矩与负载转矩相平衡的状态。电枢电流实际上是周期性变化的，只能算作是"准稳态"。PWM 直流调速系统在准稳态下的机械特性是其平均转速与平均转矩(电流)的关系。

前面的分析表明，无论是有制动作用的不可逆 PWM 变换器电路，还是双极式和单极式的可逆 PWM 变换器电路，其准稳态的电压、电流波形都是相似的。由于电路中具有反向电流通路，在同一转向下电流可正可负，无论是重载还是轻载，电流波形都是连续的，这就使得机械特性的关系式简单得多，只有受限单极式可逆 PWM 变换器电路例外，下面就分析这种情况。

有制动作用的不可逆 PWM 变换器电路(参见图 4 - 4)的电压平衡方程式分为两个阶段：

$$\begin{cases} U_s = Ri_d + L\dfrac{di_d}{dt} + E & (0 \leqslant t < t_{on}) \\ 0 = Ri_d + L\dfrac{di_d}{dt} + E & (t_{on} \leqslant t < T) \end{cases} \tag{4-6}$$

式中，R、L 为电枢电路的电阻和电感。

对于双极式控制的可逆 PWM 变换器电路(参见图 4 - 6)，只是将式(4 - 6)中第二个方程的电源电压改为 $-U_s$，其余不变，即

$$\begin{cases} U_s = Ri_d + L\dfrac{di_d}{dt} + E & (0 \leqslant t < t_{on}) \\ -U_s = Ri_d + L\dfrac{di_d}{dt} + E & (t_{on} \leqslant t < T) \end{cases} \tag{4-7}$$

按照电压方程求出一个周期内的平均值，即可求出机械特性的方程式。无论是上述哪一种情况，一个周期内电枢两端的平均电压都是 $U_d = \gamma U_s$，只是 γ 与占空比 ρ 的关系不同，分别为 $\gamma = \rho$ 和 $\gamma = 2\rho - 1$。平均电流和转矩分别用 I_d 和 T_e 表示，平均转速 $n = E/C_e$，而电枢电感压降 Ldi_d/dt 的平均值在稳态时应为零。于是，无论是上述哪一组电压方程，其平

均值方程都可以写成：

$$\gamma U_s = RI_d + E = RI_d + C_e n \tag{4-8}$$

则机械特性方程式为

$$n = \frac{\gamma U_s}{C_e} - \frac{RI_d}{C_e} = n_0 - \frac{RI_d}{C_e} \tag{4-9}$$

或者用转矩表示为

$$n = \frac{\gamma U_s}{C_e} - \frac{RT_e}{C_e C_m} = n_0 - \frac{R}{C_e C_m} \tag{4-10}$$

式中，$C_m = K_m \phi_N$ 为电机在额定磁通下的转矩系数；$n_0 = \gamma U_s / C_e$ 为理想空载转速，与电压系数 γ 成正比。

图 4-10 所示为第一、二象限的机械特性，它适用于有制动作用的不可逆 PWM 变换器电路，双极式控制可逆 PWM 变换器电路的机械特性与此相仿，只是扩展到第三、四象限了。对于电机在同一方向旋转时电流不能反向的电路，轻载时会出现电流断续现象，把平均电压抬高，在理想空载时，电枢电流 $I_d = 0$，理想空载转速会提高到 $n_{0s} = U_s / C_e$。

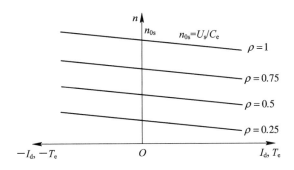

图 4-10　PWM 直流调速系统的机械特性曲线（电流连续时）

4.4　PWM 双闭环直流调速系统

实际应用中，直流调速系统中应用最普遍的方案是转速、电流双闭环系统，采用串级控制的方式。结合 PWM 调制器和 PWM 变换器的优点，双闭环控制的 PWM 直流调速系统在工业生产中应用较广泛。图 4-11 给出了电流、转速双闭环控制的 PWM 直流调速系统原理框图，其中 U_n^* 为转速给定信号(电压信号形式)，U_n 为转速反馈信号，U_i^* 为电流给定的电压信号，U_i 为电流反馈信号，U_{ct} 为控制信号。系统主要包含的功能模块为转速调节器 ASR、电流调节器 ACR、PWM 波形发生器(即由脉宽调制器 UPW、脉冲分配器、基极驱动器、可控器件组成的 PWM 变换器)、直流电机、电流检测、转速检测等。这里的 ASR 和 ACR 同一般的双闭环直流调速系统一样，仍然采用 PI 控制器，可以实现转速和电流无静差调速。

脉宽调制器 UPW 是关键的部件，它是一种电压-脉冲变换装置，为 PWM 变换器提供所需要的 PWM 波形信号。脉宽调制器由控制电压 U_{ct} 进行控制，且脉宽调制器的输出脉冲宽度与控制电压 U_{ct} 成正比。PWM 变换器则是调速系统的主电路，它对已有的 PWM 波形的电压信号 $U_{g1} \sim U_{g4}$ 进行功率放大，并不改变信号 PWM 波形的性质。PWM 波形电压信

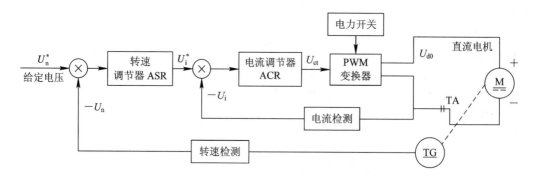

图 4 - 11　PWM 双闭环直流调速系统原理框图

号的产生、分配则是 PWM 变换器控制电路的功能。PWM 直流调速系统中一般用锯齿波作为调制信号，因为锯齿波后沿十分陡，可以避免由于开关时刻电流的波动而引起 PWM 信号发生多次通断的现象。PWM 双闭环直流调速的工程设计理论分析过程十分复杂，相关参考资料非常多，这里不再赘述。

在 PWM 控制的双闭环直流调速系统中，采用 PWM 变换器得到电机的电枢电压 U_d，这是与一般转速、电流双闭环直流调速系统的不同之处，但是二者的转速环 ASR 和电流环 ACR 采用的控制器都是一样的。由于电流环 ACR 采用 PI 调节器，所以在调速系统稳定运行时，ACR 的输入偏差电压 $\Delta U_i = U_i^* - U_i = U_i^* - \beta I_d = 0$，即电枢电流 $I_d = U_i^* / \beta$，其中 β 为电流反馈系数。当 $I_d > U_i^* / \beta$ 时，自动调节过程为：$I_d \uparrow \rightarrow \Delta U_i \downarrow \rightarrow U_{ct} \downarrow \rightarrow U_d \downarrow \rightarrow I_d \downarrow$，最终保持电流稳定。当电流下降时，调节过程类似。

同样地，由于 ASR 采用 PI 调节器，所以在系统达到稳态时应满足 $\Delta U_n = U_n^* - U_n = U_n^* - \alpha n = 0$，即 $n = U_n^* / \alpha$，其中 α 为转速反馈系数。当 U_n^* 一定时，转速 n 将稳定在 U_n^* / α 数值上。当 $n < U_n^* / \alpha$，在突加负载 T_L 时，其自动调节过程为：$T_L \uparrow \rightarrow n \downarrow \rightarrow U_n \downarrow \rightarrow \Delta U_n \uparrow \rightarrow U_i^* \uparrow \rightarrow \Delta U_i \uparrow \rightarrow U_{ct} \uparrow \rightarrow U_d \uparrow \rightarrow n \uparrow$，最终保持转速稳定。当负载减小，转速上升时，也有类似的调节过程。

4.5　不可逆 PWM 双闭环直流调速系统的 MATLAB/Simulink 仿真

本节主要讨论不可逆 PWM 双闭环直流调速系统在电动状态下的工作过程。根据有制动作用的不可逆 PWM 变换器电路原理图(见图 4-4)，结合 PWM 双闭环直流调速系统结构图所构建的不可逆 PWM 双闭环直流调速系统的仿真模型如图 4-12 所示。该仿真模型的主电路理论上仍由三相对称交流电压源、不可控二极管整流桥、滤波电容器、IGBT 全控桥、直流电机等仿真模块组成，这里为了简化模型，主要突出控制电路部分的组成，不再画出整流部分电路模型(该模型可参考单闭环直流调速章节内容)，IGBT 的直流驱动直接用直流电源模块实现。

另外，从结构上来看，该仿真模型与普通双闭环直流调速系统的组成结构和工作原理都是一样的，ASR 和 ACR 串联，ASR 为外环，ACR 为内环，而且由于 ASR 和 ACR 均采用 PI 调节器，该仿真模型可以实现转速和电流无静差调速。同时，考虑到 ACR 调节过程中电流的稳定，在电流反馈通道上加入了一个滤波环节 $1/(0.002s+1)$，与电流反馈系数 β

组成电流负反馈通道上的传递函数。下面介绍主要模块的选择或构建及其参数设置过程。

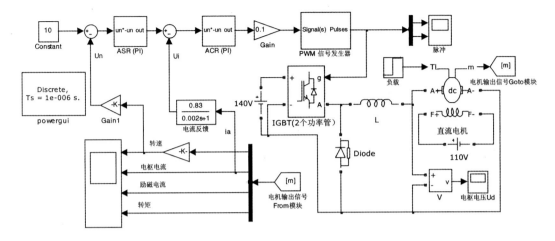

图 4‑12　不可逆 PWM 双闭环直流调速系统的仿真模型

4.5.1　仿真建模和参数设置

1. 主电路的建模和参数设置

1）直流电机的参数设置

直流电机仿真模型的查找路径和参数选择与前面直流单闭环、双闭环调速系统中的选择相同，在本小节中电机的具体参数为：电机额定电枢电压 $U_N=110$ V，额定电枢电流 $I_N=2.9$ A，额定转速 $n_N=2400$ r/min，电枢电阻 $R_a=3.4$ Ω，电枢电感 $L_a=60.4$ mH，飞轮惯量 $GD^2=22.5$ N·m²，励磁电压 $U_f=110$ V，励磁电流 $I_f=0.5$ A，励磁电阻 $R_{af}=220$ Ω，励磁电感 $L_{af}=0.797$ H。

2）IGBT 模块的参数设置

首先从 SimPowerSystem/Power Electronics 路径下选取"Universal Bridge（通用桥）"模块，打开参数设置对话框，选择桥臂数 1，将"Power Electronic Device"选择为"IGBT/Diode"，参数设置为默认值即可。

2. 控制电路的建模和参数设置

直流脉宽调速系统的控制电路包括给定环节、速度调节器 ASR、电流调节器 ACR、限幅器、速度反馈环节、PWM 信号发生器等，除了 PWM 模块，其他仿真模块都已在前面章节中介绍过。下面对各模块参数设置加以说明。

1）ASR 和 ACR 的参数设置

ASR 和 ACR 都采用 PI 调节器，且都有限幅作用。这里选取 ASR 的积分环节的系数为 0.52，比例系数 $K_n=23.5$，限幅器设置为[−10,10]；ACR 的积分环节的系数为 0.003，比例系数 $K_i=36.5$，限幅器设置为[−100,100]。实际测试中，要根据选择的电机模型进行 ASR 和 ACR 的参数计算。

2）转速反馈和电流反馈环节的参数设置

转速反馈系数根据 $\Delta U_n=U_n^*-\alpha n=0$ 计算。因选择的直流电机的额定转速为 2400 r/min，故转速反馈系数 $\alpha=U_n^*/n_N=0.00417$。ASR 的限幅值设为 10 V，则电流给定信号 $U_i^*=10$ V。

电流反馈系数 β 根据 $\Delta U_i = U_i^* - \beta I_{dL} = 0$ 估算。考虑电流稳定，根据电流 ACR 设计方法，经过测试，选择加入一个滤波环节 $1/(0.002s+1)$；考虑电流过载系数，取 $I_{dL} = \lambda I_N = 4.15 I_N$，则电流反馈系数 $\beta = 10/4.15 I_N \approx 0.83$。

3）PWM 模块的参数设置

首先在 SimPowerSystem / Extra Library/Control Blocks 下选取"PWM Generator"模块。该模块自带三角调制波，其幅值为 1，且输入信号区间在 $[-1, 1]$。将输入信号与三角波信号进行比较，当比较结果等于 0 时，占空比为 50%；当比较结果大于 0 时，输出脉冲幅值为 1，占空比大于 50%，PWM 波表现为上宽下窄，电机正转；当比较结果小于 0 时，输出脉冲幅值为 -1，占空比小于 50%，PWM 波表现为上窄下宽，电机反转。仿真时设置该模块调制波为外设，Carrier Frequency（载波频率）设置为 2000 Hz。测试中电流调节器 ACR 的输出信号和正弦波相加后作为 PWM 模块的输入调制信号，从而改变 PWM 信号的脉冲宽度。

4.5.2 仿真结果分析

根据选择的直流电机模型设置负载大小，注意该值设置在额定负载附近即可。该模型中负载选择阶跃信号模块，初始值为零，阶跃时间选择 3 s，终值设为 4，即相当于在 0～3 s 的时间内，电机空载运行，在 3 s 时突加负载带载运行。起动仿真，得到 2 路互补的脉冲波形和电枢电压的波形如图 4-13 所示，转速、电流和转矩的波形如图 4-14 所示，同时根据仿真数据编程得到的波形也相应列在图 4-14 中。从仿真结果可以看出，电机空载起动时，转速和电流以及转矩迅速增加，当出现超调后，电流和转矩下降，转速进入调整阶段，在 0.65 s 左右达到稳定（放大转速时间轴即可观察到），电枢电流和转矩下降到零；当在 3 s 突然加入负载时，转速稍微下降，转矩和电枢电流会突升，但很快在不到 0.5 s 的时间内又会使转速达到稳态值，而转矩接近负载 4 N·m，电枢电流接近 10 A。因此，根据仿真结果可知，不论空载和带载运行，电机的转速和电流都可以迅速进行调整并达到稳定状态，空载

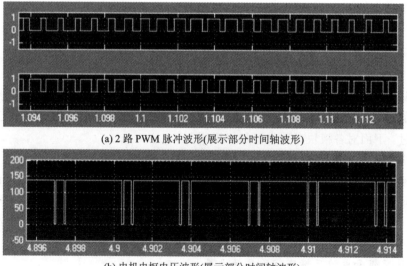

(a) 2 路 PWM 脉冲波形(展示部分时间轴波形)

(b) 电机电枢电压波形(展示部分时间轴波形)

图 4-13　电枢电压仿真部分波形

时稳定转速稍大于带载情况(因为这里负载值设定大于额定负载 1.15 N·m,属于电机过载)。若在 3 s 时突加负载的值为 1.15 N·m,转速会很快在额定转速 2400 r/min 附近稳定,电枢电流在额定电流 2.9 A 附近稳定,转矩在 1.15 N·m 附近稳定,如图4-15 所示。对比图 4-14 和图 4-15 的仿真结果,显然,如果突加负载接近额定负载,则电机转速下降很小,而且在 0.1 s 左右快速调整到稳态值(参见图 4-15(a)),而转矩和电枢电流也会很快回到额定值,电机转速变化几乎不明显。另外,根据仿真结果,可以看到转矩和电流波形变化一致,电机输出平均电压 U_d 没有改变极性。综上所述,可以看到不可逆 PWM 双闭环直流调速系统的仿真结果和理论分析一致,验证了该模型的正确性。

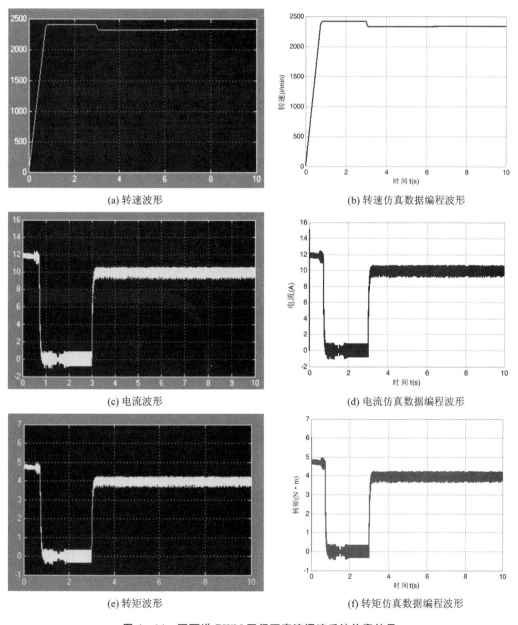

(a) 转速波形

(b) 转速仿真数据编程波形

(c) 电流波形

(d) 电流仿真数据编程波形

(e) 转矩波形

(f) 转矩仿真数据编程波形

图 4-14 不可逆 PWM 双闭环直流调速系统仿真结果

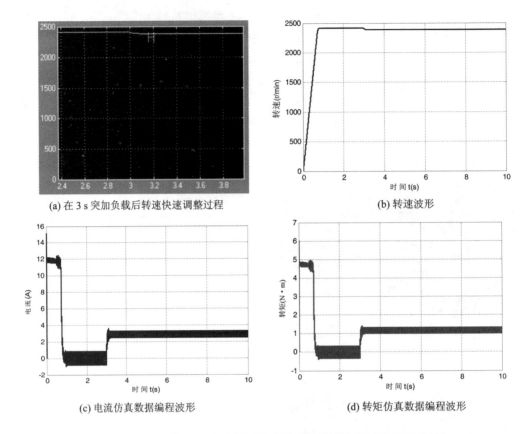

(a) 在 3 s 突加负载后转速快速调整过程

(b) 转速波形

(c) 电流仿真数据编程波形

(d) 转矩仿真数据编程波形

图 4 - 15 　不可逆 PWM 双闭环直流调速系统仿真结果(接近额定负载)

4.6 　可逆 PWM 变换器的 MATLAB/Simulink 仿真

4.6.1 　单极式可逆 PWM 变换器的仿真

本小节主要讨论单极式 H 型可逆 PWM 变换器在直流电机调速系统中的应用。H 型可逆 PWM 变换器电路原理图参见图 4 - 6。单极式可逆 PWM 变换器控制中,产生的脉冲是单极性的,都是正脉冲。在单极式可逆 PWM 变换器中,设置调制信号 u_r 为正弦波信号,载波信号 u_c 为三角波信号,在二者交点时刻控制 IGBT 的关断,其控制过程为:

(1) 在调制波 u_r 正半周,VT₁ 恒导通,VT₂ 关断。此时若 $u_r > u_c$,则 VT₄ 导通,VT₃ 关断,输出电压 $U_o = U_d$;若 $u_r < u_c$,则 VT₄ 断开,VT₃ 导通,输出电压 $U_o = 0$。

(2) 在调制波 u_r 负半周,VT₁ 关断,VT₂ 保持恒导通。此时若 $u_r > u_c$,则 VT₄ 导通,VT₃ 关断,输出电压 $U_o = 0$;若 $u_r < u_c$,则 VT₄ 断开,VT₃ 导通,输出电压 $U_o = -U_d$。因此,在对应正弦波的半个周期内电机输出的电枢电压不会同时出现正、负两种电平。这种调制方式的特点是在一个开关周期内两只功率管以较高的开关频率互补开关,保证得到理想的正弦输出电压,另外两只功率管以较低的基波频率(即调制波频率)工作;但是两个桥臂是每半个周期高频和低频切换工作,即同一个桥臂前半个周期如果工作在低频,后半个周期就工作在高频,从而在很大程度上减小了开关损耗。

　　根据上述单极式 PWM 控制方式可知，正弦波(调制波)的正、负半周期对应三角波(载波)的正、负波形。设置一个正三角波的频率为正弦波的整数倍，用正弦波经符号函数判断后得到的信号与正三角波相乘即可得到正、负半周对应正弦调制波的三角载波。参考可逆 PWM 变换器电路原理图(见图 4 - 6)，所构建的单极性 PWM 脉冲产生模块如图 4 - 16(a) 所示，其封装模块如图 4 - 16(b)所示。设置三角波模块 Time values 为[0 0.000125 0.00025 0.000375 0.0005]，Output values 设为[0 1 0 1 0]，即该三角波是一个正三角波，频率为 2000 Hz；正弦调制波模块 Amplitude(幅值)设为 0.8，Frequency (rad/sec)设为 1000 * pi，即频率为 500 Hz。根据调制波和载波的幅值关系，可以看到设置的调制比是 0.8。调制比是小于 1 的，其越接近于 1，高频谐波分量越小。按照上述参数设置，对图 4 - 16 的仿真模型进行仿真，得到的调制波与载波的波形如图 4 - 17 所示，4 路脉冲信号如图 4 - 18 所示。观察图 4 - 17 的仿真波形，显然，正弦调制波正、负半个周期和正、负三角波是一一对应的；从图 4 - 18 中可以看出，第一行和第二行为对应正弦调制波正、负半周的低频功率管的驱动脉冲，第三行和第四行为互补的高频功率管的驱动脉冲。

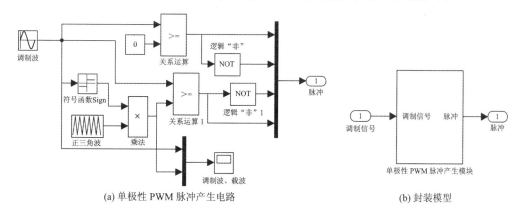

(a) 单极性 PWM 脉冲产生电路　　　　　　　　　　(b) 封装模型

图 4 - 16　单极性 PWM 脉冲产生模块

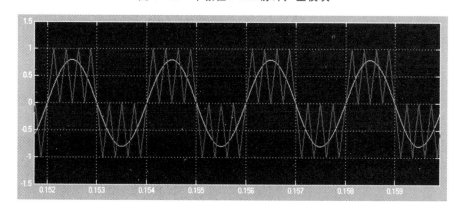

图 4 - 17　正弦调制波与三角载波正、负半周对应的信号波形

　　利用图 4 - 16 模块构建的单极性 PWM 脉冲产生模块与 H 型 IGBT 整流桥构成的单极式可逆 PWM 变换器的仿真模型如图 4 - 19 所示。对图 4 - 19 所示的模型进行仿真测试，得到的 IGBT 输出电压的仿真波形如图 4 - 20 所示。显然，对应正弦调制信号的正半周和负半周，IGBT 输出电压分别为正脉冲和负脉冲，但是在半个周期内，输出电压的极性不改变。

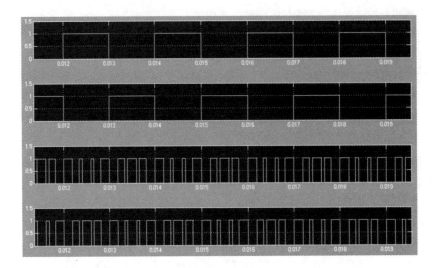

图 4-18 单极性 PWM 脉冲产生模块产生的脉冲信号

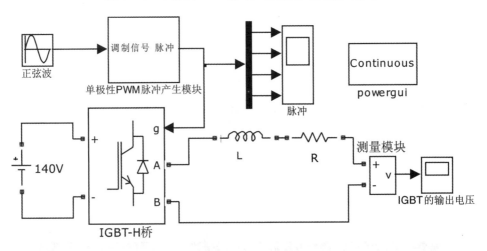

图 4-19 单极式可逆 PWM 变换器的仿真模型

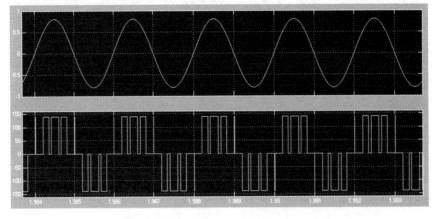

图 4-20 单极性 PWM 脉冲产生模块产生的脉冲信号

4.6.2 双极式可逆 PWM 变换器的仿真

与单极式可逆 PWM 变换器不同,双极式可逆 PWM 变换器的同一侧桥臂上下两个功率管的 PWM 控制脉冲是相反的,不同侧上下桥臂两个功率管的 PWM 控制信号是相同的。在正弦调制波 u_r 的半个周期内,三角载波 u_c 有正有负,故得到正、负两种电平的 PWM 波;在调制波和载波交点处控制 IGBT 的通断;在调制波 u_r 的正、负半周,对可逆 PWM 变换器(参见原理图 4-6)各开关器件的控制规律相同:

(1) 当 $u_r > u_c$ 时,给 VT$_1$ 和 VT$_4$ 加导通信号,给 VT$_2$ 和 VT$_3$ 加关断信号。此时若电流 $i_d > 0$,则 VT$_1$ 和 VT$_4$ 导通,输出 U_s;若 $i_d < 0$,则为续流工作阶段。

(2) 当 $u_r < u_c$ 时,给 VT$_2$ 和 VT$_3$ 加导通信号,给 VT$_1$ 和 VT$_4$ 加关断信号。此时若电流 $i_d < 0$,则 VT$_2$ 和 VT$_3$ 导通,输出 $-U_s$;若 $i_d > 0$,则为续流工作阶段。

根据上述双极式可逆 PWM 变换器的控制方式所设计的双极式 PWM 信号模块及其封装模块如图 4-21 所示,其中 In1 是 PWM 脉冲控制信号的输入端,4 路功率管的驱动信号由 Out1 输出。参考 H 型可逆 PWM 变换器原理图 4-6,考虑 PWM 变换器中 4 个功率管的导通顺序,4 路 PWM 信号由 2 个 PWM 离散信号发生器产生,上方的 PWM 发生器产生 VT$_1$ 和 VT$_2$ 的驱动信号,下方的 PWM 发生器产生 VT$_3$ 和 VT$_4$ 的驱动信号,同时采用一个信号选择器模块来调整驱动脉冲信号的顺序和 H 桥 4 个功能管的驱动顺序一致,即 VT$_1$ 和 VT$_4$ 脉冲相同,VT$_2$ 和 VT$_3$ 脉冲相同,且 VT$_1$ 和 VT$_2$ 的脉冲相反。为了防止 H 桥的上下两个管臂直接导通和关断,对下方的 PWM 发生器输入信号的控制电压 U_{ct} 抬高 0.001 V,这样下方的 PWM 信号就变窄一些,可避免桥臂直通问题。

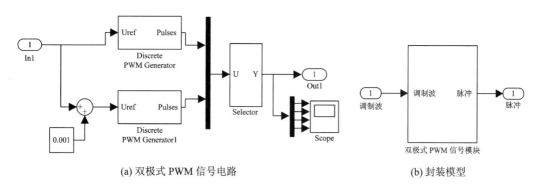

(a) 双极式 PWM 信号电路　　　　　　　　　(b) 封装模型

图 4-21　双极式 PWM 信号模块

利用双极式 PWM 信号模块的封装模型和 H 型 IGBT 桥式电路构建的双极式可逆 PWM 变换器的仿真模型如图 4-22 所示。因为双极式 PWM 信号模块的输入信号范围为 [-1,1],所以设置双极式 PWM 信号模块的输入信号为 0.5,平波电抗器的电感为 0.001 H,电阻 R 为小电阻,设为 10 Ω。对图 4-22 所示的模型进行仿真测试,得到的脉冲信号如图 4-23 所示(部分时间轴上的放大波形),IGBT 整流电路的输出电压波形如图 4-24 所示。

观察图 4-23,显然,第一行和第四行的脉冲波形相同,第二行和第三行的脉冲波形相同,而第一行和第二行的脉冲波形相反,产生的 4 路脉冲信号用来驱动 IGBT 桥式电路,可以保证 VT$_1$ 和 VT$_4$ 同时导通、VT$_2$ 和 VT$_3$ 同时导通,脉冲驱动信号和功率管导通顺序

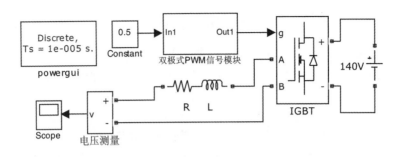

图4-22 双极式可逆PWM变换器的仿真模型

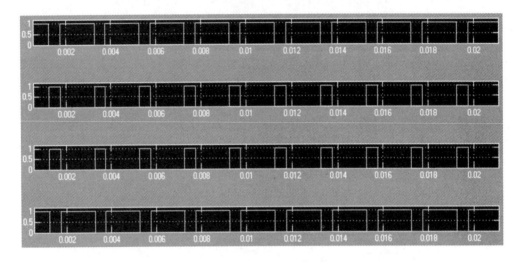

图4-23 IGBT桥式电路的PWM脉冲信号波形

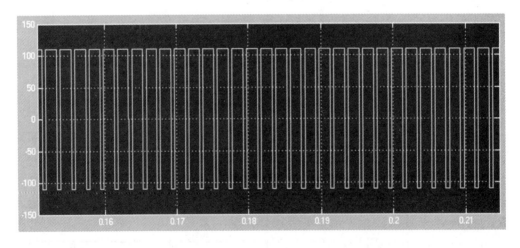

图4-24 双极式可逆PWM变换器的IGBT输出电压波形

与理论分析一致。

在图4-24中,IGBT整流电路的输出电压波形在脉冲周期的半个周期内出现正负变化情况,即加在电机电枢两端的电压极性出现正负交替变换的情况,这和单极性可逆PWM变换器在调制波的半个周期内输出电压极性不变有着明显的区别。

*4.7　双极式 PWM 双闭环直流调速系统的 MATLAB/Simulink 仿真

4.7.1　双极式 PWM 开环直流调速系统的仿真

在图 4-22 所示的双极式可逆 PWM 变换器的输出端接入直流电机模型就构成了双极式 PWM 开环直流调速系统的仿真模型，如图 4-25 所示。直流电机模型参数选择和不可逆 PWM 双闭环直流调速系统中的相同，即电机额定电枢电压 $U_N=110$ V，额定电枢电流 $I_N=2.9$ A，额定转速 $n_N=2400$ r/min，电枢电阻 $R_a=3.4$ Ω，电枢电感 $L_a=60.4$ mH，飞轮惯量 $GD^2=22.5$ N·m^2，励磁电压 $U_f=110$ V，励磁电流 $I_f=0.5$ A，励磁电阻 $R_{af}=220$ Ω，励磁电感 $L_{af}=0.797$ H；负载设为 1.15 N·m^2；其他仿真模块与可逆 PWM 变换器模型一致。设置仿真时间为 10 s，仿真算法为 ode23tb，起动仿真后得到的 IGBT 输出电压的仿真波形如图 4-26 所示。转速和电枢电流的波形如图 4-27 所示，其中图 4-27(a)为直流电机开环转速波形，对应仿真数据编程得到的波形如图 4-27(b)所示；电枢电流的波形如图 4-27(c)所示，对应仿真数据编程得到的波形如图 4-27(d)所示。

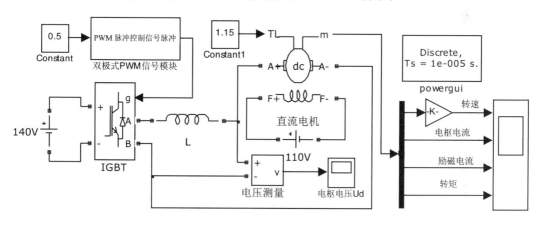

图 4-25　双极式 PWM 开环直流调速系统的仿真模型

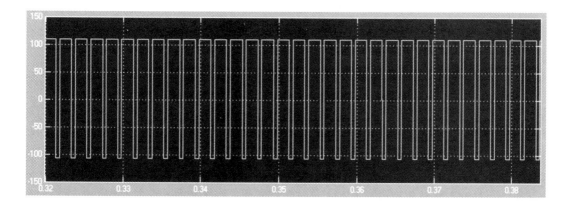

图 4-26　双极式 PWM 开环直流调速系统的输出电压仿真波形

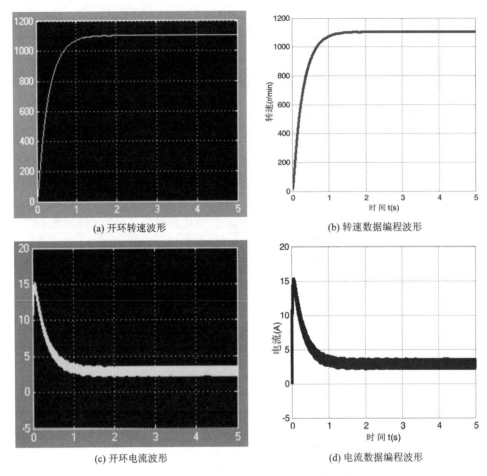

(a) 开环转速波形　　　　　　　　　(b) 转速数据编程波形

(c) 开环电流波形　　　　　　　　　(d) 电流数据编程波形

图 4 - 27　双极式 PWM 开环直流调速系统仿真结果

由图 4 - 26 可知，接入电机后，IGBT 输出的电压波形在脉冲周期的半个周期内有正有负，和图 4 - 24 一样，即 PWM 变换器为双极性，和理论分析结果一致。由图 4 - 27 可知，考虑电机正转时，仿真结束后转速稳定在 1100 r/min 附近，但是电流波形脉动有些大，这是因为双极式 PWM 调制下电流波形中含有的谐波分量比单极式 PWM 调制下电流波形中的谐波分量要多，这也和理论分析结果相一致。

4.7.2　双极式 PWM 双闭环直流调速系统的仿真

根据双极式 PWM 开环直流调速系统以及转速单闭环、双闭环直流调速系统的工作原理，可以很方便地构建 PWM 单闭环及双闭环直流调速系统的仿真模型，而且仿真模型构建和分析过程也比较简单，这里不再赘述。本小节着重分析双极式转速电流 PWM 双闭环直流调速系统的仿真。

参考可逆 PWM 变换器的工作原理和 PWM 双闭环直流调速系统原理框图（见图 4 - 11），可构建双极式转速电流 PWM 双闭环直流调速系统的仿真模型，如图 4 - 28 所示。该模型中异步电机模型、转速环 ASR、电流环 ACR 等主要模块的构建及其参数设置方法可参考不可逆 PWM 双闭环直流调速系统（参见图 4 - 12），这里不再逐一进行介绍。仿真测试中仅讨论直流电机可逆运行时的电动工作状态的模拟实现过程,不考虑制动工作状态。当直流电机的电枢电压 $U_d>0$ 时,电机正转;当 $U_d<0$ 时,电机反转。在电动工作状态下,不论电机正转还是反转,电磁转矩和转速方向都是相同的,达到稳态时,电磁转矩 T_e 和负载转矩 T_L 是相等的。测试中给定信号采用阶跃信号,阶跃时间设置为 5 s,初值和终值分别设为 10 和 -10,模拟电机转速正负给定情况。负载模块的阶跃时间设置为 0.5 s,初值设为 0,终值设为 1.15,仿真时间设为 10 s,得到电流及转矩的仿真波形如图 4-29 所示。

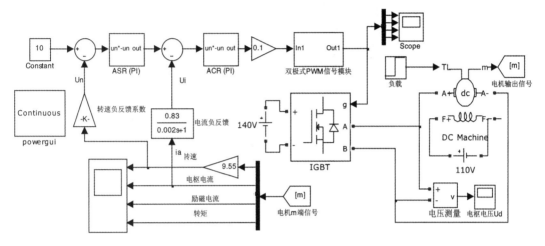

图 4-28 双极式转速电流 PWM 双闭环直流调速系统的仿真模型

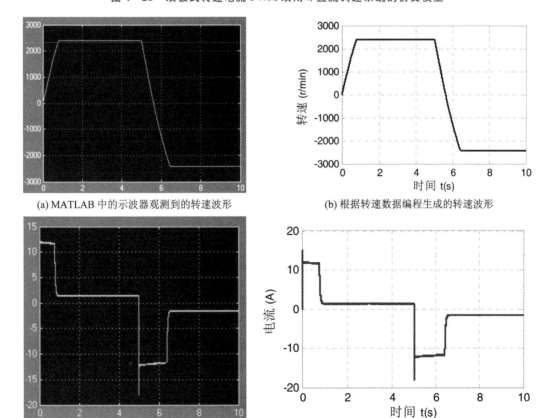

(a) MATLAB 中的示波器观测到的转速波形

(b) 根据转速数据编程生成的转速波形

(c) MATLAB 中的示波器观测到的电流波形

(d) 根据电流数据编程生成的电流波形

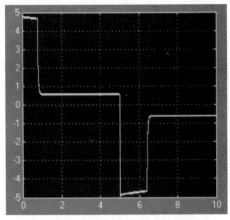

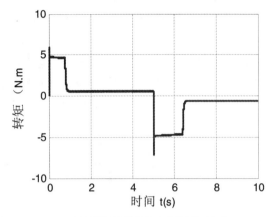

(e) MATLAB 中的示波器观测到的转矩波形　　　(f) 根据转矩数据编程生成的转矩波形

图 4 - 29　双极式转速电流 PWM 双闭环直流调速系统的转速和电流波形

由仿真结果可以看到，不论转速给定为正还是为负，双极式转速电流 PWM 双闭环直流调速系统的转速和电流波形都不会出现较大的波动，转速和电流比较稳定。对比不可逆 PWM 双闭环直流调速系统的仿真结果，可以看到转速、电流和转矩的波形变化基本相同。另外也可以看到，可逆 PWM 双闭环直流调速系统的电机的正反转起动过程与普通双闭环直流调速系统的起动过程类似，也分为三个阶段：电流上升阶段、恒流升速阶段、转速电流调节阶段。观测电机正转时的仿真波形，由图 4 - 29(a)和(c)可以看出，系统起动瞬间，电流快速上升。当电流大于负载电流时，电机开始转动，转速上升。当电流上升到最大值（约 12A）时，ACR 起作用抑制电流的上升，ASR 饱和，此时 ASR 开环，ACR 调节电流维持在一个恒定值，转速线性上升，即恒流升速阶段；当转速上升到额定值略有超调时，ASR 退饱和，ASR 起转速调节作用，电流值则下降，最终转速稳定在额定转速 2400 r/min 左右，电流稳定在额定电流 2.9 A 左右，转矩稳定在额定转矩 1.15 N·m。而电机反转时的 ASR 和 ACR 工作过程同正转时一样，最终转速、电流和转矩都稳定在各自的额定值附近。显然，仿真波形变化和 H 型可逆 PWM 双闭环直流调速系统的理论分析是一致的。

习题与思考题

4-1　可逆 PWM 供电电路有几种形式？可逆 PWM 供电电路有几种控制方式？PWM 直流调压供电电路由几部分组成？

4-2　简述单极式和双极式 PWM 变换器工作制的不同特点。

4-3　直流 PWM 变换器的开关频率是否越高越好？为什么？

4-4　写出 H 型可逆双极式 PWM 变换器直流电机电枢平均端电压的输出公式。

4-5　在 PWM 直流调速系统中，当电机停止不动时，电枢两端是否还有电压，电路中是否还有电流，为什么？

4-6　简述可逆和不可逆 PWM 变换器在结构形式和工作原理方面有什么特点。

4-7　试分析有制动电流通路的不可逆 PWM 变换器进行制动时，两个 VT 管是如何工作的。

4-8 在 PWM 变换器主电路中,并联在电源 U_s 两端的大电容起什么作用?并联在直流电机两端的二极管起什么作用?

4-9 有一 PWM 变换器供电直流调速系统,电机参数:额定功率为 2.2 kW,额定电压为 220 V,额定电流为 12.5 A,额定转速为 1500 r/min,电枢电阻为 1.5 Ω,PWM 变换器的放大倍数为 22,电源内阻为 0.1 Ω。要求系统满足调速范围 $D=20$,静差率小于 5%。当转速指令值 $U_n^* = 15$ V 时,电机稳态转速为 1500 r/min。求解下列问题:

(1)计算开环系统的静态速降;

(2)求满足调速要求所允许的闭环静态速降;

(3)计算系统的开环放大系数;

(4)计算放大器所需的放大倍数;

(5)画出单闭环调速系统的原理图。

第五章 交流电机变压变频调速系统

❖ **主要知识点及学习要求**

(1) 掌握变频调速原理。

(2) 掌握异步电机变压变频控制方式。

(3) 掌握异步电机电压-频率协调控制下的机械特性。

(4) 了解异步电机转速开环恒压频比调速系统的组成。

(5) 了解转差频率控制概念，掌握转差频率控制规律。

(6) 了解转差频率闭环控制调速系统的组成及工作原理。

(7) 了解同步电机的调速方法、调速特点。

(8) 了解异步电机转速开环恒压频比调速系统的 MALAB/Simulink 仿真分析方法。

(9) 了解异步电机转差频率闭环控制调速系统的 MALAB/Simulink 仿真分析方法。

5.1 变频调速原理

交流电机的变频调速系统包括三个部分：变频器、电机和控制系统。变频器将固定频率的交流电源转换为可控的变频交流电源，然后将其输出给电机。变频器通过控制可变频率的交流电压和电流，以及改变电机转子所受的磁场强度和方向，从而控制电机运转的速度和转矩。控制系统将电机的运转状态进行监测，然后对变频器进行调整，从而调节电机的转速和带载能力，以达到一定的运转效果。概括而言，交流电机变频调速的原理是通过控制电机输入电压的频率和幅值从而调节电机的转速和转矩（或者输出功率），达到节能降耗、精度高、运行平稳等优点。

交流电机的转速计算公式如下：

$$n = \frac{60 f_1}{p}(1 - s) \tag{5-1}$$

式中，n(r/min)为交流电机的转速；p 为极对数；f_1(Hz)为定子电源供电频率；s 为转差率。需要注意的是仅有异步电机才存在转差率 s，如果是同步电机，转差率 $s = 0$。

从式(5-1)可以归纳出交流异步电机的调速方法：改变极对数 p 的调速方法、改变转差率 s 的调速方法、改变电源频率 f 的调速方法。其中改变频率 f 的方法即变频调速。同步电机的转速恒等于旋转磁场的同步转速，转差率为零，因此只能采用变频调速。实际应用中有转差损耗的调速方法属于低效调速（仅适用异步电机调速系统，如转子串电阻调速法、电磁离合器调速法、液力耦合器调速法等）；而变频调速方法无转差率损耗，可以使交流异步电机和同步电机调速都能达到最佳的效果，是目前应用较广的调速方法。

5.2　异步电机变压变频控制方式

在进行电机调速时要考虑的一个重要因素是：希望保持电机中每极磁通量 Φ_m 为额定值并保持不变。如果磁通太弱，没有充分利用电机的铁心，是一种浪费；如果过分增大磁通，又会使铁心饱和，从而导致过大的励磁电流，严重时会因绕组过热而损坏电机。对于直流电机，励磁系统是独立的，只要对电枢反应的补偿合适，保持 Φ_m 不变是很容易做到的；而在交流异步电机中，磁通 Φ_m 是由定子和转子磁动势合成产生的，保持磁通恒定需要认真研究。

三相异步电机定子每组电动势的有效值是

$$E_g = 4.44 f_1 N_1 k_{N1} \Phi_m \tag{5-2}$$

式中，E_g 为气隙磁通在定子每相中感应电动势的有效值（V）；f_1 为定子电源频率（Hz）；N_1 为定子每相绕组串联匝数；k_{N1} 为基波绕组系数；Φ_m 为每极气隙磁通量（Wb）。

由式（5-2）可知，只要控制好 E_g 和 f_1 便可达到控制磁通 Φ_m 的目的，对此，需要考虑基频（额定频率）以下和基频以上两种情况。

5.2.1　基频以下控制

由式（5-2）可知，要保持 Φ_m 不变，当频率 f_1 从额定值 f_{1N} 向下调节时，必须同时降低 E_g，使

$$\frac{E_g}{f_1} = 常值 \tag{5-3}$$

即采用恒定的电动势频率比的控制方式。

然而，绕组中的感应电动势是难以直接控制的，当电动势值较高时，可以忽略定子绕组的漏磁阻抗压降，而认定定子相电压 $U_1 \approx E_g$，则得

$$\frac{U_1}{f_1} = 常值 \tag{5-4}$$

这就是恒压频比的控制方式。

低频时 U_1 和 E_g 都较小，定子阻抗压降就不能再忽略。这时，可以人为地把电压 U_1 抬高一些，以便近似地补偿定子压降。带定子压降补偿的恒压频比控制特性如图 5-1 中的 b 直线所示，无补偿的控制特性则为直线 a。

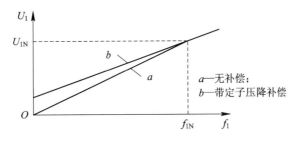

图 5-1　恒压频比控制特性

5.2.2 基频以上控制

在基频以上调速时，频率可以从 f_{1N} 往上增高，但电压 U_1 却不能超过额定电压 U_{1N}，最多只能保持 $U_1 = U_{1N}$，这将迫使磁通与频率成反比降低，相当于直流电机弱磁升速的情况。

把基频以下和基频以上两种情况结合起来，可得图 5-2 所示的异步电机变压变频调速控制特性。

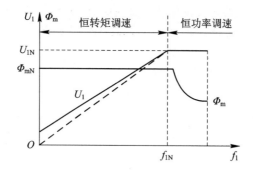

图 5-2 异步电机变压变频调速控制特性

如果电机在不同转速时所带的负载都能使电流达到额定值，即都能在温升允许条件下长期运行，则转矩基本上随磁通变化。按照电气传动原理，在基频以下，磁通恒定时转矩也恒定，属于"恒转矩调速"性质；而在基频以上，转速升高时转矩降低，基本上属于"恒功率调速"。

5.3 异步电机电压频率协调控制时的机械特性

5.3.1 恒压恒频控制异步电机的机械特性

1. 异步电机的稳态等效电路

根据电机学原理，在下述三个假定条件下：① 忽略空间和时间谐波；② 忽略磁饱和；③ 忽略铁损，异步电机的稳态等效电路如图 5-3 所示。

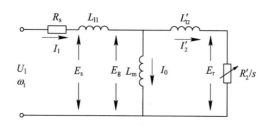

图 5-3 异步电机的稳态等效电路

图 5-3 中各参数的含义如下：

U_1、ω_1 分别为定子电源的电压和频率，R_s 为定子每相电阻，R_2' 为折合到定子侧的转子每相电阻，L_{l1} 为定子每相漏感，L_{l2}' 为折合到定子侧的转子每相漏感，s 为转差率，I_1 为定子每相电流，I_2' 为折合到定子侧的转子每相电流，L_m 为定子每相绕组产生气隙主磁通的等效电感(即励磁电感)，E_g 为气隙(或互感)磁通在定子每相绕组中的感应电动势，E_s 为定子全磁通在定子每相绕组中的感应电动势，E_r 为转子全磁通在转子绕组中的感应电动势(折合到定子边)。

2. 异步电机的定子电流计算公式

在一般情况下，$L_m \gg L_{l1}$，这相当于将上述假定条件的第③条改为忽略铁损和励磁电流。对图 5-3 采用相量分析的方法，可以推导出如下的定子侧和转子侧电流公式的简化形式：

$$I_1 \approx I_2' = \frac{U_1}{\sqrt{\left(R_s + \dfrac{R_2'}{s}\right)^2 + \omega_1^2 \left(L_{l1} + L_{l2}'\right)^2}} \tag{5-5}$$

3. 转矩的计算公式

异步电机的电磁功率为 $P_m = 3 I_2'^2 R_2'/s$，同步机械角转速为 $\omega_{m1} = \omega_1/n_p$(其中 n_p 是电机的极对数)，则异步电机的电磁转矩为

$$T_e = \frac{P_m}{\omega_{m1}} = \frac{3 n_p}{\omega_1} I_2'^2 \frac{R_2'}{s} = \frac{3 n_p U_1^2 R_2'/s}{\omega_1 \left[\left(R_s + \dfrac{R_2'}{s}\right)^2 + \omega_1^2 \left(L_{l1} + L_{l2}'\right)^2\right]} \tag{5-6}$$

式(5-6)实质上就是基于异步电机稳态模型的机械特性方程。它表明，当转速 n 或转差率 s 一定时，电磁转矩 T_e 与定子电压的平方成正比。因此，降低供电电压，拖动力矩就减小，电机就会降到较低的运行速度。

当定子电压 U_1 和电源角频率 ω_1 恒定时，式(5-6)可以改写成如下形式：

$$T_e = 3 n_p \left(\frac{U_1}{\omega_1}\right)^2 \frac{s \omega_1 R_2'}{(s R_s + R_2')^2 + s^2 \omega_1^2 \left(L_{l1} + L_{l2}'\right)^2} \tag{5-7}$$

针对式(5-7)，下面讨论转差率 s 取不同值时对转矩特性的影响。

(1) 当 s 很小时，可忽略上式分母中含 s 各项，则

$$T_e \approx 3 n_p \left(\frac{U_1}{\omega_1}\right)^2 \frac{s \omega_1}{R_2'} \propto s \tag{5-8}$$

即当 s 很小时，转矩近似与 s 成正比，机械特性 $T_e = f(s)$ 是一段直线，见图 5-4。

(2) 当 s 接近于 1 时，可忽略式(5-7)分母中的 R_2'，则

$$T_e \approx 3 n_p \left(\frac{U_1}{\omega_1}\right)^2 \frac{\omega_1 R_2'}{s\left[R_s^2 + \omega_1^2 \left(L_{l1} + L_{l2}'\right)^2\right]} \propto \frac{1}{s} \tag{5-9}$$

即 s 接近于 1 时，转矩近似与 s 成反比，这时，$T_e = f(s)$ 是对称于原点的一段双曲线，如图 5-4 所示。

(3) 当 s 为以上两段的中间数值时，机械特性从直线段逐渐过渡到双曲线段，如图 5-4 所示。

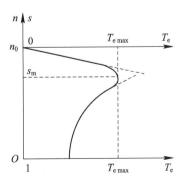

图 5-4　恒压恒频时异步电机的机械特性

5.3.2 基频以下电压频率协调控制时的机械特性

由式(5-7)可以看出，对于同一组转矩 T_e 和转速 n(或转差率 s)的要求，电压 U_1 和频率 ω_1 可以有多种配合。在 U_1 和 ω_1 的不同配合下，机械特性是不一样的，因此可以有不同的电压频率协调控制方式。

1. 恒压频比控制(U_1/ω_1＝恒值)

为了近似地保持气隙磁通不变，以便充分利用电机铁心、发挥电机产生转矩的能力，在基频以下须采用恒压频比控制。这时，同步转速自然要随频率变化：

$$n_0 = \frac{60\omega_1}{2\pi n_{\mathrm{p}}} \qquad (5-10)$$

式中，n_0 为同步转速(r/min)。

因此，带负载时的转速降落 Δn_0 为

$$\Delta n_0 = s n_0 = \frac{60}{2\pi n_{\mathrm{p}}} s\omega_1 \qquad (5-11)$$

式中，Δn_0 为转速降落(r/min)。

在式(5-8)所表示的机械特性近似直线段上，可以导出

$$s\omega_1 \approx \frac{R_2' T_e}{3 n_{\mathrm{p}} \left(\dfrac{U_1}{\omega_1}\right)^2} \qquad (5-12)$$

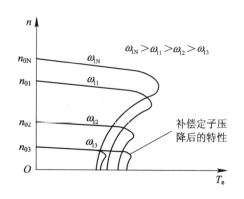

由上式可见，当 U_1/ω_1 为恒值时，对于同一转矩 T_e，$s\omega_1$ 的值是基本不变的，因而 Δn_0 也是基本不变的。即在恒压频比的条件下改变频率 ω_1 时，机械特性基本上是平行下移，如图 5-5 所示。

这和直流他励电机变压调速时的情况基

图 5-5 恒压频比控制时变频调速的机械特性

本相似，所不同的是：当转矩增大到最大值以后，转速再降低，转矩特性就折回来了，而且频率越低时最大转矩值越小。采用数学上用导数法求极值的方法，对式(5-6)求解 $\mathrm{d}T_e/\mathrm{d}\omega_1=0$，得到极大值频率，即可求出对应的最大转矩公式，如下所示：

$$T_{e\max} = \frac{3 n_{\mathrm{p}}}{2} \left(\frac{U_1}{\omega_1}\right)^2 \frac{1}{\dfrac{R_1}{\omega_1} + \sqrt{\left(\dfrac{R_1}{\omega_1}\right)^2 + (L_{l1} + L_{l2}')^2}} \qquad (5-13)$$

可见最大转矩 $T_{e\max}$ 是随着 ω_1 的降低而减小的。频率很低时，$T_{e\max}$ 太小，将限制异步电机的带载能力，采用定子压降补偿，适当地提高定子电源电压 U_1，可以增强带载能力。当定子电压频率 ω_1 取不同的值时，得到的一组转矩特性如图 5-5 所示。

2. 恒 E_{g}/ω_1 控制

如果在电压频率协调控制中，恰当地提高电压 U_1 的数值，使它在克服定子阻抗压降以后，能维持 E_{g}/ω_1 为恒值(基频以下)，则由 $E_{\mathrm{g}}=4.44 f_1 N_1 k_{\mathrm{N1}} \Phi_{\mathrm{m}}$ 可知，无论频率高低，每极磁通 Φ_{m} 均为常值，且由异步电机的稳态等效电路可以得到转子折合到定子侧的电流 I_2' 的表达式：

$$I_2' = \frac{E_g}{\sqrt{\left(\dfrac{R_2'}{s}\right)^2 + \omega_1^2 L_{12}'^2}} \tag{5-14}$$

将上式代入电磁转矩基本关系式(5-6),可得

$$T_e = \frac{3n_p}{\omega_1} \cdot \frac{E_g^2}{\left(\dfrac{R_2'}{s}\right)^2 + \omega_1^2 L_{12}'^2} \cdot \frac{R_2'}{s} = 3n_p \left(\frac{E_g}{\omega_1}\right)^2 \frac{s\omega_1 R_2'}{R_2'^2 + s^2 \omega_1^2 L_{12}'^2} \tag{5-15}$$

(1) 当 s 很小时,可忽略式(5-15)分母中含 s^2 项,则

$$T_e \approx 3n_p \left(\frac{E_g}{\omega_1}\right)^2 \frac{s\omega_1}{R_2'} \propto s \tag{5-16}$$

即当 s 很小时,转矩近似与 s 成正比,这表明机械特性的这一段近似为一条直线。

(2) 当 s 接近于 1 时,可忽略式(5-15)分母中的 $R_2'^2$ 项,则

$$T_e \approx 3n_p \left(\frac{E_g}{\omega_1}\right)^2 \frac{R_2'}{s\omega_1 L_{12}'^2} \propto \frac{1}{s} \tag{5-17}$$

即 s 接近于 1 时,转矩近似与 s 成反比,这时, $T_e = f(s)$ 是对称于原点的一段双曲线。

(3) s 值为上述两段的中间值时,机械特性在直线和双曲线之间逐渐过渡。

整条特性曲线与恒压频比特性相似,对比式(5-7)和式(5-15)可以看出,恒 E_g/ω_1 特性分母中含 s 项的参数要小于恒 U_1/ω_1 特性中的同类项,即 s 值要更大一些才能使该项占有显著的份量,从而不能被忽略,因此恒 E_g/ω_1 特性的线性段范围更宽。图5-6中绘出了不同控制方式时的机械特性。

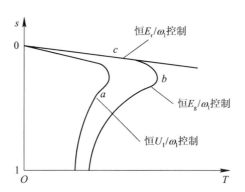

图5-6　不同电压频率协调控制方式时的机械特性

将式(5-15)对 s 求导,并令 $\mathrm{d}T_e/\mathrm{d}s = 0$,可得恒 E_g/ω_1 控制特性在最大转矩时的转差率和最大转矩:

$$s_m = \frac{R_2'}{\omega_1 L_{12}'} \tag{5-18}$$

$$T_{emax} = \frac{3}{2} n_p \left(\frac{E_g}{\omega_1}\right)^2 \frac{1}{L_{12}'} \tag{5-19}$$

在式(5-19)中,当 E_g/ω_1 为恒值时, T_{emax} 恒定不变,如图5-7所示。可见恒 E_g/ω_1 控制的稳态性能优于恒 U_1/ω_1 控制的性能,它正是恒 U_1/ω_1 控制中补偿定子压降所追求的目标。

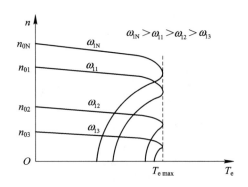

图 5-7 恒 E_g/ω_1 控制时变频调速的机械特性

3. 恒 E_r/ω_1 控制

如果把电压和频率协调控制中的电压 U_1 再进一步提高,把转子漏抗上的压降也抵消掉,便得到恒 E_r/ω_1 控制。根据异步电机稳态数学模型可写出转子侧电流公式:

$$I'_2 = \frac{E_r}{R'_2/s} \tag{5-20}$$

代入电磁转矩 T_e 的基本关系式,得

$$T_e = \frac{3n_p}{\omega_1} \cdot \frac{E_r^2}{\left(\dfrac{R'_2}{s}\right)^2} \cdot \frac{R'_2}{s} = 3n_p \left(\frac{E_r}{\omega_1}\right)^2 \cdot \frac{s\omega_1}{R'_2} \tag{5-21}$$

这时的机械特性完全是一条直线,参见图 5-7。显然,恒 E_r/ω_1 控制的稳态性能最好,可以获得和直流电机一样的线性机械特性。这正是高性能交流变频调速所要求的性能。

问题是,怎样控制变频装置的电压和频率才能获得恒定的 E_r/ω_1 呢?按照式(5-2)电动势 E_g 和磁通 Φ_m 的关系,可以看出,当频率恒定时,电动势与磁通成正比。在式(5-2)中,气隙磁通的感应电动势 E_g 对应气隙磁通幅值 Φ_m,那么,转子全磁通的感应电动势 E_r 就应该对应于转子全磁通的幅值 Φ_{rm}:

$$E_r = 4.44 f_1 N_s k_{Ns} \Phi_{rm} \tag{5-22}$$

由此可见,只要能够按照转子全磁通幅值 Φ_{rm}=恒值进行控制,就可以获得恒 E_r/ω_1 了。

4. 几种协调控制方式的比较

综上所述,在正弦波供电时,按不同规律实现电压频率协调控制可得不同类型的机械特性:

(1)恒压频比(U_1/ω_1=恒值)控制最容易实现,它的变频机械特性基本上是平行下移的,硬度也较好,能够满足一般的调速要求,但低速带载能力较差,须对定子压降实行补偿。

(2)恒 E_g/ω_1 控制是通常对恒压频比控制实行电压补偿的标准,可以在稳态时达到 Φ_m=恒值,从而改善了低速性能。但是,它的机械特性还是非线性的,产生转矩的能力仍受到限制。

(3)恒 E_r/ω_1 控制可以得到和直流他励电机一样的线性机械特性,按照转子全磁通 Φ_m 恒定进行控制,即得 E_r/ω_1=恒值,在稳态和动态都能保持 Φ_m 恒定。恒定是矢量控制系统的目标,当然实现起来是比较复杂的。

5.3.3　基频以上恒压变频控制时的机械特性

在基频 f_{1N} 以上变频调速时，由于定子电压 $U_1 = U_{1N}$ 不变，异步电机的机械特性方程式可写成：

$$T_e = 3n_p U_{1N}^2 \frac{sR_2'}{\omega_1 \left[(sR_1 + R_2')^2 + s^2 \omega_1^2 (L_{l1} + L_{l2}')^2 \right]} \tag{5-23}$$

对应的最大转矩表达式可写成：

$$T_{e\,max} = \frac{3}{2} n_p U_{1N}^2 \frac{1}{\omega_1 \left[R_1 + \sqrt{R_1^2 + \omega_1^2 (L_{l1} + L_{l2}')^2} \right]} \tag{5-24}$$

同步转速的表达式仍和式（5-10）一样。由此可见，当角频率 ω_1 提高时，同步转速随之提高，最大转矩减小，机械特性上移，其形状基本相似，如图 5-8 所示。

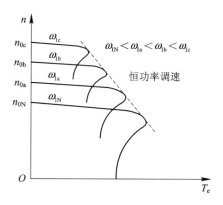

图 5-8　基频以上恒压变频调速的机械特性

由于频率提高而电压不变，气隙磁通势必减弱，导致转矩减小，但转速升高了，可以认为输出功率基本不变。所以基频以上变频调速属于弱磁恒功率调速。

最后，应该指出，以上所分析的机械特性都是在正弦波电压供电下的情况。如果电压源含有谐波，将使机械特性受到扭曲，并增加电机中的损耗。因此在设计变频装置时，应尽量减少输出电压中的谐波。

5.4　异步电机变压变频调速系统

5.4.1　逆变器的类型

对于异步电机的变压变频调速，必须具备能够同时控制电压幅值和频率的交流电源，而电网提供的是恒压恒频的电源，因此应该配置变压变频器，又称 VVVF 装置，而逆变器是 VVVF 装置中的一个重要环节，其作用是把直流电转变成交流电驱动异步电机转动。变频器类型后面章节会具体介绍，这里仅介绍交-直-交变频器中两类常用的逆变器。

按照中间直流环节直流电源性质的不同，逆变器可以分成电压源型和电流源型两类，两种类型的逆变器实际区别在于直流环节采用怎样的滤波器。图 5-9 为电压源型和电流源型逆变器的示意图及其具体电路结构。由图 5-9(a)可知，电压源型逆变器采用大电容滤波。该逆变器的特点是直流电压波形比较平直,输出交流电压是矩形波或阶梯形(对负载来说就是内阻为零的恒压源)。由图 5 - 9(c)可知,电流源型逆变器采用大电感滤波。该逆变器的特点是直流回路中的电流波形比较平直,输出交流电流是矩形波或阶梯波(对负载来说基本就是一个恒流源)。

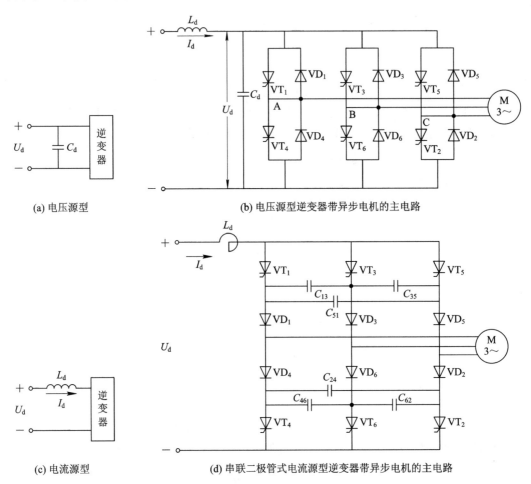

(a) 电压源型

(b) 电压源型逆变器带异步电机的主电路

(c) 电流源型

(d) 串联二极管式电流源型逆变器带异步电机的主电路

图 5 - 9 电压源型和电流源型逆变器的示意图及其具体电路结构

电压源型逆变器多为 $180°$ 导通型。图 5 - 9(b)为三相六拍电压源型逆变器带异步电机的主电路。图中 C_d 是滤波电容器,在它前面设置一个小电感 L_d 起限流作用。分别与晶闸管 $VT_1 \sim VT_6$ 反并联的六个续流二极管为感性负载的滞后电流提供通道。具体换流电路有多种形式,此处略讲。

电流源型变频器一般采用 $120°$ 导通型逆变器。图 5 - 9(d)为常用的串联二极管式电流源型逆变器带异步电机的主电路。图中 C_{13}、C_{35}、C_{51}、C_{46}、C_{62}、C_{24} 是换流电容器,每个电容器承担与之相连两个晶闸管之间的强迫换流作用,二极管 $VD_1 \sim VD_6$ 在换流过程中起电压隔离作用,使电机绕组的感应电动势不致影响换流电容的放电过程。

两种类型的逆变器均接成三相桥式电路,以便输出三相交流变频电源。目前,在异步电机变压变频调速系统中,三相桥式逆变器中的 VT 管的导通顺序常采用正弦波 PWM

(Sinusoidal Pulse Width Modulation，SPWM)技术、空间矢量 PWM(Space Vector PWM，SVPWM)技术等。

以正弦波作为逆变器输出的期望波形，以频率比期望波高得多的等腰三角波作为载波(Carrier Wave)，并用频率和期望波相同的正弦波作为调制波(Modulation Wave)，由它们的交点确定逆变器开关器件的通断时刻，从而获得幅值相等、宽度按照正弦规律变化的脉冲序列，这种调制方法称作 SPWM。普通的 SPWM 变频器输出电压带有一定的谐波分量，为降低谐波分量，减少电机转矩脉动，可以采用直接计算各脉冲起始与终了相位的方法，以消除指定次数的谐波。

SVPWM 则把逆变器和交流电机视为一体，以圆形旋转磁场为目标来控制逆变器的工作，磁链轨迹的控制是通过交替使用不同的电压空间矢量实现的。这种调制方法有 8 个基本输出矢量，分别为 6 个有效工作矢量和 2 个零矢量。在一个旋转周期内，每个有效工作矢量只作用一次，生成正六边形的旋转磁链，谐波分量大，导致转矩脉动。

5.4.2　转速开环恒压频比调速系统

采用电压频率协调控制时，异步电机在不同频率下都能获得较硬的机械特性线性段。如果生产机械对调速系统的静、动态性能要求不高，可以采用转速开环恒压频比带低频电压补偿的控制方案，其控制系统结构最简单，成本最低。风机、水泵等的节能调速就经常采用这种系统。

不管变频器是电压源型还是电流源型，异步电机转速开环恒压频比变频调速系统的结构图如图 5-10 所示。该系统由频率给定、升降速时间设定(由给定积分器 GI 实现)、U-f 曲线控制、频率调制、逆变器等环节组成。由于系统自身没有限制起制动电流的作用，故频率设定必须通过给定积分器 GI 产生平缓的升速或降速信号，其中升降速时间设定用来限制电机的升频速度，避免转速上升过快而造成电流和转矩的冲击，相当于软起动。U-f 曲线用于根据频率确定相应的电压，以保持压频比不变，并且低频时进行适当的电压补偿。频率调制技术可以采用 PWM、SPWM 或者 SVPWM，其产生的脉冲序列控制三相桥式逆变电路 IGBT 的导通和截止，从而控制逆变器实现异步电机的变压变频调速。在电机侧设有检测模块，负责对电机的转速、定子电流、转子电流、电磁转矩等指标加以观测。逆变器电路输出电压信息包括基波和谐波分量的分布及其幅值变化情况，主要受到脉宽调制模块中的调制比和载波比的影响。

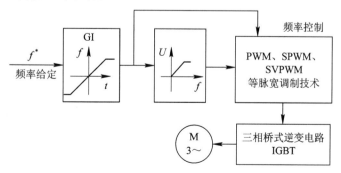

图 5-10　转速开环恒压频比变频调速系统的结构图

5.4.3 转速闭环转差频率控制的变压变频调速系统

转速开环变频调速系统可以满足平滑调速的要求,但静、动态性能都有限,要提高静、动态性能,首先要用转速反馈闭环控制。相对于恒压频比控制方式而言,采用转差频率控制方式有助于改善异步电机变频调速系统的静、动态性能。因此,把闭环控制和转差频率控制结合起来,采用转速闭环转差频率控制的变压变频调速系统可以提高系统的静、动态性能。

转差频率控制需要检出电机的转速以构成速度闭环。速度调节器的输出为转差频率给定信号,此转差频率与电机速度之和作为变频器的输出频率给定值。由于是通过控制转差频率来控制转矩和电流的,故与恒压频比控制相比,其加减速特性和限制过电流的能力得到提高。

任何电力拖动自动控制系统都服从于基本运动方程式:

$$T_e - T_L = \frac{J}{n_p} \cdot \frac{d\omega}{dt} \tag{5-25}$$

根据式(5-25),提高调速系统动态性能主要依靠控制转速的变化率 $d\omega/dt$,控制电磁转矩就能控制 $d\omega/dt$,因此,调节调速系统的动态性能就是控制转矩的能力。在异步电机变压变频调速系统中,需要控制的是电压(电流)和频率,怎样能够通过控制电压(电流)和频率来控制电磁转矩,这是寻求提高动态性能需要解决的问题。

1. 转差频率控制的基本概念

按照恒 E_g/ω_1 控制时的电磁转矩公式 $T_e = 3n_p \left(\dfrac{E_g}{\omega_1}\right)^2 \dfrac{s\omega_1 R'_2}{R'^2_2 + s^2\omega_1^2 L'^2_{12}}$,将 $E_g = 4.44 f_1 N_s k_{Ns} \Phi_m$ 和 $f_1 = \omega_1/2\pi$ 代入 T_e 的计算公式,则得到:

$$T_e = \frac{3}{2} n_p N_s^2 k_{Ns}^2 \Phi_m^2 \frac{s\omega_1 R'_2}{R'^2_2 + s^2\omega_1^2 L'^2_{12}} \tag{5-26}$$

令 $\omega_s = s\omega_1$,并定义 ω_s 为转差角频率,$K_m = \dfrac{3}{2} n_p N_s^2 k_{Ns}^2$ 是电机的结构常数,则 T_e 为

$$T_e = K_m \Phi_m^2 \frac{\omega_s R'_2}{R'^2_2 + (\omega_s L'_{12})^2} \tag{5-27}$$

当电机稳态运行时,s 值很小,因而 ω_s 也很小,只有 ω_1 的百分之几,可以认为 $\omega_s L'_{12} \ll R'_2$,则转矩可近似表示为

$$T_e \approx K_m \Phi_m^2 \frac{\omega_s}{R'_2} \tag{5-28}$$

上式表明,在 s 值很小的稳态运行范围内,如果能够保持气隙磁通 Φ_m 不变,异步电机的转矩就近似与转差角频率 ω_s 成正比。因此,可以通过控制转差角频率 ω_s 实现控制电磁转矩的目的,这就是转差频率控制的基本思想。

2. 转差频率控制规律

由上可知,在恒磁通条件下,转矩与转差频率近似于正比的关系。那么,是否转差角频率 ω_s 越大电磁转矩 T_e 就越大呢?另外,如何维持磁通 Φ_m 恒定呢?

转差频率控制的基本思想是在 ω_s 很小时利用转矩近似公式(5-28)得到的,当 ω_s 较大时,就得采用式(5-27)的精确转矩公式。为了直观一些,假设磁通 Φ_m=恒值时,做出转矩特性 $T_e = f(\omega_s)$(即机械特性)的曲线,如图 5-11 所示。

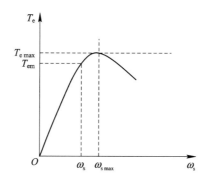

图 5-11　按恒 Φ_m 值控制的 $T_e = f(\omega_s)$ 机械特性曲线

由图 5-11 可知，在 ω_s 较小的稳态运行段上，转矩 T_e 基本上与 ω_s 成正比，但当 $\omega_s > \omega_{smax}$ 后，电机转矩反而下降（不稳定运行区）。所以，在电机工作过程中，应限制电机的转差角频率 $\omega_s < \omega_{smax}$。

对式（5-27）求导，令 $\mathrm{d}T_e/\mathrm{d}\omega_s = 0$ 可求得最大转矩 T_{emax} 与最大转差角频率：

$$\omega_{smax} = \frac{R_2'}{L_{l2}'} = \frac{R_2}{L_{l2}} \tag{5-29}$$

$$T_{emax} = \frac{K_m \Phi_m^2}{2L_{l2}'} \tag{5-30}$$

式（5-29）和式（5-30）表明：

（1）当电机参数不变时，T_{emax} 仅由磁通 Φ_m 决定；

（2）ω_{smax} 与磁通 Φ_m 无关；

（3）在转差频率控制系统中，只要给 ω_s 限幅，使其限幅值为

$$\omega_{sm} < \omega_{smax} = \frac{R_2}{L_{l2}} \tag{5-31}$$

即可以基本保持 T_e 与 ω_s 成正比，即用转差频率控制来代表转矩控制。这是转差频率控制的基本规律之一。上述规律是在保持 Φ_m 恒定的前提下才成立的，而按恒 E_g/ω_1 控制时可保持 Φ_m 恒定。根据 5.3.2 小节所述，要实现恒 E_g/ω_1 控制，须在 $U_1/\omega_1 =$ 恒值基础上再提高电压 U_1 以补偿定子电流压降。

忽略电流相量相位变化的影响，不同定子恒 E_g/ω_1 控制所需的电压-频率特性 $U_1 = f(\omega_1, I_1)$ 如图 5-12 所示。因此，只要 U_1 和 ω_1 及 I_1 的关系符合图中所示特性，就能保持 E_g/ω_1 恒定，也就是保持 Φ_m 恒定，这是转差频率控制的基本规律之二。

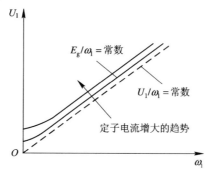

图 5-12　不同定子电流时恒 E_g/ω_1 控制所需的电压-频率特性

由以上分析可知,转差频率控制的规律是:

(1) 气隙磁通 $\Phi_m =$ 恒值时,在 $\omega_s \leqslant \omega_{s\,max}$ 的范围内,转矩 T_e 基本上与 ω_s 成正比;

(2) 在不同的定子电流值时,按上图的函数关系 $U_1 = f(\omega_1, I_1)$ 控制定子电压和频率,就能保持气隙磁通 Φ_m 恒定。

3. 转差频率闭环控制的变频调速系统原理图

异步电机转差频率闭环控制变压变频调速系统的原理图如图 5-13 所示。系统主要组成部分包括:转速调节器 ASR,电压、频率协调控制函数 $U_s = f(\omega_1, I_s)$,电流检测与变换环节,PWM 调制器(如 SPWM 控制器、消除指定次数谐波的 PWM(SHEPWM)控制器、电流滞环跟踪 PWM(CHBPWM)控制器、空间电压矢量 PWM(SVPWM)控制器等)、三相逆变器(常用电压源型)、转速负反馈等。

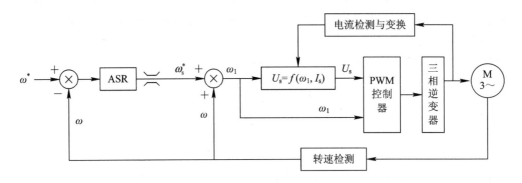

图 5-13 转差频率控制的转速闭环变压变频调速系统原理图

转差频率控制的转速闭环变压变频调速系统的工作原理简要分析如下。

(1) 频率控制的实现:转速外环为负反馈,转速调节器 ASR 的输出是转差频率给定信号 ω_s^*,代表转矩给定,正比于电磁转矩;内环为正反馈,将 ASR 输出信号与转速信号 ω 相加得到定子频率信号 ω_1,即 $\omega_1 = \omega_s^* + \omega$,从而实现频率控制。

(2) 电压控制的实现:由定子频率 ω_1 和定子电流反馈信号 I_s 从微机存储的 $U_s = f(\omega_1, I_s)$ 函数中查找到定子电压信号 U_s,利用 U_s 和 ω_1 控制 PWM 电压型逆变器,从而获得异步电机调速所需的变压变频电源。

(3) 快速性控制的实现:公式 $\omega_1 = \omega_s^* + \omega$ 是转差频率控制系统的突出特点,它表明定子频率 ω_1 随着转子转速 ω 同步地上升或者下降,故加减速平滑且稳定;同时,由于在动态过程中转速 PI 调节器 ASR 饱和,系统可以用对应于最大转差频率 $\omega_{s\,max}$ 的限幅转矩 $T_{e\,max}$ 进行控制,保证了系统的快速性。

转差频率闭环变压变频调速系统和直流电机双闭环调速系统类似,可以获得较好的静、动态性能,其起动过程可以分为转矩上升、恒转矩加速、转速调节三个阶段,下面对该系统的工作过程进行简要分析。

(1) 转矩上升阶段:在 $t=0$ 时,突加转速给定信号 ω^*,由于惯性,电机来不及转动,转速 ω 为零,转速偏差等于 ω^*,转速环 ASR 很快就进入饱和状态,输出为限幅值,转速和电流为零,则 $\omega_s = \omega_{s\,max}$,起动电流等于最大的允许电流 $I_{s\,max}$;起动转矩等于系统最大的允许输出转矩 $T_{e\,max} = 3n_p\,(E_g/\omega_1)^2\,\omega_{s\,max}/R_r'$。

(2) 恒转矩加速阶段:随着转矩的建立和转速的上升,定子电压和频率上升,转差频

率 $\omega_s = \omega_{s\,max}$ 不变，转矩也不变，电机保持允许的最大输出转矩，电机加速运行，则转差频率控制变压变频调速系统通过最大转差频率间接限制了最大电流。

（3）转速调节阶段：当转速达到给定值时，ASR 开始退饱和，转速略有超调后到达稳态，则有 $\omega \approx \omega^*$，转速偏差信号 $\Delta\omega \approx 0$，定子电源频率 $\omega_1 = \omega^* + \omega_s$。当转速稳定时，负载 $T_L = T_e$；当负载突然增加到 T_L' 时，电机转速角频率 ω 下降，转速调节器输出信号增大，则定子电压频率 ω_1 增大，但在 ASR 的作用下，给定转差角频率 ω_s^* 上升，电磁转矩 T_e 增加，转速回升，$T_e = T_L' > T_L$，则转速到达新的稳态工作点。

必须注意的是，由于存在下列问题，异步电机转差频率控制闭环调速系统还不能完全达到直流电机双闭环调速的水平：

（1）保持磁通 $\Phi_m =$ 恒值的结论只在稳态情况下才能成立，在动态中磁通很难保持恒定，因此实际应用中系统的动态性能会受到影响。

（2）$U_s^* = f(\omega_1^*, I_s)$ 的函数关系只抓住了定子电流的幅值，没有控制电流的相位，而电流相位的变化也是影响转矩变化的因素。

（3）$\omega_1 = \omega_s^* + \omega$ 的函数关系可以保证定子频率和转速同步变化，但是，如果转速检测信号不准确或存在干扰，也会直接给频率造成误差，使得定子频率信号误差加大。

*5.5　同步电机变压变频调速系统

在理论上，同步电机总是保持转速与电源频率的严格同步，只要电源频率不变，其转速就保持恒定，但这种情况限制了同步电机的应用范围。而采用电压频率协调控制，就可以使同步电机和异步电机一样被灵活应用，同时又解决了同步电机起动慢、重载时震荡甚至失步的问题。同步电机的转子旋转速度与旋转磁场速度同步，转差角速度 $\omega_s = 0$，没有转差功率，其变压变频调速属于转差功率不变型的调速。

5.5.1　同步电机的分类和特点

同步电机按励磁方式分为可控励磁和永磁同步两种电机。可控励磁同步电机在转子侧有独立的直流励磁，可以通过调节转子的直流励磁电流改变输入功率因数，可以滞后也可以超前。永磁同步电机的转子用永磁材料制成，无需直流激励。

同步电机的变压变频调速的原理以及所用的变压变频装置和异步电机变压变频调速系统基本相同，但是与异步电机相比，同步电机的变压变频调速系统具有自己的特色。

（1）同步电机的稳态等效电路和异步电机相同。

（2）异步电机的稳态转速总是低于同步转速的，两者之差形成转差；而同步电机的稳态转速恒等于同步转速，转差等于 0，机械特性是一条水平直线。

（3）异步电机的磁场仅靠定子供电产生，转子磁动势是感应得到的；而同步电机除定子磁动势外，在转子侧还有独立的直流励磁，或者靠永久磁钢励磁。

（4）同步电机和异步电机的定子三相绕组是相同的，转子绕组是不同的；同步电机转子除直流励磁绕组（或永久磁钢）外，还可能有自身短路的阻尼绕组。

（5）忽略齿槽影响，异步电机的气隙是均匀的，而同步电机有隐极和凸极之分。隐极式的同步电机气隙是均匀的，凸极式的同步电机气隙是不均匀的。凸极式的同步电机磁极直轴磁阻小，极间交轴磁阻大，两轴的电感系数不等。凸极效应能产生平均的同步转矩，单靠此效应运行的同步电机称作磁阻式同步电机。

（6）同步电机可以通过调节转子的直流励磁电流改变输入功率因数，可以滞后，也可以超前。异步电机由于励磁的需要必须从电源吸收滞后的无功电流，空载时功率因数很低，且功率因数不可以改变。

（7）同步电机转子有独立励磁，在极低的电源频率下也能运行，在同样条件下，同步电机的调速范围更宽。

（8）异步电机要靠加大转差才能提高转矩，而同步电机只需加大转角就能增大转矩，对转矩的扰动具有更强的承受能力，能获得更快的动态转矩响应。

5.5.2　同步电机调速系统的类型

就频率控制而言，同步电机的变压变频调速系统可分为他控变频和自控变频两大类。和异步电机变压变频调速系统一样，用独立的变压变频装置给同步电机供电的系统称作他控变频调速系统；根据转子位置控制变压变频装置换相时刻的系统称作自控变频调速系统。

他控变频同步电机调速系统主要有下列4种类型：

（1）转速开环恒压频比控制的同步电机群调速系统。这是一种最简单的他控变频调速系统，多用于纺织、化纤工业中小容量多电机拖动系统。

（2）由交-直-交电流型负载换流变压变频器供电的同步电机调速系统。在高速运行的机械设备中，定子常用交-直-交电流型变压变频器供电，其转子侧（即逆变器）比给异步电机供电时更简单，可以省去强迫换流电路，相当于无位置传感器的自控变频。这种系统存在起动和低速时的换相问题，特别是电机静止时，根本无法换流，实际应用中调速范围一般不超过10。

（3）由交-交变压变频器供电的大型低速同步电机调速系统。这种系统可以用于低速的电力拖动，如无齿轮传动的可逆轧机、矿井提升机、水泥砖窑等。系统可以实现4象限运行，控制器按照需要可以是常规的，也可以采用矢量控制。

（4）按气隙磁场定向的同步电机矢量控制系统。这种系统把同步电机等效成直流电机，再模仿直流电机的控制方法进行调速，可以获得较高的动态性能（同步电机的矢量控制特点在后续章节专门进行介绍，这里不再展开叙述）。

他控变频调速的特点是电源频率与同步电机的实际转速无直接的必然联系，控制系统简单，可以实现多台同步电机调速，但并没有从根本上消除失步问题。

自控变频同步电机调速系统的特点是在电机轴端装有位置检测器，由它发出信号控制逆变器换相，从而改变同步电机的供电频率，保证转子转速与供电频率一致。调速时则由外部信号控制逆变器的直流电压，根据转子位置直接控制变频装置的输出电压或者电流的相位，从而杜绝失步现象。自控变频同步电机曾采用多种形式、多种名称，但其本质上是相同的。常见的名称如下：

（1）无换向器电机，采用电子换相取代了机械式换向器，多用于带直流励磁的同步电机。

（2）正弦波永磁同步电机自控变频调速系统，当输入三相正弦波电流时气隙磁场为正弦分布，用永磁材料时，就使用这个普通的名称或直接称作永磁同步电机（Permanent

Magnet Synchronous Motor，PMSM)。正弦波永磁同步电机具有定子三相分布和永磁转子，在磁路结构和绕组分布上保证定子绕组中的感应电动势具有正弦波形，外施的定子电压和电流也为正弦波，一般靠交流 PWM 变频器提供。正弦波 PMSM 一般没有阻尼绕组，转子磁通由永久磁钢决定，是恒定不变的，可采用转子磁链定向控制。

（3）梯形波永磁同步电机自控变频调速系统，磁极仍为永磁材料，但输入方波电流，气隙磁场呈梯形波分布，性能更接近于直流电机。这种用梯形波永磁同步电机构成的自控变频同步电机又称作无刷直流电机(Brushless DC Motor，BLDM)。由于各相电流都是方波，逆变器的电压只需按照直流 PWM 的方法进行控制，比各种交流 PWM 控制要简单得多。但是由于绕组电感的作用，换相时电流波形不能突跳，其波形只能是接近梯形的，因此通过气隙传送到转子的电磁功率也是梯形波。实际应用中，梯形波永磁同步电机的转矩和电流成正比，和一般的直流电机相当。调速时表面上控制的是输入电压，实际上也自动控制了频率，仍属于同步电机的变压变频调速。

5.5.3　同步电机的机械特性

同步电机的转速和同步转速相等，令定子电源频率和角频率为 f_s 和 ω_s，则有：

$$n = n_s = \frac{60 f_s}{n_p} = \frac{60 \omega_s}{2\pi n_p} \qquad (5-32)$$

同步电机的极对数 n_p 是确定的，因此同步电机的调速只能是改变电压频率的变频调速。

同步电机和异步电机的定子绕组相同，当忽略定子漏阻抗压降，同步电机的定子电压 $E_s = 4.44 f_s N_s k_{Ns} \Phi_{sm}$，其变频调速的电压频率特性和异步电机变频调速相同，基频以下采用带定子压降补偿的恒压频比控制方式。

当忽略定子电阻 R_s 时，同步电机从定子侧输入的电磁功率为

$$P_m = P_s = 3U_s I_s \cos\varphi \qquad (5-33)$$

上式中 φ 为功率因数角。设 U_s 为定子相电压有效值，E_s 为转子磁动势在定子绕组中产生的感应电动势，x_d 和 x_q 分别为定子直轴和交轴的电抗，对式(5-33)两边同时除以机械角速度 $\omega_m = \omega_s/n_p$，则得到凸极同步电机的电磁转矩 T_{et}：

$$T_{et} = \frac{3n_p U_s E_s}{\omega_s x_d}\sin\theta + \frac{3n_p U_s^2 (x_d - x_q)}{2\omega_s x_d x_q}\sin 2\theta \qquad (5-34)$$

当 E_s 和 U_s 幅值恒定时，$\dot{E}_s$ 和 $\dot{U}_s$ 之间的相位角 θ 称为功率角或者转矩角。

根据式(5-34)可知，凸极同步电机的电磁转矩包含两部分：第一项由转子磁动势产生，是同步电机的主转矩；第二项由于磁路不对称产生，为磁阻反应转矩。

对隐极同步电机，$x_d = x_q$，电磁功率为 $P_m = 3U_s E_s \sin\theta/x_d$，则电磁转矩 T_{ey}：

$$T_{ey} = \frac{3n_p U_s E_s}{\omega_s x_d}\sin\theta \qquad (5-35)$$

式中，当 $0 < \theta < \pi/2$ 时，同步电机可以稳定运行；当 $\pi/2 < \theta < \pi$ 时，同步电机会出现失步问题。

在基频以下 $U_s/(\omega_s/n_p) = $ 常数，则有：

$$T_{e\max} = \frac{3n_p U_s E_s}{\omega_s x_d} = \frac{3E_s}{x_d} \cdot \frac{U_s}{\omega_s/n_p} \qquad (5-36)$$

显然当频率一定时，同步电机的 $T_{e\max}$ 为常数。

基频以上同步电机采用电压恒定的控制方式，$U_s = U_{sN} = $ 常数，则

$$T_{e\max} = \frac{3n_p U_{sN} E_s}{\omega_s x_d} \propto \frac{n_p}{\omega_s} = \frac{n_p}{2\pi f_s} \propto \frac{1}{f_s} \qquad (5-37)$$

由此得到同步电机的机械特性如图 5 - 14 所示。

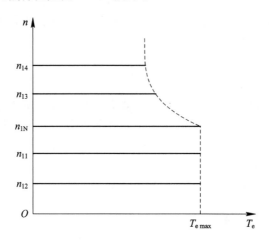

图 5 - 14　同步电机的机械特性

5.6　异步电机转速开环恒压频比调速系统的 MATLAB/Simulink 仿真

5.6.1　仿真建模和参数设置

　　根据转速开环恒压频比调速系统的结构图得到的系统仿真模型如图 5 - 15 所示。该仿真模型主要由直流电压源、给定积分器（带限幅的 PI 控制器）、压频信号发生器（$U\text{-}f$ 控制）、三相正弦波调制信号、离散 PWM 发生器（或者离散 SVPWM）、IGBT 三相电压逆变桥、异步电机模型、负载等部分组成。各主要功能模块在 Simulink 仿真工具箱中的提取路径见表 5 - 1。这里主要讨论异步电机模块、$U\text{-}f$ 曲线控制、三相调制波、离散 PWM 发生

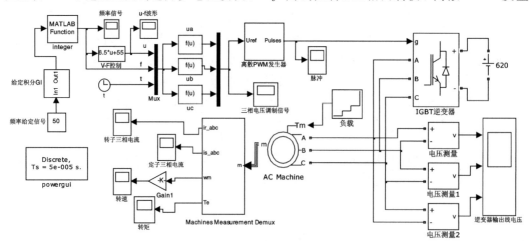

图 5 - 15　异步电机转速开环恒压频比控制调速系统的仿真模型

器、负载等模块的仿真建模和参数设置方法。

表 5 - 1　转速开环变频调速系统模型模块提取路径

模块名称	提取路径
频率给定信号(常数模块)	Simulink/Commonly Used Blocks/Constant
增益模块(Gain)	Simulink/Commonly Used Blocks/Gain
取整模块(Integer)	Simulink/User-Defined Functions/MATLAB Function
Timer 模块(负载模块)	SimPowerSystems/Extra Library/Control Blocks/Timer
AC Machine(交流异步电机)	SimPowerSystems/Machine/Asynchronous
IGBT 逆变器	SimPowerSystems/Power Electronics/Universal Bridge /IGBT /Diodes
电机输出信号测量模块 (Machine Measurement Demux)	SimPowerSystems/Machines/ Measurements/Machine Measurement Demux
电压测量模块(Voltage Measurement)	SimPowerSystems/Machines/ Measurements
DCVoltage Source (直流电源)	SimPowerSystems/Electical Sources/DC Voltage Source
离散 PWM 发生器 (Discrete PWM Generator)	SimPowerSystems/Extra Library/Discrete Control Blocks/Discrete PWM Generator
V-F(Fcn)	Simulink/User-Defined Functions/Fcn
信号综合(Mux)	Simulink/Signal Routing/Mux
信号分解(Demux)	Simulink/Signal Routing/Demux

1. 给定积分 GI 模块的建模和设置

给定积分模块采用带有限幅值的 PI 控制器实现，构建的模型如图 5－16 所示。设定恰当的积分时间常数可以控制频率上升的速度，这里将比例放大倍数设置为 1000，限幅器上下限均设置为 80(可以根据情况自行设置)。仿真时，在给定积分器的后面插入了一个取整环节(Integer)，使频率为整数。

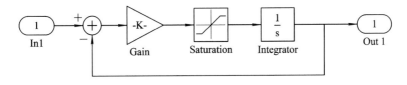

图 5－16　给定积分 GI 分支模块

2. 异步电机模块设置

按照表 5－1 中的路径可以找到异步电机的仿真模块。当异步电机模块"Configuration"界面上的"Preset model"选择"No"时，在"Parameters"界面上可以自己设置异步电机模块的参数；如果"Configuration"界面上选择预设的电机模型，其参数则可在"Parameters"界面上看到,无须自设异步电机的参数。仿真测试中选择电机的预设模型为"01:5HP 460V 60Hz 1750 RPM",对应的异步电机的仿真参数如图 5-17 所示,异步电机的额定线电压为 460 V,额定转速为 1750 r/min。

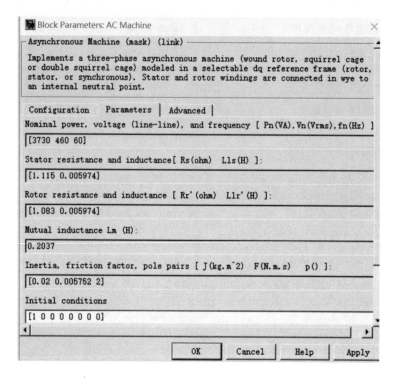

图 5-17　异步电机的参数

3. V-F 控制模块构建和设置

电压频率协调控制曲线如图 5-18 所示,在 Simulink 中由函数发生器 Fcn 产生,根据频率确定相应的电压值,其函数表达式为

$$U = \frac{U_N - U_0}{f_N} f + U_0 \tag{5-38}$$

式中,U_N 为电机额定电压,f_N 为电机额定频率,U_0 为初始电压补偿值。根据选择的异步电机的参数 U_N、f_N 和 U_0 设定 Fcn 模块的函数式,仿真测试中该函数式为 $f(u) = 6.75f + 55$。

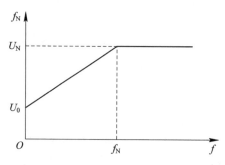

图 5-18　三相调制波产生模块

4. 三相调制信号函数设置

三相调制信号产生模块如图 5 - 19 所示。电压 U（即 Mux 模块的输入信号 u）、频率 f（即 Mux 模块的输入信号 f）、时间 t（即 Mux 模块的输入信号 t）经 Mux 模块合成后得到三相调制波信号 u_a、u_b、u_c，对应的函数表达式如下所示：

$$\begin{cases} u_a = u\sin(2\pi ft) \\ u_b = u\sin\left(2\pi ft - \dfrac{2\pi}{3}\right) \\ u_c = u\sin\left(2\pi ft + \dfrac{2\pi}{3}\right) \end{cases} \tag{5-39}$$

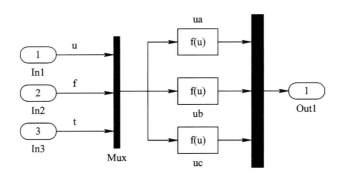

图 5 - 19　三相调制波产生模块

5. 离散 PWM 发生器模块设置

按照表 5 - 1 中的路径可以找到离散 PWM 发生器的仿真模块。三相调制信号经过 Mux 模块合成后作为 PWM 发生器的输入信号，从而产生 IGBT 逆变器的驱动脉冲信号，经过逆变器可得到频率和幅值可调的三相电压，使异步电机按给定要求起动和运行。IGBT 逆变器的参数设置如下：桥臂数目为 3；A、B、C 作为输出端；缓冲阻抗 $R_s = 1000$ kΩ；缓冲电容 C_s 为无穷大（inf）；内部阻抗 $R_{on} = 0.0001$ Ω；正向压降[1, 1]。

6. 负载的设置

为了使建模电路能更好地反映电网或工作中实际的电路，本仿真模型中采用了 Timer 模块模拟负载，其查找路径为 SimEvents/Timing/Timer。本仿真测试中其参数设置为：Time(s)：[0 0.5 1 1.5]；Amplitude：[0 5 10 30]。Amplitude 的值即代表负载 T_m 大小，当 $T_m = 0$ 时，表示空载；当 $T_m = 5$ 时代表轻载；当 $T_m = 10$ 时为接近额定负载；当 $T_m = 30$ 时表示过载。每一种情况的仿真时间间隔 0.5 s。

5.6.2　仿真结果分析

仿真测试时给定频率可以设置高于或者低于基频，本节主要对给定频率为基频 50 Hz 的情况进行仿真讨论。选择仿真算法为 Ode23tb，设置仿真时间为 5 s，仿真精度设为 1e−3。起动仿真后，可通过各示波器模块观察仿真模型的输出波形。频率上升曲线和 V-F 模块的 U-f 控制曲线如图 5 - 20 所示；三相调制波如图 5 - 21 所示；离散 PMW 脉冲信号的波形见图 5 - 22；按照三相 A、B、C 的顺序，逆变器输出三相线电压波形如图 5 - 23 所示，异步电机输出定子三相电流波形如图 5 - 24 所示，转子三相电流波形如图 5 - 25 所示；转速波形如图 5 - 26 所示；转矩波形如图 5 - 27 所示。

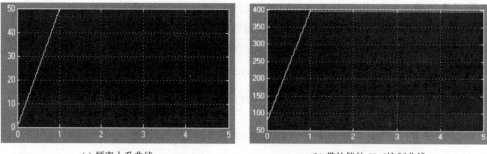

(a) 频率上升曲线　　　　　　　　　　(b) 带补偿的 U-f 控制曲线

图 5 - 20　U-f 控制仿真曲线

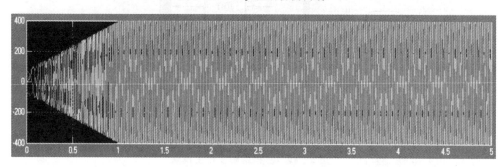

图 5 - 21　三相正弦调制波

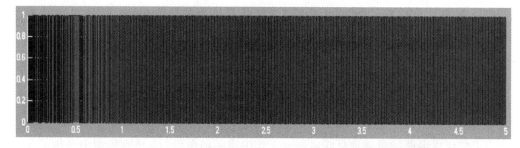

图 5 - 22　离散 PWM 脉冲信号波形(为了图形清晰仅显示部分时间段)

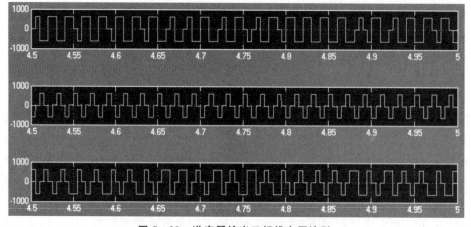

图 5 - 23　逆变器输出三相线电压波形

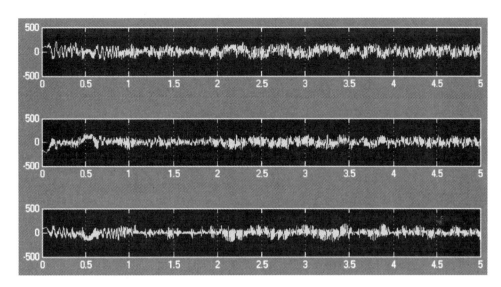

图 5 - 24　异步电机输出定子三相电流波形(第一行到第三行分别对应 A、B、C 三相)

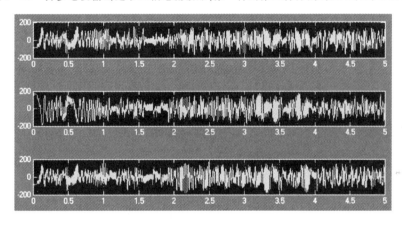

图 5 - 25　异步电机输出转子三相电流波形(第一行到第三行分别对应 A、B、C 三相)

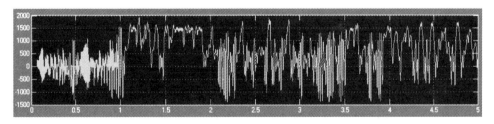

图 5 - 26　异步电机转速波形

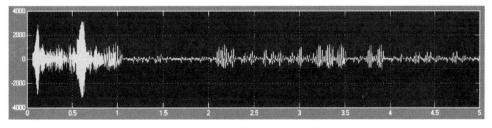

图 5 - 27　异步电机转矩波形

根据上述得到的各仿真波形图可以看出，得到的仿真结果非常接近异步电机恒压频比开环调速系统的理论分析结果。从图 5-20(a)可以看出，经过一段时间频率上升到给定频率 50 Hz；而图 5-20(b)为补偿后与频率对应的电压上升曲线，电压和频率基本保持同步，最后达到稳定值。另外，从图 5-21 的三相电压调制信号波形也可以看出电压上升到稳定值的变化过程。根据三相电压调制信号，由离散 PWM 变频器产生逆变器驱动脉冲(参见图 5-22)，经过逆变器得到频率和幅值可调的三相电压(参见图 5-23)，使异步电机按照给定要求起动和运行。由于加入的负载是每隔 0.5 s 从空载、轻载、接近额定负载到过载进行变化的，相应的转速和转矩波形随着负载而变化，下面进行简要分析：

在 $t \in 0 \sim 0.5$ s 时间内，系统空载。在 $t \in 0.5 \sim 1$ s 时间内，系统轻载。观测空载和轻载运行区间，可以看到定子电流近似呈正弦变化，且定子电流波形、转子电流波形各自和空载时的情况差别不大；随着频率增加，转矩从零开始迅速上升并接近负载转矩，带动异步电机转速增加，在 $t=1$ s 时转速值接近 1500 r/min；根据转速和转矩波形可知，在电机起动过程中二者波形上下波动都较大。在 $t \in 1 \sim 1.5$ s 时间内，系统接近额定负载运行情况，转速接近额定值 1750 r/min 运行且转速可视为近似稳定，故转矩稳定在 0 附近；在 $t > 1.5$ s 时间内，系统过载运行，转速稍降低后又上下大幅波动，电磁转矩这时小于负载转矩，则转矩在 0 附近波动。

异步电机在起动过程中转矩波动很大，主要原因是逆变器输出电压的频率变化呈现出不规则，电压频率不是均匀地上升，中间部分时段电压波形的周期稍微变大，频率变小。在频率变化的边界上，正弦调制信号和转矩都发生了畸变，这是因为频率变化的时刻不一定是发生在调制信号一个完整周期的末尾，在调制正弦信号一个周期尚未结束时，频率发生了变化就可能使下一周期信号的前半周期变窄或变宽，使相应的周期频率增加或减小。进一步比较频率变化时刻的三相电压波形，这时三相电压的相序也可能异常，出现瞬时的负相序，电机也产生了负的转矩，从而使电机的转矩发生急剧波动。延长起动时间，波动的情况可以减小，但是波动还是存在的。如果起动时间设定过小，在正弦一周期内发生多次频率的变化，还可能出现增频现象，使得逆变器输出频率超过设定频率(50 Hz)，电机出现超调。因此采用等时间间隔的升频过程，都难以完全避免输出电压周期不规则的现象，工程上称之为"跳频"现象。

* 5.7 异步电机转速闭环转差频率控制调速系统的 MATLAB/Simulink 仿真

5.7.1 仿真建模和参数设置

根据异步电机转差频率闭环控制变压变频调速系统的原理图(参见图 5-13)得到该系统的 MATLAB 仿真模型，如图 5-28 所示。异步电机模块和异步电机转速开环恒压频比调速系统仿真模型中的一致，仍选择预设模型 01，其参数设置参见图 5-17。IGBT 模块、直流电源模块、异步电机模块、离散 PWM 模块、异步电机模块等主要功能模块的查找路径参见表 5-1。ASR 调节器采用带有限幅作用的 PI 调节器实现，相关参数根据选择的异步电机模型进行设置；2r/3s 变换模块是转子两相旋转坐标系变换为定子三相坐标系的坐标系变换模块，查找路径为 SimPowerSystems/Extra Library/Discrete Measurements/dq0
_to_abc Transformation。下面对其他模块涉及的参数设置分别加以解释。

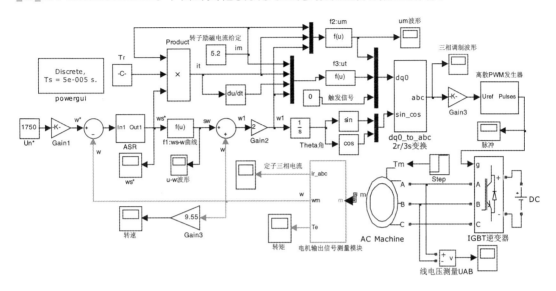

图 5 – 28　异步电机转速闭环转差频率控制调速系统的仿真模型

1. 转差频率 ω_s 的计算

根据定子电流的励磁分量 i_m 和转矩分量 i_t，可以计算转差频率 $\omega_s = i_t / T_r i_m$，其中
$T_r = L_r / R_r$ 是异步电机转子的电磁时间常数。则给定励磁电流 i_m^*，根据 T_r 和 ω_s^*，可得到
给定转矩电流 $i_t^* = T_r \omega_s^* i_m^*$。

2. 定子频率 ω_1 的控制

根据转差频率控制规律，ω_s 需要限幅，磁通 Φ_m 应保持恒值。仿真中励磁电流设为常
数，则保证了磁通恒定的条件。使 $\omega_s < \omega_{s\max} = R_r / L_r$，可以基本保持 T_e 与 ω_s 成正比。根据
选择的异步电机模型的参数，仿真测试中 $\omega_{s\max} = 1.083/0.005974 \approx 181.3$ rad/s，根据该值
设置 ASR 调节器的限幅值。另外转差率 $s = (n_0 - n)/n_0$，其中 $n_0 = 60 f / n_p$ 为同步转速，n_p
为电机磁极对数，$n = 9.55\omega$ 是实际转速，则 $s = 1 - (9.55\omega/n_0)$，则可用 $s\omega_s^*$ 表示转速变
化，用 $s\omega_s^* + \omega = \omega_1$ 表示定子频率。测试中所选择的异步电机极对数为 2，则同步转速
$n_0 = 1800$ r/min；f1:ws-w 曲线模块的函数式设置为 $f(u) = (1 - (u * 9.55/1800)) * u$。

3. 坐标系变换控制

对定子频率 ω_1 进行积分计算，即可以得到电压矢量转角 θ，由此可以得到 dq0_to_abc
模块的 sin_cos 输入信号。根据给定励磁电流信号 i_m、转矩电流信号 i_t、定子频率信号 ω_1
可计算励磁电压控制信号 U_m 和转矩电压控制信号 U_t，如下式所示：

$$
\begin{cases}
U_m = R_s i_m^* - L_{sm} L_s i_t \omega_1 \\
U_t = L_s i_m^* \omega_1 + R_s i_t + L_{sm} L_s \dfrac{\mathrm{d} i_t}{\mathrm{d} t}
\end{cases}
\tag{5-40}
$$

上式中 L_{sm} 为定子漏磁电感；R_s 和 L_s 分别为定子电阻和电感。对应所选择的异步电机模块
的参数，则 U_m 对应的模块 f2:um 的函数式设置为 $1.115 * u(1) - 0.056 * 0.005974 * u(2)$
$* u(3)$，U_t 对应的模块 f3:ut 的函数式设置为 $0.005974 * u(1) * u(4) + 1.115 * u(2) +$

$0.056 * 0.005974 * u(3)$。则根据 U_m、U_t 和触发信号可以得到 dq0_to_abc 模块的 dq0 输入信号。

4. 离散 PWM 模块设置

Generator Mode 选择 3-arm bridge（6 pulses）；Carrier frequency 设置为 1000 Hz；Sample time 选择 0.0005 s。

5. 直流电压源设置

所选择的异步电机模块的额定电压值为 460 V，该值为线电压值，应求出其相电压值，然后直流电压源 DC 模块选择 2 倍的相电压值，故仿真中设置直流电压为 531.2 V。

6. 给定转速设置

根据所选择的异步电机模型的额定负载值设置转速给定信号，二者接近即可。仿真模型中选择的异步电机的额定转速为 1780 r/min，故设置转速给定信号为 1750 r/min。

7. 负载设置

负载信号可以选择 Step 阶跃模块或者 Timer 模块。本节选择 Step 模块作为负载信号，Step time 设置为 0.5 s，Final value 设置为 50。

需要注意的是，异步电机转速闭环转差频率控制调速系统比较复杂，上述各功能模块的参数设置仅是在选定的异步电机模型下经过多次测试后得到的参数配置。对各种算法经过测试对比后，最后选择了 ode23tb 算法。如果选择的异步电机模型不同，各功能模块参数需要重新配置才能获得最佳的仿真测试结果。

5.7.2 仿真结果分析

设置仿真时间为 6 s，仿真精度设为 1e-3。起动仿真后得到的主要功能模块的仿真波形分别如图 5 - 29 至图 5 - 35 所示。图 5 - 29 为转差频率变化曲线和 $s\omega$ 变化曲线，可以看出转差频率曲线变化符合电压频率特性 $U_1 = f(\omega_1, I_1)$，可以保证 U_1/ω_1 恒定；2r/3s 变换模块产生的三相调制波如图 5 - 30 所示，为了看清调制波波形的变化，对 A 相波形展示部分图形，可以看到调制波呈正弦波变化；离散 PWM 脉冲信号的部分时间段波形见图 5 - 31，可以看到波形呈周期性方波变化；逆变器输出三相线电压的波形如图 5 - 32 所示，波形为

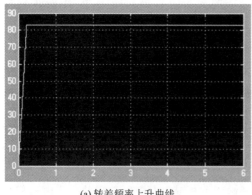

(a) 转差频率上升曲线

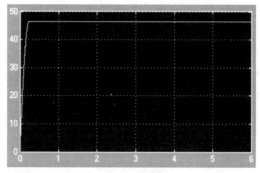

(b) $s\omega$ 变化曲线

图 5 - 29 转差频率上升和控制曲线

方波，和逆变器输出信号理论分析一致；异步电机输出的定子三相电流如图 5-33 所示，为了方便波形观察，图 5-33 同时也给出了 A 相调制波部分放大波形，其接近正弦波；转速波形如图 5-34 所示；转矩波形如图 5-35 所示。

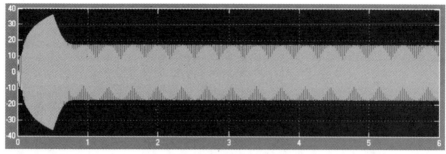

(a) 三相定子电流的波形

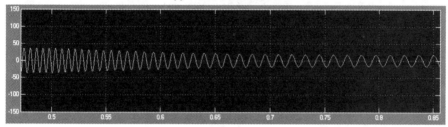

(b) A 相电流的部分波形

图 5-30　三相电流波形

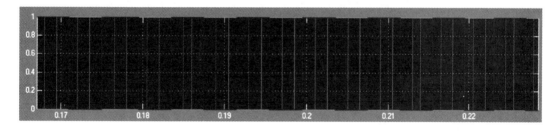

图 5-31　部分 PWM 脉冲波形

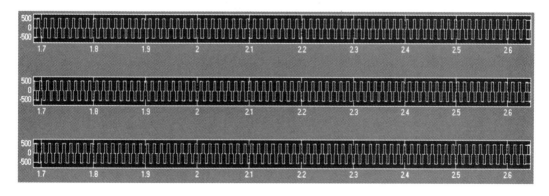

图 5-32　IGBT 逆变器输出三相线电压波形(第一到三行分别对应 ABC 的相序)

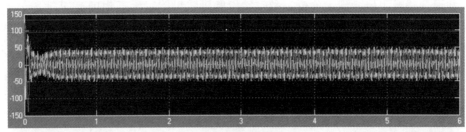

(a) 三相定子电流波形

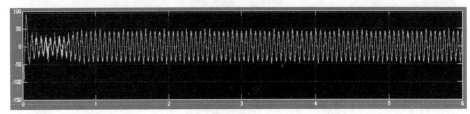

(b) A 相电子电流的波形

图 5 - 33　三相定子电流的波形

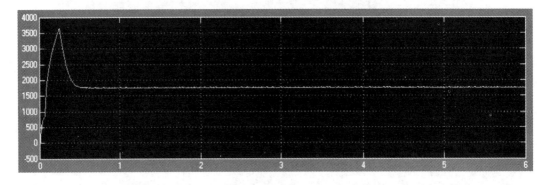

图 5 - 34　转速波形

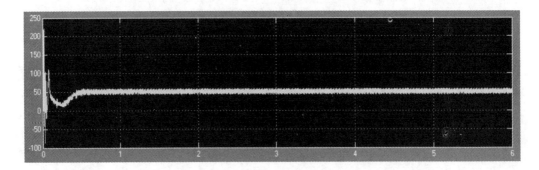

图 5 - 35　转矩波形

　　观察各仿真波形，可以看到空载起动时，三相调制信号的频率和幅值在调节过程中逐步增加，转速和定子电流很快上升，起动电流也很大，转速很快上升，但是转矩波动有点大；在 0.5 s 突然加入 50 N·m 负载后，转速和电流随之下降，经过调整后转速很快又稳定在给定转速上。稳态运行时，负载转矩和电磁转矩相等，故最后转矩稳定在负载值附近。

经过上述分析可知，得到的仿真分析结果和异步电机转速闭环转差频率控制调速系统的理论分析结果相一致，验证了仿真的正确性。

习题与思考题

5-1　什么是变频调速？其特点是什么？

5-2　变频调速时为什么要维持恒磁通 Φ_m 控制。试分析实现恒磁通控制的条件。

5-3　什么是变压变频控制模式？为什么变频时需要相应地改变电压？

5-4　异步电机变频调速系统中，若只从调速角出发，仅改变 f_1 是否可行？为什么？在实际应用中同时还要调节 U_1，否则会出现什么问题？

5-5　交-直-交电压型变频调速系统，要求逆变器输出线电压基波有效值为 380 V，对 180°导通型和 120°导通型逆变器，其直流侧电压 U_d 分别为多少？

5-6　转差频率控制变频调速系统中，当转速检测误差较大时，会发生什么情况？

5-7　说明三相异步电机低频起动的优越性。

5-8　变压变频协调控制与转差频率控制的最主要区别是什么？

5-9　试说明转差频率控制的基本思想，并简述转差频率控制的基本规律。

5-10　比较恒变压变频控制、恒 E_g/ω_1 控制、恒 E_r/ω_1 控制三种电压频率协调控制的特性。

5-11　写出同步电机调速的转速公式。同步电机的调速方法有几种？

5-12　同步电机调速类型有哪些？各自的特点是什么？

第六章 交流电机矢量控制变频调速系统

❖ 主要知识点及学习要求

(1) 熟悉矢量控制的概念。

(2) 熟悉坐标变换方法。

(3) 掌握异步电机矢量控制原理。

(4) 了解直接转矩控制变频调速系统的组成和工作原理。

(5) 了解永磁同步电机变频调速系统的组成及工作原理。

(6) 了解电机矢量控制的 MALAB/Simulink 仿真建模和分析方法。

6.1 矢量控制原理与坐标变换

1. 矢量控制原理

基于稳态数学模型的异步电机转速闭环控制的交流变频调速系统虽然能够像直流电机转速双闭环控制系统那样具有较好的静、动态性能，在一定范围内能够实现平滑调速，是一个比较优越的控制策略，结构也不算复杂，但是它的静、动态性能还不能完全达到直流双闭环调速系统的水平，存在差距，如果遇到轧钢机、数控机床、机器人、载客电梯等需要高动态性能的调速系统或伺服系统，就不能完全适应了，因此，基于动态数学模型的异步电机变压变频调速系统的研究就非常重要了。但是，由于交流异步电机中的电压、电流、磁通和电磁转矩等物理量之间是相互关联的强耦合，并且其转矩正比于主磁通与电流，而这两个物理量是随时间变化的函数，在异步电机模型中将出现两个变量的乘积项，因此，异步电机的动态数学模型是一个高阶、非线性、强耦合的多变量系统，其包括三相定子绕组的电压平衡方程、三相转子绕组折算到定子侧后的电压方程、磁链方程、转矩方程以及运动方程等，所以要分析和求解异步电机的动态数学模型是非常困难的，而且如果对基于动态数学模型的异步电机调速系统采用标量控制的话，电磁转矩就不能得到精确的、实时的控制。因此要使异步电机的动态性能得到改善，在实际应用中必须设法予以简化，简化的基本方法就是坐标变换。为了解决上述问题，矢量控制理论应运而生。1971 年，德国西门子公司的工程师 F. Blaschke 等人发表了一篇论文"感应电机磁场定向的控制原理"，几乎同时，美国的 P. C. Custman 与 A. A. Clark 申请了专利"感应电机定子电压的坐标变换控制"。这两个研究成果奠定了矢量控制理论的研究基础，明确通过异步电机矢量控制可以解决交流电机转矩控制的问题。此后经过各国学者和工程师的研究、实践和不断探索，使得矢量控制技术日趋发展和完善。同时，由于微处理器技术、数字化控制技术及电力电子器件等取得的巨大进步，并辅以现代控制理论，矢量控制被广泛应用在交流调速系统中。

矢量控制，也称为磁场导向控制，是一种利用变频器控制三相交流电机的技术，利用调整变频器的输出功率及输出电压的大小和角度来控制电机的输出。该技术是借鉴直流电机电枢电流和励磁电流相互垂直、没有耦合以及可以独立控制的思路，以坐标变换理论为基础，通过对电机定子电流在同步旋转坐标系中大小和方向的控制，达到对直轴和交轴分量的解耦目的，从而实现磁场和转矩的解耦控制，使交流电机具有类似直流电机的控制性能，可以像控制直流电机那样去控制交流电机，从而简化交流电机的调速控制。概括地说，矢量控制实现的基本原理是通过测量和控制异步电机定子电流矢量，根据磁场定向原理分别对异步电机的励磁电流和转矩电流进行控制，从而达到像控制直流电机那样控制交流异步电机的目的，其核心思想在于依靠坐标变换手段寻找与异步电机等效的直流电机模型。

2. 坐标变换理论

（1）3s/2s 变换及其反变换（三相静止坐标系与两相静止坐标系之间的变换）。

图 6-1 给出了三相对称的静止坐标系 a-b-c 下的电流 i_a、i_b、i_c 变换为两相静止坐标系 $\alpha\beta$ 下的电流 i_α、i_β 的示意图，以及三相绕组电流与两相绕组电流产生总磁动势相等的示意图。当三相对称的静止绕组通以三相平衡的正弦电流时，所产生的合成磁动势是旋转磁动势 F。由于三相对称变量中只有两相是独立的，因此完全可以消去一相，所以，三相绕组可以用相互独立的对称两相绕组等效代替，等效的原则是三相对称交流绕组与两相交流绕组所产生的磁动势相等。这里所谓独立，是指两相 α、β 绕组之间无约束条件，即不存在约束条件；所谓对称，是指两相 α、β 绕组在空间上互差 90°，当在两相绕组中通以时间上互差 90° 的两相平衡交流电流时，也会产生旋转磁动势 F。在图 6-1(b) 中，当 $N_3/N_2 = \sqrt{2/3}$ 时，三相电流与两相电流的功率相等，称为等功率坐标变换；当 $N_3/N_2 = 2/3$ 时，三相电流与两相电流的幅值相等，称为等幅值坐标变换。

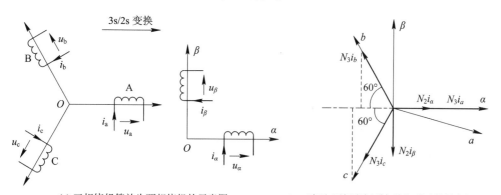

(a) 三相绕组等效为两相绕组的示意图　　　　(b) 三相和两相坐标系与绕组磁动势的空间矢量示意图

图 6-1　三相静止坐标系到两相静止坐标系的变换（3s/2s）

上述三相对称静止坐标系 a-b-c 变换到两相静止坐标系 α-β 的变换简称为 3s/2s 变换，也称为克拉克（Clark）变换，它是由美国的第一位电气工程教授 Edith Clarke（伊迪丝·克拉克）最先针对交流系统电路分析提出的，现在被广泛应用于三相逆变器的控制中。所谓克拉克变换，实际上就是降维解耦的过程，把难以辨明和控制的三相相位差 120° 的电机波形降维为两维矢量。Clark 变换时坐标旋转角度与三相正弦量的角度一致。如图 6-1(b)中所示，设置 α 轴初始位置和 a 轴重合（这是最常用的一种情况，有的教材上是按照 α 轴滞后 a 轴 $90°$ 来推导的），考虑等幅值变换且考虑零序时，相应的 3s/2s 变换及其反变换 2s/3s 的矩阵形式如下所示：

$$\begin{bmatrix} i_\alpha \\ i_\beta \\ i_0 \end{bmatrix} = \frac{2}{3} \begin{bmatrix} 1 & -\dfrac{1}{2} & -\dfrac{1}{2} \\ 0 & \dfrac{\sqrt{3}}{2} & -\dfrac{\sqrt{3}}{2} \\ \dfrac{1}{2} & \dfrac{1}{2} & \dfrac{1}{2} \end{bmatrix} \begin{bmatrix} i_a \\ i_b \\ i_c \end{bmatrix} \tag{6-1}$$

$$\begin{bmatrix} i_a \\ i_b \\ i_c \end{bmatrix} = \begin{bmatrix} 1 & 0 & 1 \\ -\dfrac{1}{2} & \dfrac{\sqrt{3}}{2} & 1 \\ -\dfrac{1}{2} & -\dfrac{\sqrt{3}}{2} & 1 \end{bmatrix} \begin{bmatrix} i_\alpha \\ i_\beta \\ i_0 \end{bmatrix} \tag{6-2}$$

如果考虑等功率变换，上述公式中的系数 2/3 换成 $\sqrt{2/3}$ 即可，等功率变换和等幅值变换只是相差了一个系数。

（2）2s/2r 变换及其反变换（两相静止坐标系与两相旋转坐标系之间的变换）。

从两相静止坐标系 α-β 变换到两相旋转坐标系 d-q 的坐标变换称为 2s/2r 变换，其中 s 表示静止，r 表示旋转，这种变换也称为 Park 变换，它是由 Robert H. Park 最先提出的。从 α 轴开始，以 ωt 的角速度旋转，这样合成的电压和电流矢量会和坐标轴同步旋转，所以坐标轴上的分量就是直流量了。考虑 d 轴起始位置与 α 轴重合情况，设 $\theta = \omega t$ 为静止坐标轴与旋转坐标轴之间的夹角，则对应的 2s/2r 变换矩阵如下所示：

$$\begin{bmatrix} i_d \\ i_q \end{bmatrix} = \begin{bmatrix} \cos\theta & \sin\theta \\ -\sin\theta & \cos\theta \end{bmatrix} \begin{bmatrix} i_\alpha \\ i_\beta \end{bmatrix} \tag{6-3}$$

而旋转坐标系 d-q 变换到静止坐标系 α-β 的坐标变换称为 Park 逆变换（记作 2r/2s），对应的变换矩阵如下所示：

$$\begin{bmatrix} i_\alpha \\ i_\beta \end{bmatrix} = \begin{bmatrix} \cos\theta & -\sin\theta \\ \sin\theta & \cos\theta \end{bmatrix} \begin{bmatrix} i_d \\ i_q \end{bmatrix} \tag{6-4}$$

（3）3s/2r 变换及其反变换（三相静止坐标系与两相旋转坐标系之间的变换）。

根据 Clark 变换和 Park 变换可推出三相静止坐标系下三相电流 i_a、i_b、i_c 变换到旋转坐标系下的两相电流 i_d、i_q（记作 3s/2r 变换）及其反变换（记作 2r/3s 变换）之间的关系式。考虑 d 轴起始位置与 a 轴重合和零序电流时，3s/2r 变换和 2r/3s 变换的矩阵形式如下所示：

$$\begin{bmatrix} i_a \\ i_b \\ i_c \end{bmatrix} = \begin{bmatrix} \cos\theta & -\sin\theta & 1 \\ \cos(\theta - 2\pi/3) & -\sin(\theta - 2\pi/3) & 1 \\ \cos(\theta + 2\pi/3) & -\sin(\theta + 2\pi/3) & 1 \end{bmatrix} \begin{bmatrix} i_d \\ i_q \\ i_0 \end{bmatrix} \tag{6-5}$$

$$\begin{bmatrix} i_d \\ i_q \\ i_0 \end{bmatrix} = \frac{2}{3} \begin{bmatrix} \cos\theta & \cos(\theta - 2\pi/3) & \cos(\theta + 2\pi/3) \\ -\sin\theta & -\sin(\theta - 2\pi/3) & -\sin(\theta + 2\pi/3) \\ 1/2 & 1/2 & 1/2 \end{bmatrix} \begin{bmatrix} i_a \\ i_b \\ i_c \end{bmatrix} \tag{6-6}$$

6.2　异步电机矢量控制变频调速系统

6.2.1　异步电机矢量控制系统的结构

　　根据坐标变换思想，一台异步电机经过定子三相电流静止坐标系变换为转子两相旋转坐标系（即 3s/2r 变换）后，再经过矢量旋转变换器（Vector Rotator，VR），即可变成一台等效的直流电机，则模仿直流电机的控制策略，即得到直流电机的控制量；再经过相应的坐标反变换，就能够控制异步电机了。由于进行坐标变换的是电流（代表磁动势）的空间矢量，所以这样通过坐标变换实现的控制系统就叫作矢量控制系统（Vector Control System，VCS）。该系统通过坐标变换，把异步电机在按照转子磁链定向的同步旋转坐标系上等效成直流电机模型，得到在静、动态性能上完全能够与直流调速系统相媲美的交流调速系统，目前已在交流调速系统中被广泛应用。

　　设定子三相静止坐标系上的三相电流为 i_a、i_b、i_c；等效成两相同步旋转坐标系 M-T 上的两个直流电流分别记作 I_M（励磁电流分量）和 I_T（转矩电流分量）；转子总磁通记作 Φ_m（等效为直流电机的励磁磁通）；异步电机的交轴绕组相当于电枢绕组。上述等效关系用方框图的形式画出来，则异步电机矢量控制系统的原理如图 6-2 所示。在图 6-2 中，ψ_r^* 是转子磁链给定值；ω^* 是角速度给定值；磁链与转速控制器的输出为两相旋转坐标系 M-T 上的励磁电流和转矩电流的给定值 I_M^* 和 I_T^*，经过逆矢量变换器（即 2r/2s 变换）得到两相静止坐标系 $\alpha\beta$ 上的电流给定信号 i_α^* 和 i_β^*；再经过 2s/3s 变换得到定子三相电流的给定信号 i_a^*、i_b^*、i_c^*；进一步经过电流控制的变频器，得到变频的定子三相电流 i_a、i_b、i_c，并以此作为异步电机定子三相电流的输入信号，经过 3s/2s 变换和矢量变换器（即 2s/2r 变换）后控制异步电机输出角速度 ω 和转子磁链 ψ_r，然后再经过转速和磁链的负反馈测量环节把输出信号送回到相应的控制器进行比较，最终通过负反馈调节达到输出量的稳定。电机本身是一台异步电机，但从内部看，经过矢量变换器 VR 后则变成一台由励磁电流分量 I_M 和转矩电流分量 I_T 为输入、ω 为输出的等效直流电机。

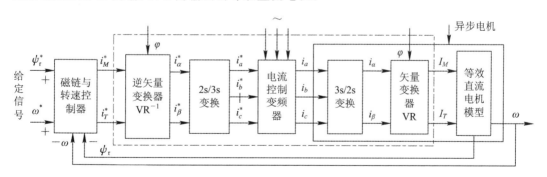

图 6-2　异步电机矢量控制原理图

6.2.2　按转子磁链定向的异步电机矢量控制系统

　　在同步旋转的 d-q 坐标系中，把 d 轴方向固定在转子磁场方向，故矢量控制也称为磁场定向控制。当异步电机为鼠笼式时,由于转子短路,则在 d、q 方向上的转子电压 $u_{dr} = u_{qr} = 0$,电压矩阵方程为

$$\begin{bmatrix} u_{ds} \\ u_{qs} \\ 0 \\ 0 \end{bmatrix} = \begin{bmatrix} R_s + L_s p & -\omega_s L_s & L_m p & -\omega_s L_m \\ \omega_s L_s & R_s + L_s p & \omega_s L_m & L_m p \\ L_m p & 0 & R_r + L_r p & 0 \\ \omega_{rs} L_m & 0 & \omega_s L_r & R_r \end{bmatrix} \begin{bmatrix} i_{ds} \\ i_{qs} \\ i_{dr} \\ i_{qr} \end{bmatrix} \tag{6-7}$$

上式中,R_s 和 R_r 为定子和转子电阻;L_s 和 L_r 为定子和转子绕组的自感;L_m 为定子和转子绕组间的互感(励磁电感);ω_s 为定子角速度;ω_{sr} 为转差率;p 为微分算子;u_{ds},u_{qs} 分别是 d 轴和 q 轴上定子电压分量;i_{ds}、i_{dr} 和 i_{qs}、i_{qr} 分别为 d 轴和 q 轴上定子和转子的电流分量。

由于在矢量控制中,主要控制的是定子电流分量,故推导出的和定子电流相关的关系式如下:

$$\begin{cases} i_{ds} = \dfrac{\psi_r(T_r p + 1)}{L_m} \\ T_e = \dfrac{3 n_p L_m}{2 L_r} i_{qs} \psi_{rd} \end{cases} \tag{6-8}$$

上式中 $T_r = L_r / R_r$ 为转子励磁时间常数;ψ_{rd} 为转子磁链在 d 轴上的分量;L_m 是励磁电感;T_e 是转矩;n_p 是极对数。令 ω_{sr} 为转差角频率,则其推导如下:

$$\begin{cases} \omega_{sr} = \omega_s - \omega_r = \dfrac{R_r L_m i_{sq}}{L_r \psi_{rd}} = \dfrac{L_m i_{sq}}{T_r \psi_{rd}} \\ \psi_{rd} = \dfrac{L_m i_{sq}}{T_r p + 1} \end{cases} \tag{6-9}$$

公式(6-8)和式(6-9)构成了异步电机以同步转速旋转的转子磁场定向的矢量控制基本方程,其实现了定子电流励磁分量与转矩分量的解耦,转子磁链 ψ_{rd} 仅仅由定子电流励磁分量 i_{ds} 决定,当转子磁链达到稳态并保持不变时,电磁转矩 T_e 仅由定子电流转矩分量 i_{qs} 决定。只要根据被控系统的性能要求给定 i_{ds} 和 i_{qs} 的值(即 i_{ds}^*,i_{qs}^*),就可以实现调速系统转矩的实时控制了。

问题是如何求出三相定子电流 i_a、i_b、i_c 和励磁电流 I_M、转矩电流 I_T 之间的等效关系?这就是坐标变换的任务。根据 6.1 小节中已推导的结论,三相定子电流 i_a、i_b、i_c 和等效的励磁电流 I_M、转矩电流 I_T 之间的关系如以下公式所示:

$$i_a = \sqrt{\frac{2}{3}} I_M \cos(\varphi) - \sqrt{\frac{2}{3}} I_T \sin(\varphi) \tag{6-10}$$

$$i_b = -\sqrt{\frac{2}{3}} \frac{I_M - \sqrt{3} I_M}{2} \cos(\varphi) + \sqrt{\frac{2}{3}} \frac{I_T + \sqrt{3} I_M}{2} \sin(\varphi) i_c \tag{6-11}$$

$$i_c = -\sqrt{\frac{2}{3}} \frac{I_M + \sqrt{3} I_M}{2} \cos(\varphi) - \sqrt{\frac{2}{3}} \frac{\sqrt{3} I_M - I_T}{2} \sin(\varphi) i_c \tag{6-12}$$

通过上面的公式,可以把 I_M 和 I_T 作为矢量控制的指令变换为三相交流的指令 i_a^*、i_b^*、i_c^*,再由逆变器转换为异步电机的三相定子电流 i_a、i_b、i_c,其信号流的转换过程如图 6-3 所示。由图可见,由于三相电流平衡,只需要给出 i_a^* 和 i_b^* 两个指令,i_c^* 即可以通过 $i_c^* = -(i_a^* + i_b^*)$ 求得。

由式(6-9)～式(6-12)可知,对给定的信号$(I_M^*,I_T^*,i_a^*,i_b^*,i_c^*)$进行电流变换的核心是求取励磁磁通的相位角$\varphi$,因此如何求解$\varphi$是实现系统矢量控制的主要问题之一。

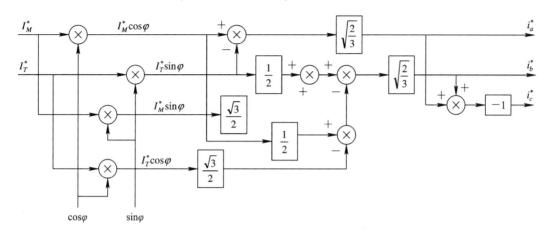

图 6-3 由 I_M^*、I_T^* 指令变换为 i_a^*、i_b^*、i_c^* 指令的框图

根据闭环控制规律得到按转子磁场定向控制的转速闭环、转矩闭环和磁通闭环的矢量控制系统的结构图如图 6-4 所示。系统主要包括的功能模块如下:转速调节器 ASR、电流滞环控制的电流环调节器 ACR、转矩和磁通计算模块、同步旋转坐标的旋转角度计算模块、三相定子电流变两相电流(即等效为 2 个直流电流:励磁电流和转矩电流)变换模块及两相变三相定子电流逆变换模块,电流滞环比较 PWM 控制模块、异步电机模块等。其中 ASR、转矩环均采用比例-积分(Proportion Integration,PI)控制规律实现转速和转矩的无静差控制;电流滞环模块采用滞环控制器和逻辑非运算器组成。给定转速 ω^* 与实测转速 ω 比较后送入 ASR,得到转矩指令 T_e^*;T_e^* 与磁链估计值 ψ_r 经转矩分量 i_{qs} 计算模块得到转

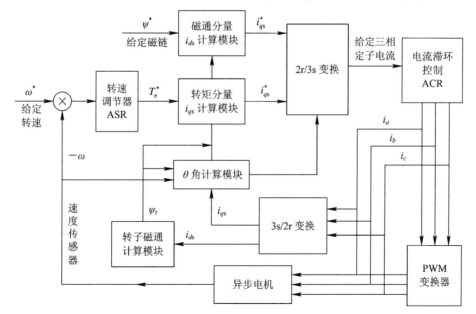

图 6-4 按转子磁链定向的闭环矢量控制系统原理图

矩电流分量 i_{qs}^*；转子磁通估计值 ψ_r^* 经过励磁分量 i_{ds} 计算模块得到定子电流的励磁分量 i_{ds}^*。i_{ds}^* 和 i_{qs}^* 经过逆旋转变换和两相到三相变换(2r/3s)获得定子电流指令值，与实测三相电流经过 ACR 控制产生 PWM 逆变器的脉冲触发信号，从而控制异步电机的运行，实现矢量变频控制调速的目的。

6.2.3 磁链开环转差型矢量控制变频调速系统

上述转子磁链闭环控制的矢量控制系统(也称为直接转子磁通定向矢量控制系统)的优点是系统可以达到完全的解耦控制，但是由于转子磁链反馈信号是由磁链模型获得的，其幅值和相位都受到异步电机参数 T_r 和 L_m 变化的影响，容易造成转速控制不准确。有鉴于此，很多人认为，与其采用磁链闭环控制会导致转速反馈不准确，还不如采用磁链开环控制，这样控制系统反而会简单一些。在这种情况下，常利用矢量控制方程中的转差公式(参见式(6-8))构成转差频率型的矢量控制系统(又称间接矢量控制系统)。由于采用转子磁链开环控制方式不需要检测转子磁链幅值，而是直接利用公式通过给定值计算励磁电流分量，获得强迫的励磁效应，故检测方式简单，易于实现。

1. 异步电机转差型矢量控制理论依据

矢量控制的异步电机产生转矩的原理如图 6-5 所示。异步电机的定子绕组看成相互垂直的集中线圈 A_1 和 A_2，并设定一个直轴和交轴(相互垂直的坐标轴)，并且令其与旋转磁场同方向、同速度旋转。站在该垂直坐标上观察磁通 Φ_m，则会发现旋转磁场的磁通 Φ_m 是静止的。设定 Φ_m 的方向在直轴，定子绕组 A_1 线圈也在直轴，则由于 Φ_m 的作用，会在该绕组中流过电流 I_T。当磁通恒定时，I_T 应为直流电流。

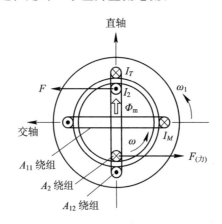

图 6-5 矢量控制的异步电机产生转矩的原理图

设转子角速度为 ω，直轴、交轴坐标系旋转的角速度为 ω_1，则 $\omega < \omega_1$ 并且滞后。以 ω_1 来观察，转子转差和角速度之间的关系表示为 $s\omega_1 = \omega_1 - \omega$。由于转差角速度的存在，转子绕组的导体上必然会感应电势，导体越偏离直轴，感应电势越小，则异步电机转子绕组和磁通 Φ_m 的关系就和直流电机相似。

设 L_m 为电枢绕组与励磁绕组之间的互感，异步电机的转子直轴绕组产生的电势为 E_{22}，当磁极对数为 $p=1$ 时，则有

$$E_{22} = L_M I_M (\omega_1 - \omega) = L_M I_M s\omega_1 \tag{6-13}$$

由于鼠笼型异步电机的转子是短路的，则在转子的 A_2 绕组中流过与电势同方向的电流 I_{22}，即

$$E_{22} \approx R_2 I_{22} \tag{6-14}$$

上式中 R_2 为转子电阻。I_{22} 和磁通 Φ_m 作用，对直轴绕组产生推动力 F，并产生电磁转矩 $T = L_m I_M I_{22}$。

需要注意的是，实际产生转矩的电流并不是定子的全部电流，而是转矩电流 I_T，因为转子电流在直轴方向虽然产生磁通，但却与转矩的产生无关。真正有实际作用的是 I_T，即对于笼型电机转子回路 A_2 绕组与定子 A_1 绕组耦合磁链为零，则有

$$L_m I_T = L_{22} I_{22} \tag{6-15}$$

上式中 L_{22} 为转子绕组 A_{22} 的自感。

根据式(6-13)~式(6-15)，可以得到 $s\omega_1$ 和 I_M、I_T 之间的关系：

$$s\omega_1 = \frac{R_2 I_T}{L_{22} I_M} \tag{6-16}$$

上式即为转差频率运算的理论依据。

2. 带速度传感器的转差型矢量控制系统

依据计算公式(6-16)，图 6-6 给出了带速度传感器(转速闭环)的转差频率型矢量控制变频调速系统原理图。由于矢量控制对动态性能要求较高，逆变器采用三相全控桥式电压型 PWM 逆变器。

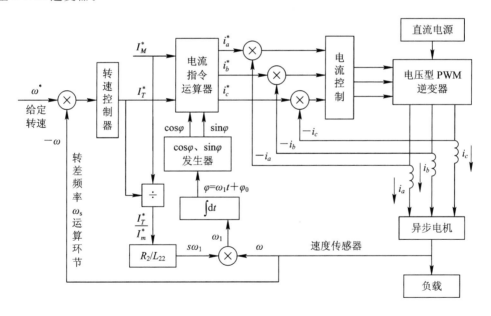

图 6-6 带速度传感器的转差型矢量控制变频调速系统原理图

本系统的特点是由速度传感器检测速度 ω，利用转差叠加实际转速得到坐标轴旋转角速度，通过积分得到转子磁链位置，间接地计算励磁磁通的相位角 φ。首先根据 $s\omega_1 = \omega_1 - \omega$ 可知，$\omega_1 = s\omega_1 + \omega$，求得 ω_1 后，经过积分环节即可求出

$$\varphi = \omega_1 t + \varphi_0 \tag{6-17}$$

因此，通过 $s\omega_1$ 运算就可以得到 $\sin\varphi$ 和 $\cos\varphi$ 信号，从而通过电流运算得到给定三相电

子电流，进一步通过电流控制送入三相逆变器，从而控制异步电机实现变频调速。

带速度传感器的转差型矢量控制变频调速系统的优点是利用了电机的通用化，无需使用另外检测转子磁通的异型特种电机，系统动态响应速度较快，电机加速度特性较好；主要考虑转子磁通的稳态方程式，从转子磁通直接得到定子电流轴分量，通过对定子电流进行有效控制，形成了转差矢量控制，避免了磁通的闭环控制，不需要实际计算转子的磁链幅值；通过电机轴上 ω 的检测求出的 $\sin\varphi$ 和 $\cos\varphi$ 信号基本上能满足工业应用要求。但是，$s\omega_1$ 运算过程中要用到转子的电阻 R_2 和转子绕组 L_{22}，这类参数长期运行时会因为机器发热而产生变化，磁通相位计算就会不准确，矢量控制的特性就会受到影响，因此此种方法主要应用在低速系统中。

6.2.4 无速度传感器的矢量控制系统

高性能的矢量控制系统须采用速度闭环控制，采用测速发电机或光电数字脉冲编码器测量转速时，增加了系统成本，存在安装与维护上的困难，并使系统易受干扰，降低了系统的可靠性，且不适用于恶劣环境，这些问题限制了交流调速系统的应用，因此无速度传感器矢量控制系统的研究被广泛重视。这种系统由于不需要外接速度传感器，系统结构简单，减少了成本和维护费用。又因为无速度传感器矢量控制技术同时具有开环 V/f 控制和矢量控制的优点，其对转矩和转速控制精度较高，且在制动与急停的情况下，系统响应速度快，安全稳定。该系统的核心问题是如何获取交流异步电机的旋转速度。解决问题的出发点是利用容易测到的定子电流值和定子电压值推算或者估计速度值。

国外在 20 世纪 70 年代就开始了无速度传感器的研究。1983 年，R. Joetten 首次提出了无速度传感器矢量控制算法。此后，关于无速度传感器的研究主要从信号注入法和基波模型法两个方面展开。国内外学者在这方面做出了很多研究，提出了很多无速度传感器矢量控制方案，其大多数方案采用直接磁场定向控制，因为间接磁场定向控制采用磁链开环控制时系统动态性能不佳。无速度传感器直接磁场定向控制需要解决的两大关键问题是：转子磁链观测和电机转速观测。目前，已提出了多种矢量控制方法，如自适应观测器法、转子齿谐波法、高频注入法、基于人工神经网络的方法等。这些方法都涉及到较为复杂的电机角速度和磁链的计算，大家可以查阅相关文献，这里不再进行讨论。值得关注的是基于人工神经网络的方法是未来智能控制的新方向，但是其硬件实现具有一定难度，虽然已有很多理论研究方法，但是其实用化目前还需要继续研究和实践。

随着现代控制系统对动态性能和控制精度的要求越来越高，无速度传感器矢量控制受到更多的关注。它通过模型预测技术和磁通辨识算法来实现无速度传感器控制。在电机控制、工业机器人和风力发电等领域中，无速度传感器矢量控制正逐步取代传统的矢量控制，成为主流的控制方式。

图 6-7 给出了一种无速度传感器矢量控制系统的结构框图。转速是利用采样的定子电压 u_1 和电流 i_1 通过一定的运算得到角速度 $\hat{\omega}=\omega_1-s\omega_1$。这种控制方式调速范围宽，起动转矩大，工作可靠，但计算比较复杂，一般需要专门的处理器来进行计算，因此，实时性不是太理想，控制精度受到计算精度的影响。这种系统适用于中小型矢量控制变频调速系统。

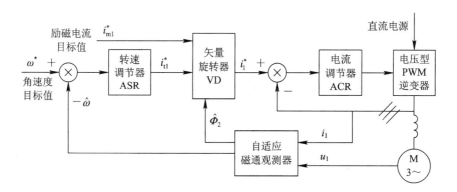

图6-7 无速度传感器矢量控制系统原理图

6.2.5 直接检测转子磁通相位的矢量控制系统

图 6-8 给出了一个直接检测转子磁通 Φ_m 相位 φ 的矢量控制变频调速系统的组成原理图。在转子气隙相隔 90°处安置两个霍尔传感器 S_1、S_2 检测磁通的相位 φ，则可取得信号 $B_1 = B_M\cos\varphi$ 和 $B_2 = B_M\sin\varphi$。经过运算可得到 $\cos\varphi$ 和 $\sin\varphi$，送入电流指令值运算环节得到 i_a、i_b、i_c，用于控制逆变器。

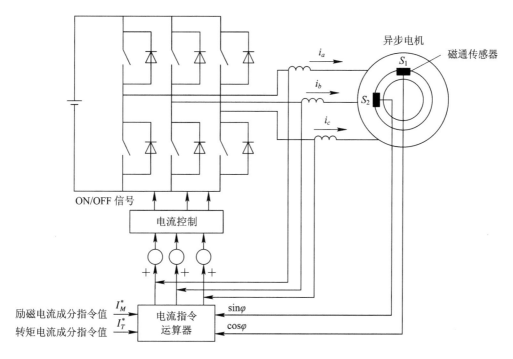

图6-8 直接检测转子磁通 Φ_m 的相位 φ 的矢量控制变频调速系统原理图

这种磁通相位直接检测法不受电机参数变化的影响，准确度与稳定性都比较好。但由于需要在电机内部(一般在定子线槽内)安置两个传感器，因此不适用普通笼型电机，通用性较差。

*6.3 直接转矩控制变频调速系统

直接转矩控制(Drict Torque Control，DTC)系统是在 20 世纪 80 年代中期继矢量控制技术之后发展起来的一种高性能异步电机变频调速系统。1977 年美国学者 A. B. Plunkett 在 IEEE 杂志上首先提出了直接转矩控制理论，1985 年德国鲁尔大学 Depenbrock 教授和日本 Tankahashi 分别取得了直接转矩控制在应用上的成功，接着在 1987 年又把直接转矩控制推广到弱磁调速范围。不同于矢量控制，直接转矩控制具有鲁棒性强、转矩动态响应速度快、控制结构简单等优点，它在很大程度上解决了矢量控制中结构复杂、计算量大、对参数变化敏感等问题。目前，直接转矩控制系统成为现代交流异步电机传动控制的最先进的方式之一。

DTC 利用空间矢量坐标概念，把矢量坐标定向在定子磁链上，以此建立电机的数学模型，直接控制电机的磁链和转矩，使电机的控制模型简化，各个被控制的物理量显得十分直观、简洁。图 6-9 绘出了按定子磁场控制的直接转矩控制系统原理框图。它和前节的矢量控制系统一样，也是分别控制异步电机的转速和磁链，且采用在转速环内设置转矩内环的方法，以抑制磁链变化对转速系统的影响。

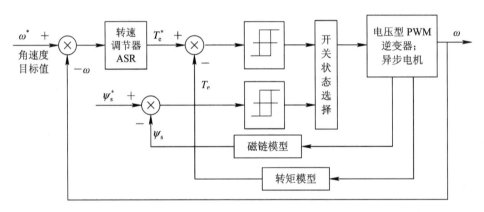

图 6-9 按定子磁场控制的直接转矩控制系统原理图

直接转矩控制系统具有以下特点：

(1) 转矩和磁链都采用直接反馈的双位式 Bang-Bang(带环)控制，从而避开了将定子电流分解成转矩和励磁分量的做法，省去了旋转坐标变换，简化了控制器的结构，但却带来了转矩脉动，因而限制了调速范围。

(2) 选择定子磁链作为被控制的磁链，而不像矢量控制系统那样选择转子磁链。这样一来，稳态的机械特性虽然差一些，却使控制性能不受转子参数变化的影响，这是它优于矢量控制系统的主要方面。

(3) PWM 逆变器采用电压空间矢量控制方式，性能优越。有些文献认为这是直接转矩控制系统的优点。其实，现代的矢量控制系统同样也可以采用这种 PWM 控制方式，这个优点并不是直接转矩控制系统专有的。

(4) 在电压空间矢量按磁链控制的同时，也接受 Bang-Bang 控制。以正转的情况为例，当实际转矩低于给定转矩的允许偏差下限时，按磁链控制得到相应的电压空间矢量，使定子磁链向前旋转，转矩上升；当实际转矩已达到允许偏差上限时，无论磁链如何，立即切换到零电压矢量，使定子磁链静止不动，转矩下降。稳态时，上述情况不断重复，使转矩波动控制在允许范围之内，在加、减速或负载变化的动态过程中可以取得快速的转矩响应。

直接转矩控制的主要缺点是在低速时转矩脉动大，其主要原因是：

（1）由于转矩和磁链调节器采用滞环比较器，不可避免地造成了转矩脉动。

（2）在电机运行一段时间之后，电机的温度升高，定子电阻的阻值发生变化，使定子磁链的估计精度降低，导致电磁转矩出现较大的脉动。

（3）逆变器开关频率的高低也会影响转矩脉动的大小，开关频率越高转矩脉动越小；反之，开关频率越低，转矩脉动越大。

为了降低或消除低速时的转矩脉动，提高转速、转矩控制精度，扩大直接转矩控制系统的调速范围，近些年来提出了许多新型的直接转矩控制系统。虽然这些新型直接转矩控制技术在不同程度上改善了调速系统的低速性能，但是其低速性能还是不能达到矢量控制的水平。间接转矩控制技术可弥补直接转矩控制系统的这一缺点，受到了很多学者的关注。间接转矩控制技术具有优良的低速性能，另外由于其独特的控制思想可以降低逆变器的开关频率，从而特别适用于大容量调速场合。

*6.4　永磁同步电机矢量控制变频调速系统

永磁同步电机（Permanent Magnet Synchronous Motor，PMSM）的定子结构及其工作原理与交流异步电机一样，多为 4 极形式，不同的是转子结构，转子上安装有永磁体磁极。永磁同步电机以永磁体提供励磁，电机结构较为简单，体积小，降低了加工和装配费用，且省去了容易出问题的集电环和电刷，提高了电机运行的可靠性；又因无需励磁电流，没有励磁损耗，提高了电机的效率和功率密度，同时具有起动力矩大、性能指标好、温升低、可靠性高、节能等特点。其应用范围基本上可以覆盖目前应用电机的所有领域，应用前景极为广阔。其分类也多种多样，按工作主磁场的方向不同，分为径向磁场式和轴向磁场式；按电枢绕组位置的不同，可分为内转子式和外转子式；按供电频率控制方式的不同，可分为他控式和自控式；按反电动势波形的不同，可分为正弦波永磁同步电机和梯形波永磁同步电机。本章主要研究正弦波永磁同步电机矢量控制调速系统。

6.4.1　永磁同步电机(PMSM)的工作原理

三相同步电机的模型如图 6-10 所示。定子的 a,b,c 轴上放置三相定子绕组，对称分布，在空间互差 $120°$ 电角度，通入三相电流时，产生旋转磁场，磁场的中性线用 Ⓝ 和 Ⓢ 表示。转子采用永磁体，用 N、S 表示永久磁铁磁极的中心位置，将产生主磁通 Φ_a；Φ_f 表示电机一对极励磁的有效磁通。Φ_a 是形成反作用力的磁通，这里称为定子旋转磁通，在该旋转磁场的作用下，转子磁极将逆时针旋转并产生转矩。则同步转速 ω 计算如下：

$$\omega = 2\pi \frac{f}{p} \tag{6-18}$$

上式中 p 为极对数，f 为电流频率。

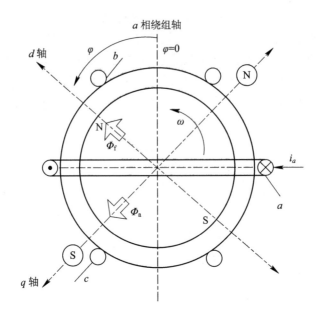

图 6-10 三相同步电机模型

转子磁极的轴标记为 d 轴(励磁磁通轴),设定子 a 相绕组相位为零(基准),则转子移动的相位 φ 计算如下:

$$\varphi = p\omega t + \varphi_0 \tag{6-19}$$

上式中 φ_0 为转子初始相位角。

在同步电机的闭环驱动中,规定主磁通 Φ_a(标记为 q 轴)和励磁磁通轴 d 正交。若站在转子上来看磁通 Φ_a 和 Φ_f 的关系,可用图 6-11 所示的相位关系进行描述。由于磁通 Φ_a 在 q 轴上是一个静止的直流量,可认为其中流过直流电流 I_q,此时 d、q 轴的关系与异步电机矢量控制十分相似,不同之处是异步电机的励磁电流大小和相位都要进行控制,而永磁同

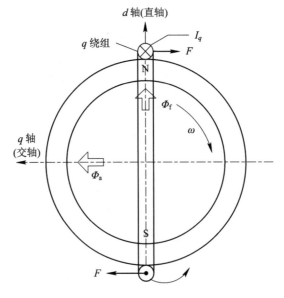

图 6-11 定子直轴和交轴作用下转矩的产生原理

步电机的励磁电流是直流且是恒定的。实际上，同步电机外侧的定子绕组实际上是静止的，而转子(永久磁铁)在转动，大小为 ω。只要保证 Φ_a 和 Φ_f 的正交条件，就可以与普通的直流电机等效了。

由于主磁通 Φ_a 和电流 I_q 成正比，则可认为它与定子三相电流的振幅 I_m 成正比，可令 $I_m = k_1 I_q$。那么在转子相位 $\varphi = \pi/2$ 的瞬间，定子旋转磁通的磁道 Φ_a(q 轴)与 a 相绕组一致，由于 Φ_a 的方向是向下的，因此 a 相的电流 i_a 应为负的最大值，则有

$$i_a = -k_1 I_q \sin\varphi \tag{6-20}$$

根据三相电流之间的相位关系，则 b 相和 c 相的电流计算如下：

$$i_b = -k_1 I_q \sin(\varphi - 120°) \tag{6-21}$$

$$i_c = -k_1 I_q \sin(\varphi - 240°) \tag{6-22}$$

因此，在永磁同步电机的闭环驱动控制中，只要控制好转子磁极相位 φ 和定子绕组就能得到三相正弦波电流从而驱动电机。

6.4.2　PMSM 的数学模型

在三相静止坐标系(即 a-b-c 坐标系)中，PMSM 的电压方程可表示为

$$\begin{bmatrix} u_a \\ u_b \\ u_c \end{bmatrix} = \begin{bmatrix} R_s & 0 & 0 \\ 0 & R_s & 0 \\ 0 & 0 & R_s \end{bmatrix} \begin{bmatrix} i_a \\ i_b \\ i_c \end{bmatrix} + \frac{d}{dt}\begin{bmatrix} \psi_a \\ \psi_b \\ \psi_c \end{bmatrix} \tag{6-23}$$

上式中 u_a、u_b、u_c，i_a、i_b、i_c、ψ_a、ψ_b、ψ_c，分别对应三相定子绕组的电压、电流以及磁通，R_s 是三相定子绕组的电阻。其磁链方程可表示为

$$\begin{bmatrix} \psi_a \\ \psi_b \\ \psi_c \end{bmatrix} = \begin{bmatrix} L_{aa} & L_{ab} & L_{ac} \\ L_{ba} & L_{bb} & L_{bc} \\ L_{ca} & L_{cb} & L_{cc} \end{bmatrix} \begin{bmatrix} i_a \\ i_b \\ i_c \end{bmatrix} + \frac{d}{dt}\begin{bmatrix} \psi_{am} \\ \psi_{bm} \\ \psi_{cm} \end{bmatrix} \tag{6-24}$$

上式中 L_{ab}、L_{ba}、L_{bc}、L_{cb}、L_{ca}、L_{ac} 为三相定子绕组互感；L_{aa}、L_{bb}、L_{cc} 为定子自感；ψ_{am}、ψ_{bm}、ψ_{cm} 为永磁体在定子上的耦合磁链。永磁体在定子上的耦合磁链在转子转角 $\theta_r = 0$ 时为最大，在 $\theta_r = 90°$ 时为 0 时，其表达式为

$$\begin{bmatrix} \psi_{am} \\ \psi_{bm} \\ \psi_{cm} \end{bmatrix} = \begin{bmatrix} \psi_m \cos\theta_r \\ \psi_m \cos(\theta_r - 2\pi/3) \\ \psi_m \cos(\theta_r + 2\pi/3) \end{bmatrix} \tag{6-25}$$

上式中 ψ_m 为转子永磁磁链。

利用 Park 变换可将静止三相坐标系中 PMSM 的电压方程化为 d-q 坐标系下的方程，如下所示：

$$\begin{cases} u_d = R_s i_d - \omega_r L_q i_q + L_d \dfrac{di_d}{dt} + \dfrac{d\psi_m}{dt} \\[2mm] u_q = R_s i_q + \omega_r (L_d i_d + \psi_m) + L_q \dfrac{di_q}{dt} \\[2mm] u_0 = R_s i_0 + L_0 \dfrac{di_0}{dt} \end{cases} \tag{6-26}$$

上式中 u_d、u_q、u_0 为定子电压矢量 u 在 d、q 轴上的等效电压和零序电压；i_d、i_q、i_0 分别是

定子 d、q 轴上的等效电流和零序电流;$L_d = L_s + M_s + 3/2L_m$ 为定子 d 轴(直轴)的等效电感分量;$L_q = L_s + M_s - 3/2L_m$ 为定子 q 轴(交轴)的等效电感分量;$L_0 = L_s - 2M_s$ 为定子零序等效电感分量;ω_r 为同步角频率;ψ_m 为转子在定子上的耦合磁链。其中 L_d、L_q、L_0 计算式中的 L_s 为三相定子绕组的自感平均值,M_s 为三相定子绕组的互感平均值,L_m 为定子互感的变化部分(励磁电感)。

在 d、q 坐标系下的转矩方程 T_e 为

$$T_e = \frac{3}{2}n_p[\psi_m i_q + (L_d - L_q)i_d i_q] \tag{6-27}$$

6.4.3 SVPWM 控制技术

经典的正弦波 PWM(SPWM)控制的目的主要是使逆变器的输出电压尽量接近正弦波,但是忽略了输出电流的波形。而控制电机的最终目的是产生圆形旋转磁场,从而产生恒定的电磁转矩。因此,根据这一控制目标,把逆变器和电机看作一个整体,按照跟踪圆形旋转磁场来控制 PWM 电压,这种控制方法称为"磁链跟踪控制",磁链的轨迹是交替使用不同的电压空间矢量得到的,故又称电压空间矢量 PWM(Space Vector PWM,SVPWM)控制。SVPWM 运用电压平均值等效原理,在每个周期内,根据给定电压矢量所处的扇区,通过控制该扇区两个有效的电压矢量作用时间的长短,来合成该给定电压矢量,剩余时间由零电压矢量处理。

定义三相定子电压的空间矢量为 u_{A0}、u_{B0}、u_{C0}。根据三相对称电压源的关系可知 u_{A0}、u_{B0}、u_{C0} 的时间相位互相错开 $120°$,三个空间矢量的方向始终处于各相绕组的轴线上,大小则随时间按正弦规律脉动,则使用 u_{A0}、u_{B0}、u_{C0} 三相定子电压空间矢量相加合成的空间矢量 u_s 是一个旋转的空间矢量,它的幅值不变,是每相电压值的 $3/2$ 倍。

当定子电源的频率 ω_1 不变时,合成空间矢量 u_s 以角频率 ω_1 为电气角速度作恒速旋转。当某一相电压为最大值时,合成电压矢量 u_s 就落在该相的轴线上,用公式表示,则有 $u_s = u_{A0} + u_{B0} + u_{C0}$。用合成的空间矢量表示的定子电压方程式为 $u_s = R_s I_s + d\Psi_s/dt$。当电机转速不是很低时,定子电阻压降可忽略不计,则定子合成电压 u_s 与合成磁链 ψ_s 空间矢量的近似关系为 $u_s \approx d\Psi_s/dt$。由三相平衡正弦电压供电时,电机定子磁链幅值恒定,其空间矢量以恒速旋转,磁链矢量顶端的运动轨迹呈圆形(简称为磁链圆),如图 6-13 所示。这样的定子磁链旋转矢量可近似为 $\psi_s = \psi_m e^{j\omega_1 t}$,这里 ψ_m 为磁链的幅值,ω_1 为旋转角速度,则有

$$u_s \approx \frac{d}{dt}(\psi_m e^{j\omega_1 t}) = j\omega_1 \psi_m e^{j\omega_1 t} = \omega_1 \psi_m e^{j(\omega_1 t + \frac{\pi}{2})} \tag{6-28}$$

上式表明,当磁链幅值一定时,u_s 的大小与定子电源的频率(或供电电压频率)成正比,其方向与磁链矢量正交,即磁链圆的切线方向。当磁链矢量在空间旋转一周时,电压矢量也连续地按磁链圆的切线方向运动 2π 弧度,其轨迹与磁链圆重合。这样,电机旋转磁场的轨迹问题就可转化为电压空间矢量的运动轨迹问题。

基于上述磁场轨迹与电压空间矢量运动轨迹的关系,SVPWM 在原理上正是着眼于如何使电机获得幅值恒定的圆形磁场。当电机通以三相对称正弦电压时,交流电机内产生圆形磁链,SVPWM 以此圆形磁链为基准,通过逆变器功率器件的不同开关模式产生有效矢量来逼近基准圆,即用多边形来逼近圆形,同时产生三相互差 $120°$ 电角度的接近正弦波的

电流来驱动电机。从逆变器的拓扑结构看,功率器件共有 8 个工作状态,对于每一个工作状态,逆变器供给电机的三相电压都可用一个空间矢量表示。由于逆变器直流侧输入电压恒定,且三相对称工作,则三相相电压的幅值相等,在空间相位上互差 60°,如图 6-12 所示。如以 $V_1(001)$、$V_2(010)$、$V_3(011)$、$V_4(100)$、$V_5(101)$、$V_6(110)$ 依次表示 6 个有效工作状态的电压空间矢量,让 6 个矢量都从原点出发,则形成一个六角形,即逆变器的工作周期被分成 6 个扇区。至于 111 和 000 两个无意义的状态,可分别冠以 V_7 和 V_0,称作零矢量,其大小为零,也无相位,可认为坐落在六角形的原点。利用这 6 个基本有效矢量和两个零矢量,可以合成 360° 内的任何矢量。实际应用中对于六拍阶梯波的逆变器,在其输出的每个周期中 6 种有效的工作状态各出现一次。逆变器每隔 60° 就切换一次工作状态(即换相),而在这 60° 时刻内工作状态保持不变。

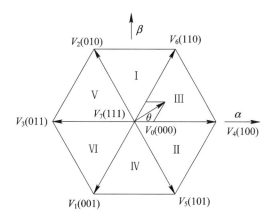

图 6-12 6 扇区电压空间矢量

为了得到旋转空间矢量 V,在不降低直流电压利用率的情况下能调控三相逆变器输出的基波电压和消除低次谐波,可用矢量 V 所在扇区边界的两个相邻特定矢量 V_x 和 V_y 及零矢量 V_z 合成一个等效的电压矢量 V,调控 V 的大小和相位。则在时间很短的一个开关周期 T_s 中,矢量存在的时间就由组成这个区域的两个相邻的非零矢量 V_x 存在 T_x 时间、V_y 存在 T_y 时间以及零矢量 V_z 存在时间 T_0 来等效,即 $V_x T_x + V_y T_y + V_z T_0 = V T_s = V(T_x + T_y + T_0)$。$V = (\sqrt{3}/2) V_{dc} M$,其中 V_{dc} 为逆变器直流母线的电压,M 为调制比。

1. 扇区选择

根据图 6-12 中各扇区与 V_α、V_β(两相静止坐标系 α、β 中的某电压矢量在坐标轴上的投影)的关系,当 $V_\beta > 0$ 时,$A = 1$,否则 $A = 0$;当 $\sqrt{3} V_\alpha - V_\beta > 0$ 时,$B = 1$,否则 $B = 0$;当 $\sqrt{3} V_\alpha + V_\beta < 0$ 时,$C = 1$,否则 $C = 0$;则扇区 $N = A + 2B + 4C$。

表 6-1 T_1 和 T_2 赋值表

扇区 N	1	2	3	4	5	6
T_1	Z	Y	$-Z$	$-X$	X	$-Y$
T_2	Y	$-X$	X	Z	$-Y$	$-Z$

2. 计算两相邻矢量的导通时间 T_1、T_2

定义 $X=\sqrt{3}V_\beta T_s/U_d$，$Y=(3V_\alpha+\sqrt{3}V_\beta)T_s/2U_d$，$Z=(\sqrt{3}V_\beta-3V_\alpha)T_s/2U_d$（$U_d$ 是逆变器直流母线的电压），对于不同的扇区，T_1、T_2 按照表 6-1 取值。T_1、T_2 赋值后，要对其进行饱和判断，如果 $T_1+T_2>T_s$，取 $T_1=T_1T_s/(T_1+T_2)$，$T_2=T_2T_s/(T_1+T_2)$。

3. 计算矢量切换点 T_{cm1}、T_{cm2}、T_{cm3}

定义 $T_a=(T_s-T_1-T_2)/4$，$T_b=T_a+T_1/2$，$T_c=T_b+T_2/2$，则在不同扇区内矢量切换点 T_{cm1}、T_{cm2}、T_{cm3} 根据表 6-2 进行赋值。

表 6-2 切换点 T_{cm1}、T_{cm2}、T_{cm3} 赋值表

扇区 N	1	2	3	4	5	6
T_{cm1}	T_b	T_a	T_a	T_c	T_c	T_b
T_{cm2}	T_a	T_c	T_b	T_b	T_a	T_c
T_{cm3}	T_c	T_b	T_c	T_a	T_b	T_a

归纳起来，SVPWM 控制模式有以下特点：

（1）逆变器的一个工作周期分成 6 个扇区，每个扇区相当于常规六拍逆变器的一拍。为了使电机旋转磁场逼近圆形，每个扇区再分成若干个小区间 T_0。T_0 越短，旋转磁场越接近圆形，但 T_0 的缩短受到功率开关器件允许开关频率的制约。

（2）在每个小区间内虽有多次开关状态的切换，但每次切换都只涉及一个功率开关器件，因而开关损耗较小。

（3）每个小区间均以零电压矢量开始，又以零矢量结束。

（4）利用电压空间矢量直接生成三相 PWM 波，计算简便。

（5）采用 SVPWM 控制时，逆变器输出线电压基波最大值为直流侧电压，这比一般的 SPWM 逆变器输出电压提高了 15%。

6.4.4 PMSM 矢量控制变频调速系统

PMSM 闭环矢量控制系统的原理图如图 6-13 所示，主要由速度调节器、电流调节器、变频器、逆变器、永磁同步电机、速度（位置）传感器等组成。系统采用典型的速度、电流双闭环控制，二者均采用 PI 控制器。变频器通常采用 SPWM、电流滞环跟踪 PWM（CHBPWM）或者 SVPWM 等控制方式；速度（位置）传感器把测出的实际转速 ω 与给定的 ω^* 作比较，通过速度负反馈 $\omega^*-\omega$ 输入到速度调节器，其输出 i_q^*（定子在 q 轴上的给定等效电流）作为 i_q 的指令值。已知电机产生的转矩与 i_q 成正比，因此可以把 i_q^* 称为转矩的给定值，其偏差信号 $i_q^*-i_q$ 经过 PI 调节后的输出作为 q 轴上的电压分量 U_q；i_d^* 的偏差信号经过 PI 调节后的输出作为 d 轴上的电压分量 U_d，则 U_q、U_d 经过 Park 逆变换、变频控制和三相逆变后控制 PMSM，三相对称电流合成的旋转磁场与转子永久磁钢产生的磁场相互作用产生转矩，拖动转子同步旋转。而逆变器的三相定子电流经过 Clark 变换和 Park 变换得到两相旋转坐标系 d-q 下的电流 i_d 和 i_q，而速度（位置）传感器实时读取转子磁钢位置，变换成电信号控制逆变器开关，调节电流频率和相位，使磁势保持稳定的位置关系，产生恒定的力矩。通常，PMSM 可采用电流矢量控制的方法，有 $i_d=0$ 控制、最大转矩/电流控制、弱磁控制及最大输出功率控制，其中，$i_d=0$ 是常采用的控制方案。当 $i_d=0$ 时，转矩和 i_q 呈线性关系，只要对 i_q 进行控制，就可以达到控制转矩的目的。

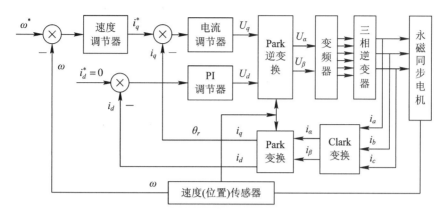

图 6-13　永磁同步电机矢量控制系统原理图

PMSM 矢量控制系统具有以下优势：

（1）效率高。PMSM 矢量控制系统采用高效率的直接矢量控制技术，相较于传统的感应电机控制方法，PMSM 矢量控制能够节约大量的能源，降低电机的工作成本。

（2）响应快。PMSM 矢量控制系统一般不需要反馈环节就可以实现快速响应和高精度的运动控制，毫秒级的响应时间和高精度的定位能力使得 PMSM 矢量控制得到了广泛的应用。

（3）精度高。PMSM 矢量控制系统对磁通、电流、角度控制非常精准，能够使电机在各种运动条件下都具有非常高的稳定性和可靠性。特别是在高速运动和高负载下，永磁同步电机矢量控制能够实现非常高的精度控制，确保了电机的安全和稳定运行。

（4）转矩平稳。永磁同步电机矢量控制技术能够实现电机的平稳转矩输出，特别是在低速和低转矩条件下，可以控制电机的输出转矩，保证了电机的安全运行。相较于传统的感应电机，永磁同步电机具有更低的涡流损耗，能够更好地保持稳定转矩输出。

*6.5　异步电机矢量控制变频调速系统的 MATLAB/Simulink 仿真

6.5.1　仿真建模和参数设置

根据矢量控制系统的电气工作原理和图 6-4 所示的矢量闭环控制系统结构图，采用 MATLAB/Simulink 中的仿真工具箱构建了图 6-14 所示的矢量控制系统的仿真模型，图中主要包含的仿真模块有：逆变器-异步电机模块（封装模块，包括异步电机和逆变器模块）、矢量控制模块（封装模块，包含坐标变换模块、磁链计算模块、励磁电流和转矩电流计算模块、电流滞环模块、速度控制模块等）、输入信号模块等。另外，为了方便观察异步电机的转速、转矩以及磁链的波形，添加了示波器仿真模块。对负载 Tm 和给定转速信号可分别分为常数和阶跃值两种情况进行讨论。这里负载的阶跃值设为 50；转速给定信号给定常数为 120，阶跃值设为 120。

下面对图 6-14 所示的仿真模型中主要的功能模块选择及其参数设置分别进行介绍。

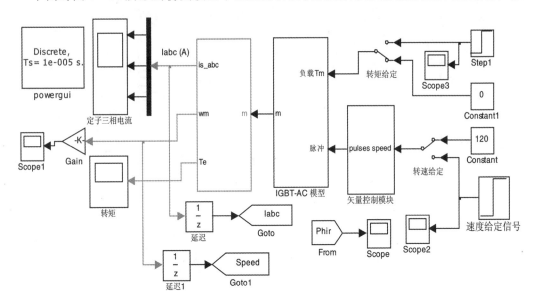

图 6-14 异步电机矢量控制系统仿真模型

1. 逆变器-异步电机仿真模块

异步电机选择 SimPowerSystems 库中的鼠笼式异步电机。在异步电机模块"Configuration"界面上选择预设的电机模型，其参数则可在"Parameters"界面上看到，无须自设异步电机的参数。仿真测试中选择电机的预设模型为 01：5HP 460 V 60 Hz 1750 RPM，异步电机的额定线电压为 460 V，额定转速为 1750 r/min。逆变器模块选择 3 桥臂 6 脉冲触发的全控桥式 IGBT 模块。异步电机与逆变器连接的仿真模型及其封装后的图形如图 6-15 所示。异步电机的三相定子绕组 A、B、C 与 IGMT 的输出 A、B、C 对应相连，Tm 为异步电机的输入负载；其输出为总线信号 m，其包含了定子电流、转子电流、转矩、转速等信号；IGBT 的脉冲信号 g 为 6 路 PWM 控制信号，由电流滞环控制模块得到。

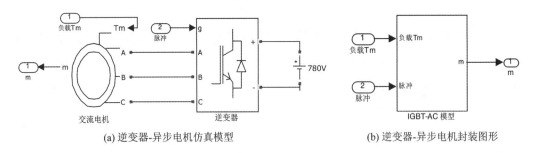

(a) 逆变器-异步电机仿真模型　　　　　　　　(b) 逆变器-异步电机封装图形

图 6-15 异步电机-逆变器仿真模型及其封装图形

2. 矢量控制仿真模块

矢量控制模块的仿真模型及其封装图形如图 6-16 所示。它主要由以下模块的封装图形组成：三相到两相(3s/2r)和两相到三相(2r/3s)坐标变换模块、转子磁链角计算模块、电流滞环模块、磁链计算模块、励磁电流和转矩电流计算模块等。

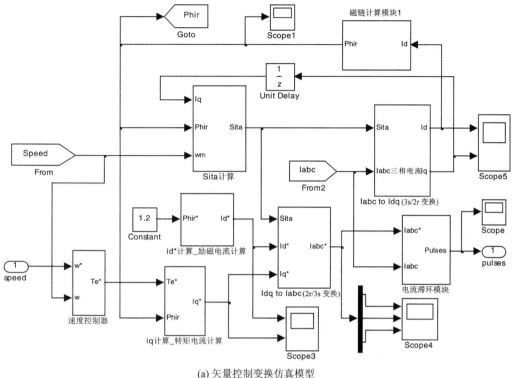

(a) 矢量控制变换仿真模型

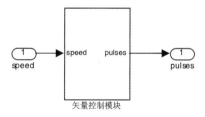

(b) 矢量控制仿真模型的封装形式

图 6-16　矢量控制仿真模型及其封装形式

（1）3s/2r 变换仿真模块。三相静止坐标系 a-b-c 到两相旋转坐标系 d-q 的变换仿真模型（即图 6-16 中的 Iabc to Idq（3s/2r 变换）模块）的内部结构如图 6-17 所示。其中 id 和 iq 模块中 $f(u)$ 的函数表达式分别如式（6-28）式（6-29）所示：

$$f(u) = u(1) \times u(3) + (1.732 \times u(2) - u(1)) \times u(4) \times 0.5 - \\ (u(1) + 1.732 \times u(2)) \times u(5) \times 0.5 \quad (6-29)$$

$$f(u) = -u(2) \times u(3) + (u(2) + 1.732 \times u(1)) \times u(4) \times 0.5 + \\ (u(2) - 1.732 \times u(1)) \times u(5) \times 0.5 \quad (6-30)$$

上式中，$u(1) = \cos\theta$，$u(2) = \sin\theta$，$u(3) = i_a$，$u(4) = i_c$，$u(5) = i_b$，$\theta = \omega t$。

（2）2r/3s 变换仿真模块。转子磁场定向的两相旋转坐标系 d-q 到三相静止坐标系 a-b-c 变换的仿真模型（即图 6-16 中 Idq to Iabc（2r/3s 变换）模块）内部结构图如图 6-18 所示。由于我们采用的异步电机是三相无中线连接的鼠笼式异步电机，则有 $i_a + i_b + i_c = 0$，即 $i_c = -i_a - i_b$。图 6-18 中 ia 和 ib 的 $f(u)$ 函数表达式分别如式（6-30）和式（6-31）所示：

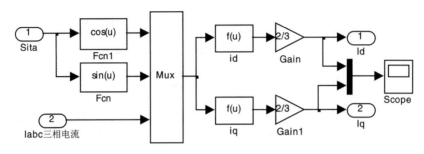

(a) 3s/2r变换的内部结构图

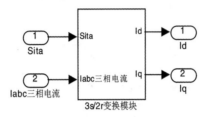

(b) 3s/2r变换的封装模型

图 6 - 17　三相静止坐标系到两相旋转坐标系变换的仿真模型(3s/2r 变换)

$$f(u) = u(1) \times u(4) - u(2) \times u(3) \qquad (6-31)$$

$$f(u) = (-u(1) + 1.732 \times u(2)) \times u(4) \times 0.5 + (u(2) + 1.732 \times u(1)) \times u(3) \times 0.5 \qquad (6-32)$$

其中 $u(1) = \cos\theta$，$u(2) = \sin\theta$，$u(3) = i_q$，$u(4) = i_d$。

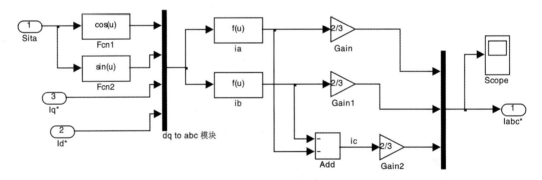

图 6 - 18　两相旋转坐标系到三相静止坐标系变换的仿真模型(2r/3s 变换)

（3）电流滞环仿真模块。电流滞环控制模块的仿真模型如图 6 - 19 所示。该模块由三个滞环控制器和三个逻辑非运算器组成，其输入信号为三相指令电流值和三相实测电流值，输出 6 路 IGBT 逆变器控制信号。通过控制逆变器的通断来调节逆变器输出线电压的频率，从而实现改变频率调速的目的。减小滞环宽度，可以减小输出相电流的纹波；但是环宽不能太小，以免功率器件的开关频率加大，引起电流超调，增大跟踪误差，降低电流的控制精度。

（4）磁链及转子磁链角计算模块。转子磁链在动态过程中恒定不变是关键因素，其精度直接影响调速系统的动态性能。利用定子电流的励磁分量可以计算出转子磁链幅值，其磁链计算模块内部结构及其封装形式如图 6 - 20 所示。

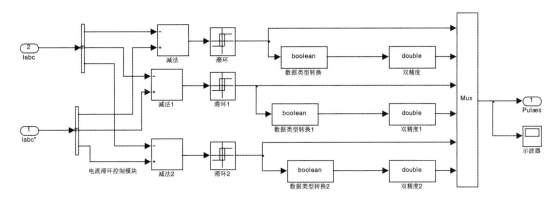

图 6-19　电流滞环的仿真模型

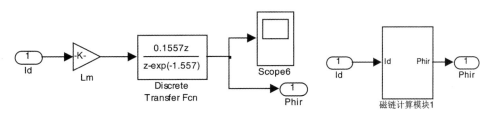

(a) 转子磁链计算模块的内部结构　　　　　　(b) 转子磁链计算模块的封装模型

图 6-20　转子磁链计算模块的仿真模型

　　根据转矩电流分量 i_q 和检测磁通 ψ_r 的值，根据式(6-9)就可以得到转差频率 ω_{sr}，把 ω_{sr} 与实测的转子转速 ω_r 相加便可以得到定子频率信号 ω_s，再经过积分环节即可得到转子磁链角 θ，即是同步旋转变换的旋转相位角，通过式 $\theta = \int (\omega_{sr} + \omega_r) \mathrm{d}t$ 计算得到。通过计算 θ 角，就可以实现转子磁场定向。在图 6-21 所示的模块中，$i_q = u(1)$，phir $= u(2)$，则函数 $f(u)$ 的表达式如下：

$$f(u) = \frac{u(1) \times L_m \times L_r}{u(2) \times R_r} + 1\mathrm{e} - 3 \tag{6-33}$$

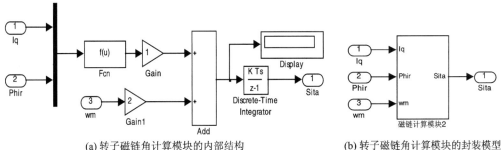

(a) 转子磁链角计算模块的内部结构　　　　　(b) 转子磁链角计算模块的封装模型

图 6-21　转子磁链角计算模块的仿真模型

　　(5) 励磁电流和转矩电流计算模块。励磁电流和转矩电流计算模块及其对应封装图形分别如图 6-22 和图 6-23 所示。

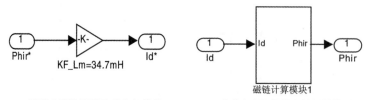

(a) 励磁电流计算模块的内部结构   (b) 励磁电流计算模块的封装模型

图 6-22　励磁电流计算模块

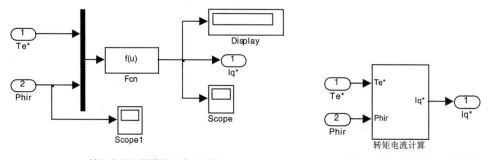

(a) 转矩电流计算模块的内部结构   (b) 转矩电流计算模块的封装模型

图 6-23　转矩电流计算模块

根据式(6-6)和式(6-7)得到给定的 i_{ds}^* 和 i_{qs}^*，分别计算如下：

$$i_{ds}^* = i_d^* = \frac{\psi_{rd}^*}{L_m} \tag{6-34}$$

$$i_{qs}^* = i_q^* = \frac{2L_r T_e^*}{3n_p L_m \psi_r} \tag{6-35}$$

在图 6-22 中，phir* $=\psi_{rd}^*$，放大倍数 $K=L_m=34.7$ mH。

在图 6-23 中，函数 $f(u)$ 的表达式为：

$$f(u) = \frac{u(1) \times 0.341}{u(2) + 1e - 3} \tag{6-36}$$

式(6-36)中，为了避免转子磁场初值为零，出现奇异点发散现象，使得系统稳定性增加，加入了一个常数 0.001。

(6) 速度控制模块。速度调节采用带有限幅作用的 PI 控制器，其表达式为

$$T_e^* = k_p(\omega_r^* - \omega_r) + k_i \int (\omega_r^* - \omega_r) \, dt \tag{6-37}$$

上式中 ω_r^* 和 ω_r 分别为转速给定信号和实测信号；k_p 和 k_i 为比例增益系数和积分增益系数，其中积分器采用离散时间积分器，其仿真模块结构如图 6-24 所示。

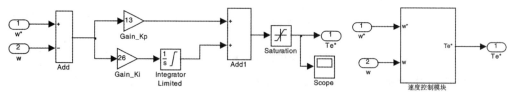

(a) 速度控制模块的内部结构   (b) 速度控制模块的封装模型

图 6-24　速度控制模块

6.5.2　仿真结果分析

1. 主要仿真模块测试

根据图 6-16 所示的仿真模型，设置仿真时间为 5 s，仿真算法为 ode23tb，选择异步电机的定子三相电流、电磁转矩 T_e 以及转子角速度 ω 作为测量对象，另外采用电压测量模块检测异步电机的线电压。下面对主要模块的参数和功能进行测试分析。

（1）坐标系变换模块的测试。设置三相和两相正弦信号的幅值和频率，测试自行构建的静止三相坐标系变换为旋转两相坐标系的仿真模块（3s/2r）及二者反变换的仿真模块（2r/3s），观测示波器，得到的三相变换到两相的正弦信号以及两相变换到三相的正弦信号的仿真波形如图 6-25 所示，其中信号幅值大小设置为 2，频率为 50 Hz，仿真结果验证了构建的 3s/2r 和 2r/3s 仿真模块的正确性。

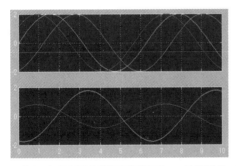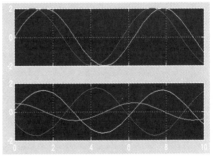

(a) 静止三相坐标系变换到旋转两相坐标系(3s/2r)的仿真波形　(b) 旋转两相坐标系变换到三相静止坐标系(2r/3s)的仿真波形

图 6-25　静止三相坐标系和旋转两相坐标系之间的变换及其反变换波形

（2）PWM 逆变模块和交流电机模块的测试。交流异步电机的模型可以选择 Simulink 中的预设模型，也可以选择自设参数模型。系统提供了 15 种异步电机预设模型供选择，这里采用自设的异步电机模型，主要参数选择为：额定功率 $P_N=3700$ W，线电压 380 V，额定频率 60 Hz，定子内阻 $R_s=0.0878$ Ω，转子内阻为 $R_r=0.228$ Ω，定子漏感 $L_s=0.8$ mH，转子漏感 $L_r=0.8$ mH，互感 $L_m=34.7$ mH，极对数 $n_p=2$，转动惯量 $J=0.663$ kg·m²；逆变模块的直流电压设为 650 V。设置好相应的仿真参数后，对异步电机和逆变器模块进行调试，得到异步电机的三相定子电流波形、转矩波形、逆变器输出三相 PWM 电压波形及其利用对应波形的仿真数据进行编程得到的波形，如图 6-26 所示，可以看到，波形变换趋势和理论分析结果相一致。

（3）滞环电流模块的测试。滞环电流控制器的滞环环宽 2 h 影响电流跟踪控制的精度。当环宽较大时，功率开关器件的开关频率可降低，但是电流的谐波分量大；当环宽较小时，电流波形失真较小，但是功率器件的开关频率会变大。仿真测试中，三相电流信号的幅值为 20，电流滞环模块的电流环宽 2 h 设置为 10 A。以 A 相电流信号（参见图 6-27(a)）和 A 相电流偏差信号（参见图 6-27(b)）作为滞环控制器的输入信号，经滞环控制器作用后分配给逆变器的脉冲信号如图 6-27(c)所示，利用该脉冲控制功率器件 IGBT 的开通和关断，得到 A 相滞环逆变后的电流波形如图 6-27(d)所示。同样地，对 B 相和 C 相的电流进行测试也得到类似的波形，幅值和 A 相相同，仅是相位和 A 相电流依次相差 120°。仿真结果验证了所构建的电流滞环控制器仿真模块是正确的。

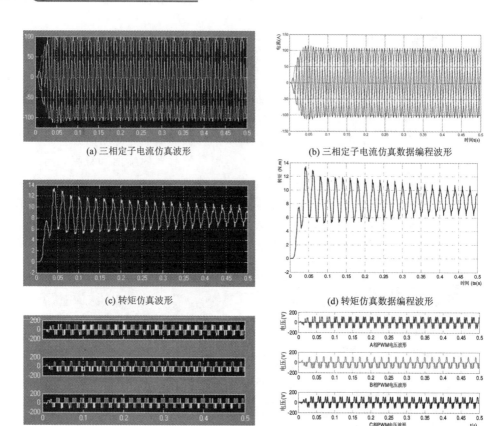

(a) 三相定子电流仿真波形   (b) 三相定子电流仿真数据编程波形

(c) 转矩仿真波形   (d) 转矩仿真数据编程波形

(e) 逆变器输出三相 PWM 电压波形(分别对应 ABC 三相顺序)   (f) 逆变器输出三相 PWM 电压仿真数据编程波形

图 6 - 26 异步电机-逆变器模块仿真波形

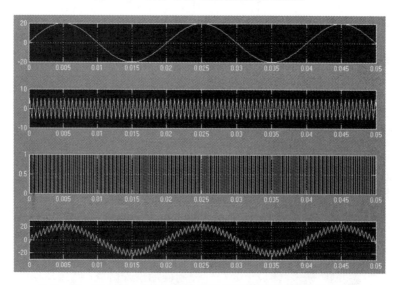

图 6 - 27 以 A 相为例对电流滞环控制模块测试得到的仿真波形
(第一行：A 相原始电流信号(幅值 20，频率 50 Hz，初始相位为 0)；
第二行：A 相电流偏差信号；第三行：A 相电流经滞环控制器后输出的脉冲信号；
第四行：A 相滞环逆变后的波形)

2. 仿真结果分析

根据上述各模块测试结果可知所构建的主要模块仿真测试都是正确的。对矢量控制系统的仿真模型按照 6.5.1 小节中设置的参数进行讨论。在异步电机的测量模块 Demux 中选择转子角速度、定子三相电流、电磁转矩作为输出信号接到仿真示波器的输入端，以便直观地观测到相应的仿真波形；滞环电流的环宽设为 20A；转速给定信号数设为 120 rad/s；转速调节器 ASR 的 PI 调节器中积分器的系数设为 26，比例放大倍数的值设为 13。当空载起动时，三相定子电流和转速仿真波形分别如图 6-28(a) 和图 6-28(b) 所示。观测图 6-28 可

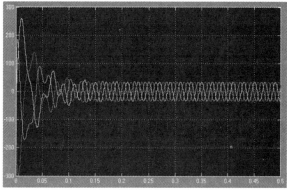

(a) 空载时的矢量控制系统调试得到的三相定子电流波形

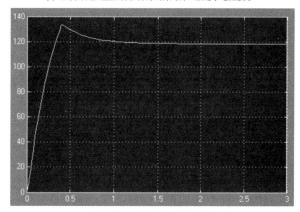

(b) 空载时仿真示波器观测到的转速波形

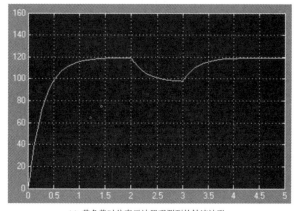

(c) 带负载时仿真示波器观测到的转速波形

图 6-28　矢量控制调速系统的仿真波形(在 2 s 时突加扰动)

知，在电机空载起动的瞬间，定子电流突然增加，接近 300 A，转速迅速上升。转速上升时间持续 0.45 s 左右，这时转速大小超过给定的转速值(即转速出现超调)，PI 调节器退饱和，大约 1.5 s 后转速调节到稳态值 120 rad/s。

考虑带载起动时得到的转速仿真波形如图 6 - 28(c)所示。设电机初始负载为 50 N·m，当转速达到稳定值后，在 2 s 时突然加入 100 N·m 的负载时，可以观测到转速突然下降(转矩会突然降到零然后再增加到稳态值)，但很快就又回到转速的给定值，说明系统有较好的抗干扰性能。

根据上述各仿真模块测试波形和系统仿真实验波形可知，当恰当选取仿真参数时，所构建的矢量控制异步电机变频系统的动态响应快、超调量较小，有一定的抗干扰能力，所得到的仿真分析结果和理论分析结果相一致，从而验证了所构建的矢量控制异步电机变频调速系统的仿真模型的正确性和有效性。

*6.6 永磁同步电机矢量控制变频调速系统的 MATLAB/Simulink 仿真

6.6.1 仿真建模和参数设置

根据 PMSM 矢量控制系统的原理图(参见图 6 - 13)建立的 PMSM 矢量控制系统的仿真模型如图 6 - 29 所示。图中主要包含的仿真模块有：带有限幅作用的 PI 速度控制模块以及 PI 电流控制模块、永磁同步电机模块、IGBT 逆变器模块、空间电压矢量 PWM (SVPWM)控制模块、Park 逆变换模块、三相静止坐标系到同步旋转坐标系的 3s/2r 变换(综合了 Park 变换模块和 Clark 变换模块)、速度(位置)检测模块等。为了方便观察 PMSM 的定子电流、转速以及转矩的波形，添加了示波器仿真模块。负载 Tm 信号可分别设为常数和阶跃值两种情况进行讨论。这里主要对 PMSM 空载、负载两种情况进行讨论。负载为阶跃信号时，阶跃初始值设为 5，在 $t=0.1$ s 时负载突然增加到 20。系统仿真时间设为 0.5 s，

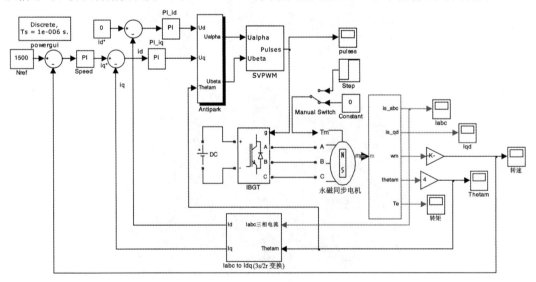

图 6 - 29　PMSM 矢量控制系统的仿真模型

选择 PMSM 模块中自带的永磁同步电机预设模型（也可以自设 PMSM 参数），同时设置合理的转速外环 PI 控制器和电流内环 PI 控制器的参数，起动仿真，则可以得到基于 SVPWM 控制的 PMSM 矢量控制系统空载和带载时对应的三相定子电流、转速、转矩的波形。下面对图 6-29 所示的仿真模型中主要的功能模块选择及其参数设置分别进行介绍。

1. 主要功能模块的仿真建模

（1）逆变器-PMSM 模块。电机选择 SimPowerSystems 库中的 Permanent Magnet Synchronous Machine 永磁同步电机（PMSM），其查找路径为 "SimPowerSystems/Machines"。

逆变器模块选择通用桥模块，其查找路径为 "SimPowerSystems/Power Electronics/IGBT"，其设置为 3 桥臂 6 脉冲触发的全控桥式 IGBT 模块，脉冲信号 g 为 6 路 SVPWM 控制信号，由 SVPM 控制模块得到。PMSM 与逆变器连接的仿真模型图如图 6-30 所示。PMSM 的三相定子绕组 A、B、C 与 IGMT 的输出 A、B、C 对应相连，Tm 为 PMSM 的输入负载，根据实际需要进行设置；PMSM 模块的输出为总线信号 m，其包含了定子（Stator）三相电流（i_a、i_b、i_c）、定子两相电流（$i_s\_i_q$、$i_s\_i_d$）、定子两相电压（$v_s\_i_q$、$v_s\_i_d$）、转矩（T_e）、转子（Rotor）机械角速度（ω_m）、转角等。

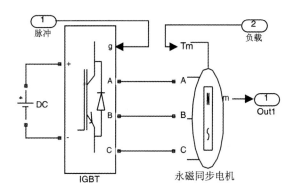

图 6-30　IGB-PMSM 仿真模型

（2）SVPWM 控制模块。MATLAB/Simulink 中有自带的 SVPWM 控制模块，其查找路径为 "SimPowerSystems/Extra Library/Discrete Control Blocks/Discrete SV PWM Generator"。Simulink 中自带的 SVPWM 模块参见图 6-31，设置该模块的 Data type of input reference vector 为 alpha-beta components；Switching pattern 选择默认模式 Pattern ♯1；Chopping frequency 默认值为 2000，仿真时根据频率需要进行设置。

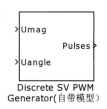

图 6-31　SVPWM 模块

为了更准确地控制 PMSM，也可以根据实际需要自己建立 SVPWM 模型，其建模过程比较复杂，主要考虑的功能模块如下：扇区选择模块，相邻电压矢量 X、Y 和零矢量 Z 的计算模块，两相邻电压矢量导通时间 T_1 和 T_2 的计算模块，逆变器开关的导通时刻(即矢量切换点)计算模块，PWM 脉冲产生模块等。自建的 SVPWM 仿真模型如图 6-32 所示，各主要功能模块对应的仿真结构及其封装模型如图 6-33 到图 6-38 所示。

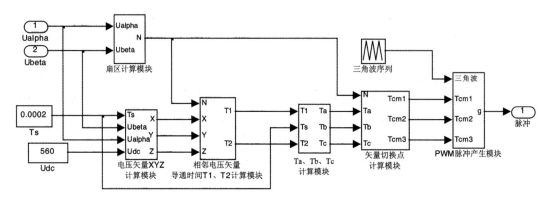

(a) SVPWM 内部结构图

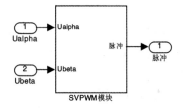

(b) SVPWM封装模型

图 6-32　SVPWM 仿真模型

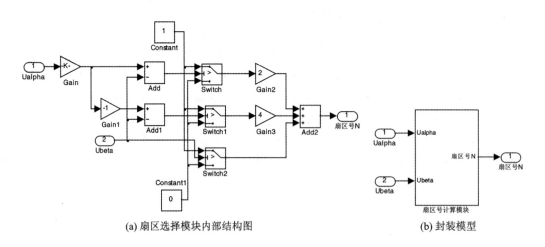

(a) 扇区选择模块内部结构图　　　　　　(b) 封装模型

图 6-33　扇区选择仿真模型

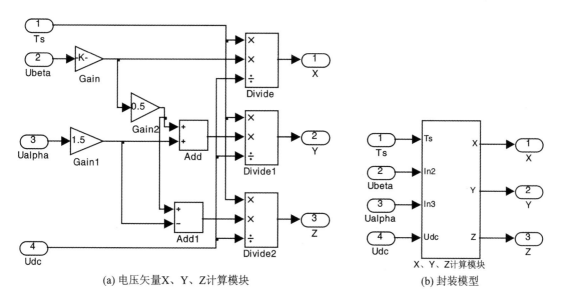

(a) 电压矢量X、Y、Z计算模块　　　　(b) 封装模型

图 6‑34　X、Y、Z 计算模块

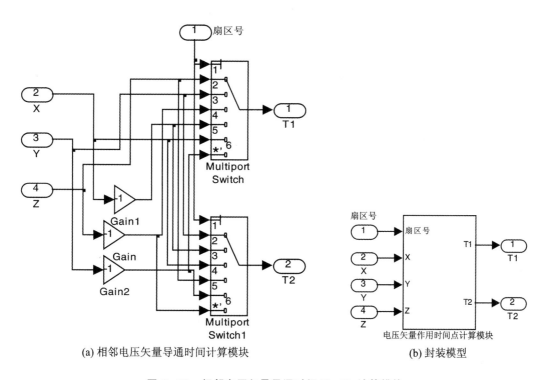

(a) 相邻电压矢量导通时间计算模块　　　　(b) 封装模型

图 6‑35　相邻电压矢量导通时间 T_1、T_2 计算模块

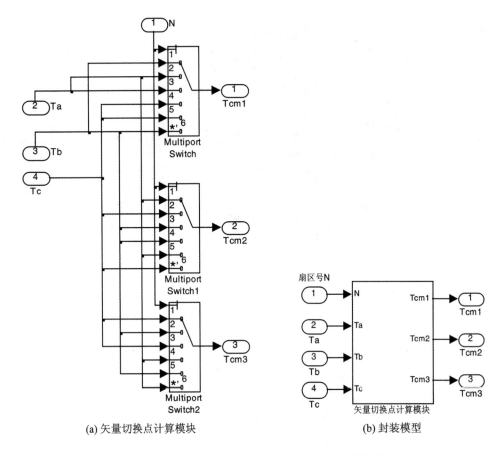

(a) 矢量切换点计算模块　　　　　　　(b) 封装模型

图 6-36　矢量切换点(即逆变器导通时刻)计算模块

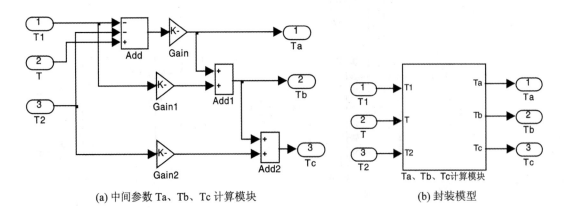

(a) 中间参数 Ta、Tb、Tc 计算模块　　　　　　(b) 封装模型

图 6-37　中间参数 Ta、Tb、Tc 计算模块

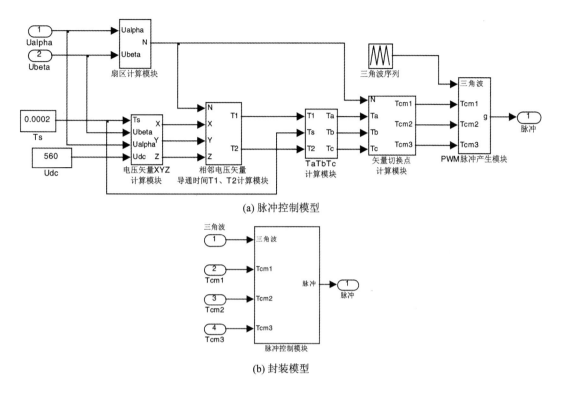

(a) 脉冲控制模型

(b) 封装模型

图 6 - 38 脉冲控制模块

（3）Park 反变换模块。根据式(6-3)建模了两相旋转坐标系 d-q 和两相静止坐标系 α-β 之间的电流变换模块（即 Park 反变换模块），其内部结构图和对应的封装模型如图 6-39 所示。

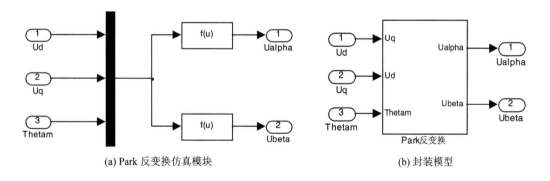

(a) Park 反变换仿真模块   (b) 封装模型

图 6 - 39 Park 反变换仿真模型

（4）3s/2r 变换模块。三相静止坐标系 a-b-c 下定子三相电流转换为两相同步旋转坐标系 d-q 下转子电流的变换（即 3s/2r 变换）其实是 PMSM 矢量控制系统原理图（参见图 6-13）中Clark 和 Park 变换的综合变换，其内部结构和图 6-17(a)相同（参见 6.5.1 小节），其封装模型如图 6-40 所示。

（5）PI 控制模块。SVPWM 矢量控制系统中的转速环和电流环的调节均采用 PI 控制器实现，其仿真模型可以采用 Simulink 库中自带的 PI 控制模块，也可以自建，这里选择系统自带的 PI 控制模块。

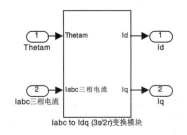

图 6 - 40　3s/2r 变换模块封装模型

2. 主要功能模块参数设置

对 PMSM 矢量控制系统仿真模型的各个功能模块设置合理的参数，同时设置系统的仿真时间，起动该模型即可得到 PMSM 的转矩和转速波形，下面对重要模块的参数设置加以说明。

（1）对 PMSM 模块，点击"Configuration"，Back EMF waveform 选择"Sinusoidal"；Machanical input 选择"Torque Tm"。Preset model 选择序号 10，对应电机额定转速为 5000 r/min。点击"Parameters"，选择 PMSM 自带的预设模型，其序号为 10，对应的参数为：额定转速 $n=5000$ r/min；直流电压 $V_{dc}=560$ V；定子电阻 $R_s=0.18$ Ω；交直轴定子电感 $L_d=L_q=0.008\ 35$ H；黏滞摩擦系数 $B=0.000\ 303\ 5$ N·m·s；转动惯量 $J=0.000\ 62$ kg·m^2；极对数 $p=4$。"Advanced"不需要设置，默认其参数设置即可。

（2）对 IGBT 模块，外部直流电压设置为 560 V，"Number of bridge arms"选择 3，"Snubber resistance Rs"设为 1e5，"Power Electronic device"选择 IGBT/Diodes，其他参数默认。

（3）SVPWM 模块选用系统自带模块，该模块的 Data type of input reference vector 选择 alpha-beta components；Chopping frequency 设置为 6000。

（4）对转速环 PI 控制模块和电流环 PI 控制模块，其参数值根据实验波形进行调整，得到最佳的转速波形即可。在测试中转速给定速度设为 1500 r/min，对转速环 PI 控制模块，K_p 设置为 0.5，K_i 设置为 200，限幅范围设置为$[-30,30]$；对 i_d 和 i_q 的电流环 PI 控制模块，二者参数设置相同，其中 K_p 设置为 4，K_i 设置为 80，限幅范围设置为$[-150,150]$。

6.6.2　仿真结果分析

首先测试 PMSM 矢量控制系统空载运行时的情况。主要功能模块按照上述参数设置，起动系统仿真后，得到的三相定子电流、转矩、转速等波形如图 6 - 41 所示。为了更清楚地看到转速调节结果，对采样得到的转速数据进行编程，得到的转速波形如图 6 - 41(d) 所示。

PMSM 带载运行时，负载设置为阶跃信号，其阶跃初始值设为 5，在 $t=0.1$ s 时负载突增为 20，其他功能模块参数设置和空载时相同，起动仿真后得到的三相定子电流、转矩、转速等波形如图 6 - 42 所示。从图 6 - 42 中可以看到，当异步电机起动后，转速快速上升并有较小的超调，且在很短的时间内稳定在给定转速 1500 r/min 上；在 $t=0.1$ s 突增负载时，转矩随之增大，定子电流增大，而转速突降到 1500 r/min 以下，但在很短的时间内也能够稳定在 1500 r/min 上。

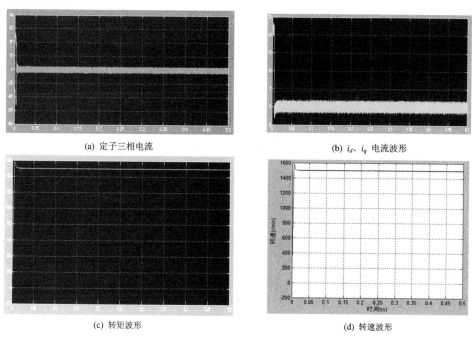

图 6-41　空载时 PMSM 矢量控制系统仿真结果

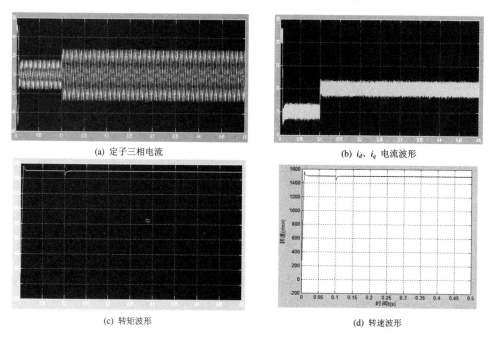

图 6-42　带载时 PMSM 矢量控制系统仿真结果

　　观测空载和带载时 PMSM 运行的转速波形，可以看出转速的超调比较小，调节时间也比较短，转速可以快速地控制在给定转速值 1500 r/min，仿真实验结果比较理想。实际测试中可以对 PI 控制模块的参数进行调整，多次对比转速调节情况，直至得到较为理想的转速波形为止。

习题与思考题

6-1　同步电机和异步电机的区别是什么？

6-2　坐标变换是矢量控制的基础，矢量控制中需要几种矢量坐标变换？变换的原则是什么？

6-3　试分析交流电机矢量变换的基本概念与方法。

6-4　永磁同步电机的调速方式有哪几种？各有什么特点？

6-5　试分析并解释矢量控制系统与直流转矩控制系统的优缺点。

6-6　简述 SVPWM 的控制原理。

6-7　简述无刷直流电机的工作原理。

6-8　设有一个闭环的同步电机正弦波驱动系统，其技术数据如下：电机为三相 2 极永久磁铁同步电机，当转速为 1000 r/min 时，定子线圈一相的感应电势为 18 V(有效值)，若电机定子电流为 10 A(有效值)时，转速为 9000 r/min，问下列参数应如何确定？

（1）定子电流频率；

（2）产生转矩大小。

第七章　变频器应用技术

❖ **主要知识点及学习要求**

（1）了解变频器的基本结构及工作原理。

（2）了解 MD500 系列变频器的基本操作。

（3）掌握 MD500 系列变频器调速运行方式及面板实操。

（4）掌握 PLC 通过 IO 数字量控制 MD500 实现有级调速方法。

（5）掌握 PLC 通过 IO 模拟量控制 MD500 实现无级调速方法。

（6）掌握 PLC 通过 CAN Link 控制 MD500 实现调速。

7.1　变频器的基本结构

把电压和频率固定不变的交流电转换为电压和频率可变的交流电的装置称作变频器。它的工作原理是通过对电源频率的转换来实现驱动电机转速的调节。变频器具有节能降耗、转速调节、扭矩控制、减少起动冲击和保护设备等功能，广泛应用于工业生产和日常生活中，遍及冶金、化工、纺织、造纸、交通运输、民用等各个领域，而且中、小功率的变频器都有定型产品。例如，风机、水泵由恒速电机变为变频调速电机驱动，节能相当可观；新型恒压供水系统代替传统的蓄水塔，不但节能，还可以提高供水质量。实际应用中，用户可根据生产工艺的要求直接选用变频器，无须进行主回路参数计算。

根据整体结构和能量转换方式，变频器分为交-直-交变频器和交-交变频器两大类，下面分别进行介绍。

7.1.1　交-直-交变频器

1. 交-直-交变频器的基本结构

交-直-交变频器是先把工频交流通过整流器变换成直流，然后再把直流通过逆变器变换成频率、电压均可控制的交流，如图 7-1 所示。由于这类变频器在恒频交流电源和变频交流输出之间有一个"中间直流环节"，所以又称之为间接变频器。通用变频器通常采用交-直-交变频器。

图 7-1　交-直-交（间接）变频器

2. 常用的三种交-直-交变频器的结构形式

交-直-交变频器具体的整流和逆变电路种类很多,按照控制方式的不同,它可以分为三种类型,如图7-2所示。

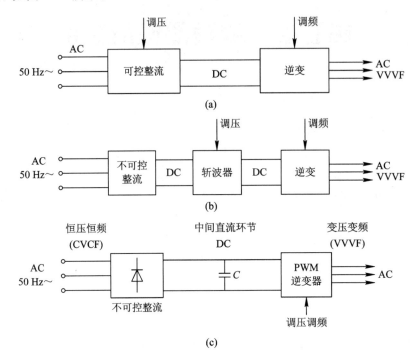

图7-2 交-直-交(间接)变频器的三种结构形式

(1) 用可控整流器变压、逆变器变频的交-直-交变频器。

这种类型的变频器如图7-2(a)所示。调压和调频分别在两个环节上进行,两者要在控制电路上协调配合。这类变频器结构简单、控制方便。但是,由于输入环节采用可控整流器,当电压和频率调得较低时,电网端的数值较小;输出环节多用晶闸管组成的三相六拍逆变器(每周期换流六次),输出的谐波较大,这是这类变频器的主要缺点。

(2) 用不可控整流器整流、斩波器变压、逆变器变频的交-直-交变频器。

在图7-2(b)中,整流环节采用二极管不可控整流器,再增设斩波器,用脉宽调压。这样虽然多了一个环节,但输入功率因数高,克服了图7-2(a)变频器的第一个缺点。这类变频器的输出逆变环节不变,因而仍存在谐波较大的问题。

(3) 用不可控整流器整流、PWM逆变器变压变频的交-直-交变频器。

在图7-2(c)中,用不可控整流器整流,则功率因数高;用PWM逆变器变压变频,则谐波可以减少。这样图7-2(a)变频器的两个缺点都解决了。谐波能够减少的程度取决于开关频率,而开关频率则受器件开关时间的限制。如果仍采用普通晶闸管,开关频率比六拍逆变器也高不了多少。只有采用可控关断的全控型器件以后,开关频率才得以大大提高,输出几乎可以得到非常逼真的正弦波,因而又称这类变频器为正弦波脉宽调制(SPWM)变频器,它是当前最有前途的变频器。SPWM变压变频器具有如下优点:

(1) 在主电路整流和逆变两个单元中,只有逆变单元可控,通过它同时调节电压和频率,结构简单。采用全控型功率开关器件,只通过驱动电压脉冲进行控制,电路也简单,效率高。

（2）输出电压波形虽是一系列的 PWM 波，但由于采用了恰当的 PWM 控制技术，正弦基波的比重较大，影响电机运行的低次谐波受到很大的抑制，因而转矩脉动小，提高了系统的调速范围和稳态性能。

（3）逆变器同时实现调压和调频，动态响应不受中间直流环节滤波器参数的影响，系统的动态性能也得以提高。

（4）采用不可控的二极管整流器，电源侧功率因数较高，且不受逆变输出电压大小的影响。

7.1.2　交-交变频器

1. 交-交变频器的基本结构

交-交变频器是将工频交流直接变换成频率、电压均可控制的交流，其结构如图 7-3 所示。它只有一个变换环节，把恒压恒频（CVCF）的交流电源直接变换成变压变频（VVVF）交流输出，因此又称之为直接变

图 7-3　交-交（直接）变频器

频器。有时为了突出交-交变频器的变频功能，也称其为周波变换器（Cycloconverter）。一般而言，交-交变频器主要应用于大容量低调速范围的场合。

2. 交-交变频器的基本电路结构

常用的交-交变频器输出的每一相都是一个由正、反两组晶闸管可控整流装置反并联组成的可逆线路，也就是说，每一相都相当于一套直流可逆调速系统的反并联可逆整流器，如图 7-4 所示。

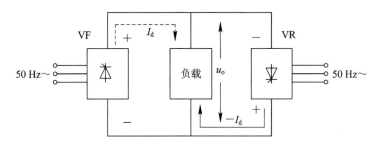

图 7-4　交-交变频器每一相的可逆线路电路结构

*7.2　汇川 MD500 系列变频器

7.2.1　MD500 系列变频器简介

MD500 系列变频器是一款高性能、高可靠性的工业控制产品，其广泛应用于各种工业生产领域，如机械制造、电力电子、石油化工、冶金钢铁等，为用户提供了稳定、高效、节能的驱动解决方案。MD500 系列变频器采用先进的矢量控制技术，实现了对电机转速和转

矩的精确控制,有效提高了系统的整体性能。同时,MD500 系列变频器具有多种保护功能,如过载保护、短路保护、过热保护等,确保了设备的安全可靠运行;具有丰富的通信接口,支持 Modbus、Profibus、CAN 等多种通信协议,方便用户与其他设备进行数据交换和集成。此外,MD500 系列变频器还具有强大的编程功能,用户可以通过编程软件实现对变频器的参数设置、监控和故障诊断,提高了系统的可维护性和易用性。MD500 系列变频器采用模块化设计,易于安装和维护,具有较低的能耗,为用户节省了大量的能源成本。MD500 系列变频器凭借其高性能、高可靠性、易用性和节能性,成为了工业控制领域的优秀代表。

1. 变频器系统构成

当使用 MD500 系列变频器来控制异步电机以构建控制系统时,需要在变频器的输入和输出侧安装各种电气元件,以确保系统的安全和稳定。此外,MD500 系列变频器配备了多种可选和扩展卡件,可以实现多种功能。图 7-5 是 MD500 系列变频器系统构成。

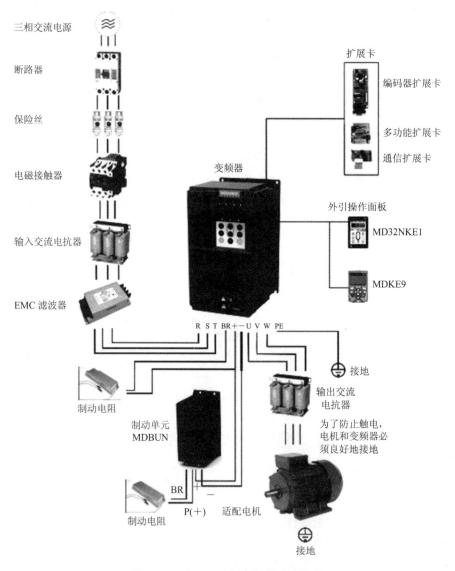

图 7-5 MD500 系列变频器系统构成

（1）断路器安装在输入回路的前端，当下游设备过流时，它会自动切断电源。

（2）接触器安装在断路器和变频器输入侧之间，应避免通过接触器对变频器进行频繁上下电操作（每分钟少于两次）或直接起动操作。

（3）输入交流电抗器安装在变频器输入侧，可以提高输入侧的功率因数，有效消除输入侧的高次谐波，防止因电压波形畸变造成其他设备损坏，并消除电源相间不平衡引起的输入电流不平衡。

（4）EMC 滤波器安装在变频器输入侧，可以减少变频器对外的传导和辐射干扰，降低从电源端流向变频器的传导干扰，提高变频器的抗干扰能力。

（5）直流电抗器用于提高输入侧的功率因数，提高变频器整机效率和热稳定性，有效消除输入侧高次谐波对变频器的影响，减少对外传导和辐射干扰。在 MD500 系列变频器中，7.5 G 以上为标配，7.5 G 以下则无须配置直流电抗器。

（6）输出交流电抗器位于变频器输出侧和电机之间，靠近变频器安装。由于变频器输出侧通常含有较多高次谐波，当电机与变频器距离较远时，由于线路中存在较大的分布电容，某次谐波可能在回路中产生谐振，带来以下两方面影响：① 破坏电机绝缘性能，长时间会损坏电机；② 产生较大漏电流，引起变频器频繁保护。一般当变频器和电机距离超过100 m 时，建议加装输出交流电抗器。

MD500 系列变频器主电路接线方式（以三相 220 V 电源的 MD500 变频器为例）：在接线时，需要将 R、S、T 三相电源分别接到变频器的电源输入端 R、S、T 上（无相序要求），U、V、W 三个端子接电源电压为 220 V 的三相异步电机。15 kW 以下的 MD500 系列变频器仅需外接制动电阻，而 18.5 kW 及以上的 MD500 系列变频器需要外接制动单元，甚至还需要外接直流电抗器。

2. 变频器的控制方式

变频系统是工厂里常见的电机控制系统，由变频器和电机组成。变频器由整流（交流变直流）、滤波、逆变（直流变交流）、制动、驱动等单元组成。变频器主要有以下三种控制方式：

（1）由外部端子数字量输入、模拟量输入或者面板操作控制，这种控制方式需要配置外部按钮，适合控制单一的场合。

（2）可以由 PLC 进行数字量或者模拟量控制，优点是控制系统集成到 PLC 系统内部，与 PLC 共享信息。

（3）通过通信方式控制转速、转矩等，优点是在大型系统中几乎可以共享所有的变频器信息，并且可以模块化控制变频器。

7.2.2　MD500 系列变频器操作面板

通过 MD500 系列变频器的操作面板，可以对变频器进行功能参数的修改和运行的控制（起动、停止、正反转和点动等）等操作，MD500 系列变频器的操作面板如图 7-6 所示，其按键说明如表 7-1 所示，共包含了 9 个按键、5 个指示灯和 1 个显示器。

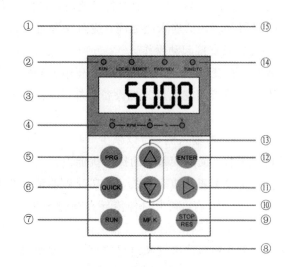

图 7 - 6　MD500 系列变频器的操作面板

表 7 - 1　操作面板构成说明

序 号	部 件 名 称	序 号	部 件 名 称
①	命令源指示灯	⑨	停机/复位键
②	运行指示灯	⑩	递减键
③	数据显示器	⑪	移位键
④	单位指示灯	⑫	确认键
⑤	编程键	⑬	递增键
⑥	菜单键	⑭	调谐/转矩控制/故障指示灯
⑦	运行键	⑮	正反转指示灯
⑧	多功能选择键		

MD500 系列变频器操作面板上 9 个按键的名称和功能如表 7 - 2 所示。

表 7 - 2　9 个按键的名称和功能

按键	名称	功　能
PRG	编程键	返回上一画面，进入上一级菜单
ENTER	确认键	进入下一画面；模式、参数、设定值确认
△	递增键	变更(增大)参数编号和设定值

按键	名称	功　　能
▽	递减键	变更(减小)参数编号和设定值
▷	移位键	向左移位循环选择显示参数,设定参数编号、数值时需要变更的位向左移位
RUN	运行键	用于运行操作
STOP RES	停机/复位键	运行状态时,用于停止运行操作;故障报警状态时,用于复位操作
MF.K	多功能选择键	根据参数 F7-01 的设定值,在选择的功能之间切换
QUICK	菜单键	根据参数 FP-03 中的切换不同的菜单模式(默认为一种菜单模式)

　　LED 显示器可显示 5 位数据,可以显示设定频率、输出频率、各种监视数据以及报警代码等。

7.2.3　MD500 变频器参数

1. 面板起停参数

　　在设置变频器面板起停参数之前,需要将变频器恢复出厂设置。这一操作可通过更改参数 FP-01 的设定值实现,设定值如表 7-3 所示。设置 FP-01 为 1 后,变频器功能参数大部分都恢复为厂家出厂时的默认参数。

表 7-3　参数 FP-01

参数	功能	命　令　源
FP-01	参数初始化	0:无操作,变频器不进行任何操作
		1:恢复出厂设置模式 1,变频器的功能参数大部分恢复为厂家出厂参数
		2:消除记录信息,清除变频器故障记录信息、累计运行时间(F7-09)、累计上电时间(F7-13)、累计耗电量(F7-14)
		4:备份用户参数,备份当前用户所设置的参数值
		501:恢复用户参数,清除变频器故障记录信息、累计运行时间(F7-09)、累计上电时间(F7-13)、累计耗电量(F7-14)
		503:恢复出厂参数模式 2,除了厂家参数 FF 组、FP-00、FP-01 不恢复,其他变频器功能参数都恢复为厂家出厂参数

在完成变频器参数初始化后，即可对变频器的起停控制信号相关参数进行设置，选择变频器控制命令的输入通道。变频器控制命令包括起动、停机、正转、反转、点动等。MD500 变频器的起停控制命令有 3 个来源，分别是操作面板命令通道、端子命令通道和通信命令通道，如表 7-4 所示。

表 7-4　参数 FP-02

参数	设定范围	功能	说　明
F0—02	0	操作面板命令通道(LED 灭)	选择此命令通道，可通过操作面板上的 RUN、STOP/RES、MF. K 等按键输入控制命令，适用于初次调试
	1	端子命令通道(LED 亮)	选择此命令通道，可通过变频器的 DI 端子输入控制命令，DI 端子控制命令根据不同场合进行设定，如起停、正反转、点动、二三线式、多段速等功能，适用于大多数场合
	2	通信命令通道(LED 闪烁)	选择此命令通道，可通过远程通信输入控制命令，变频器需要安装通信卡才能实现与上位机的通信，适用于远距离控制或多台设备系统集中控制等场合

2. 运行频率参数设置

变频器频率设定参数主要包含 F0-03(主频率源选择)、F0-08(预置频率)、F0-10(最大频率)、F0-12(上限频率)、F0-14(下限频率)、F0-17(加速时间)、F0-18(减速时间)等，其功能如表 7-5 所示，其中 F0-03 主要选择 1、6、9 模式。

表 7-5　频率相关常用参数

参数	功能	说　明	设定值
F0-03	主频率源选择	0—数字设定(掉电不记忆) 1—数字设定(掉电记忆) 2~4—模拟量设定 5—PULSE 脉冲设定 6—多段指令 7—简易 PLC 8—PID 9—通信给定	0
F0-08	预置频率	设定的目标频率	50.00 Hz
F0-10	最大频率	变频器限制最高输出频率	50.00 Hz
F0-12	上限频率	不允许电机在某个频率以上运行时，限制最高运行频率	50.00 Hz
F0-14	下限频率	不允许电机在某个频率以下运行时，限制最低运行频率	0.00 Hz
F0-17	加速时间	输出频率从 0 上升到加减速基准频率所需时间，通常用频率设定信号上升来确定加速时间	1
F0-18	减速时间	输出频率从加减速基准频率下降到 0 所需时间，通常用频率设定信号下降来确定减速时间	1

*7.3　MD500 变频器调速实现

7.3.1　变频器面板控制

1. 操作面板设置

通过变频器操作面板控制电机正转、反转的参数设置如表 7 - 6 所示。将参数 F0-02 设置为 0，则可以通过面板控制变频器。将预设频率设置为 30 Hz，通过操作面板上的按键对电机进行起动、停止、正转点动、反转点动的运行控制。

表 7 - 6　面板控制变频器参数设置

参数	参 数 说 明	设置值	备　　注
FP-01	恢复出厂设置	1	
F0-02	命令源(0—面板，1—端子，2—通信)	0	面板操作
F0-03	频率设定方式	0	
F0-08	预设频率	30 Hz	0~50 Hz
F7-01	MF.K 键功能选择	2、3 或 4	0—无效 2—正反转切换 3—正转点动 4—反转点动
F8-00	点动运行频率	2	0 至最大频率
F8-01	点动加速时间	0.1	0~6500 s
F8-02	点动减速时间	0.1	0~6500 s

2. 运行效果

1）起动、停止和连续运转

将预设频率设置为 30 Hz，按下 RUN 键，则变频器运行到 30 Hz 频率；然后按下 STOP 键，则变频器频率开始减小（如图 7 - 7 所示），直至 0。

(a) 起动　　　　　　　　　　　(b) 停止

图 7 - 7　电机起动和停止按键操作

当变频器运行在 30 Hz 时,按下递减键,可以实现频率的下降(按递增键,当已经达到最高频率 30 Hz 时,不能再增加频率)。当按递减键且时间较短时,频率会下降一点,如图 7-8(a)所示。一直按着递减键停留时间稍长,则频率会到 18.87 Hz,如图 7-8(b)所示。再松开递减键,按递增键,频率上升到 19.39 Hz,如图 7-8(c)所示。

(a) 按键时间短 (b) 按键时间长 (c) 按递增键

图 7-8 频率上升和下降按键操作

2) 点动和正反转

点动是电机控制方式中的一种,主要应用于电机的短时间、频繁起动和停止操作。例如在工厂生产线中,需要频繁地起动和停止电机来控制机械臂的运动。通过点动控制,可以方便地对电机进行起停操作,提高生产效率。当 MF. K 键功能参数 F7-01 设置为 3 或者 4 时,电机可以实现点动运行,一直按着 MF. K 键,电机以 2 Hz 的频率运行,如图 7-9 所示。松开 MF. K 键,电机停止运行。

图 7-9 点动运行

电机正反转技术在工业生产中的应用非常广泛。例如，在机械制造领域，电机正反转可以帮助机器实现前进和后退的运动；在生产流水线上，电机正反转可以实现产品的顺时针或逆时针运转；在立体仓库存储系统中，电机正反转可实现货架的前后移动，实现一定的存储调度策略。此外，在冶金、化工、水利等领域，电机正反转还有更多的应用场景。当F7-01 设置为 2 时，可以进行正反转切换，如图 7-10 所示。

图 7-10 正反转切换

7.3.2 PLC 通过 IO 数字量控制 MD500 实现有级调速

电机的调速方式主要分为无级调速和有级调速。

所谓无级调速，就是电机的转速能够平滑地从一个转速调整到另一个转速，这种调整过程是任意的、无阶梯的。无级调速主要应用于交流电机，特别是大功率变频器的出现让交流电机真正实现了无级调速。例如，通过使用变频器来调节送风机的电机转速，就能改变送风量的大小，既简单又节能。直流电机的无级调速相对简单，主要是通过改变电流大小或采用磁放大器、磁触发器、电子触发板等设备来实现的。然而，由于直流电机存在大电流换向困难的问题，一般不能制造功率过大的电机，因此在一些现代科技领域，直流电机的无级调速逐渐被交流电机的无级调速所取代。

有级调速则是有明确的挡位的调速方式通常也称为多段调速。家用电扇常用的两种调速方法就是双向可控硅无级调速和串电抗器有级调速。双向可控硅无级调速通过改变电机的工作电压来实现无级调速；而串电抗器有级调速则通过转换开关切换抽头来实现有级调速。此外，改变电机定子绕组的接线方式以改变电机的磁极对数，可以实现电机转速的有级调速。

数字量控制有级调速是一种常见的调速方式，主要是通过数字量输出点来控制变频器的运行，不能连续对变频器的频率进行改变，只能用开关来选择提前设置好的频率。下面介绍基于 PLC 的数字量控制变频器调速。

1. PLC 与变频器之间的硬件连接

变频器的数字量控制可以实现电机多段调速，下面以实现变频器的 8 段速控制为例进行说明。PLC 与变频器之间的硬件连接示意图如图 7-11 所示。将 PLC 的 Y10~Y14 连接变频器的 D11~D15 端口，Y10 实现变频器的正转控制，Y12、Y13、Y14 二进制组合实现 8 段速的控制。当选择多频率指令运行方式时，DI 端子的不同状态组合对应不同的设定频率，MD500 最多可以设定 4 个 DI 端口作为多段频率指令输入端，如通过 Y11、Y12、Y13、Y14 的二进制组合实现 16 段速的控制。

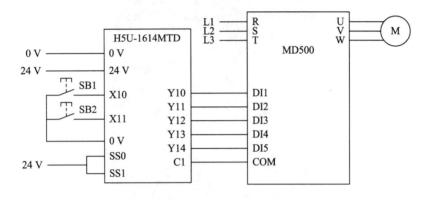

图 7-11 IO 数字量控制多段速的硬件连接

2. 变频器的参数设置

MD500 变频器标配 5 个功能数字输入端子和 2 个模拟量端子。DI 端子的功能均由对应的功能码设定和修改，如表 7-7 所示。

表 7-7 输入端子功能码

参 数	参 数 说 明	出 厂 值	备 注
F4-00	DI1 端子功能码	1(正转与运行)	标配
F4-01	DI2 端子功能码	4(正转点动)	标配
F4-02	DI3 端子功能码	9(故障复位)	标配
F4-03	DI4 端子功能码	12(多段速 1)	标配
F4-04	DI5 端子功能码	13(多段速 2)	标配
F4-05	DI6 端子功能码	0	扩展
F4-06	DI7 端子功能码	0	扩展

变频器 8 段速调速时的参数设置如表 7-8 所示。

(1) 恢复出厂设置。FP-01 设定为 1，代表将系统参数恢复出厂设置。

(2) 命令源选择。F0-02 设定为 1，代表启用端子命令通道，此时可观察到面板上 LOCAL/REMOT 灯长亮。

(3) 频率设定方式。F0-03 设定为 6，代表运行方式为多段速。

（4）加减速时间设定。F0-17 和 F0-18 分别设定为 1 和 2，代表加速时间 1 秒，减速时间 2 秒。

（5）端子功能定义。F4-00 设定为 1，代表 DI1 端子为正转；F4-01 设定为 2，代表 DI2 端子为反转；F4-02 设定为 12，F4-03 设定为 13，F4-04 设定为 14，代表对应的 DI3、DI4、DI5 被定义为多段速。

（6）多段速频率定位。FC-00～FC-07 分别设定为 10%～80%，表示以额定频率的 10%～80% 运行。

表 7-8　变频器的参数设置

参数	参数说明	设置值	备注
FP-01	恢复出厂设置	1	
F0-02	命令源 （0—面板，1—端子，2—通信）	1	
F0-03	频率设定方式	6	多段速
F0-17	加速时间	1	
F0-18	减速时间	2	
F4-00	DI1 端子功能码	1	正转
F4-01	DI2 端子功能码	2	反转
F4-02	DI3 端子功能码	12	多段速
F4-03	DI4 端子功能码	13	多段速
F4-04	DI5 端子功能码	14	多段速
FC-00	多段速指令 0	10%	－100%～100%
FC-01	多段速指令 1	20%	－100%～100%
FC-02	多段速指令 2	30%	－100%～100%
FC-03	多段速指令 3	40%	－100%～100%
FC-04	多段速指令 4	50%	－100%～100%
FC-05	多段速指令 5	60%	－100%～100%
FC-06	多段速指令 6	70%	－100%～100%
FC-07	多段速指令 7	80%	－100%～100%

3. PLC 程序设计

1）变量表

变频器实现 8 段速调速时设置的变量如表 7-9 所示。M10～M20 对应触摸屏按键变量，M10 为起动，M11 为停止，M13～M20 对应 Y14、Y13、Y12 的变量组合，进而实现 8 段速的控制。具体运行的频率在变频器的功能码上设置。

表7-9　变　量　表

序号	变量	变量组合 Y14Y13Y12	含　　义
1	M10	—	起动
2	M11	—	停止
3	M13	000	多段速1
4	M14	001	多段速2
5	M15	010	多段速3
6	M16	011	多段速4
7	M17	100	多段速5
8	M18	101	多段速6
9	M19	110	多段速7
10	M20	111	多段速8

2) 梯形图

根据8段速的控制要求,编写的梯形图如图7-12所示。

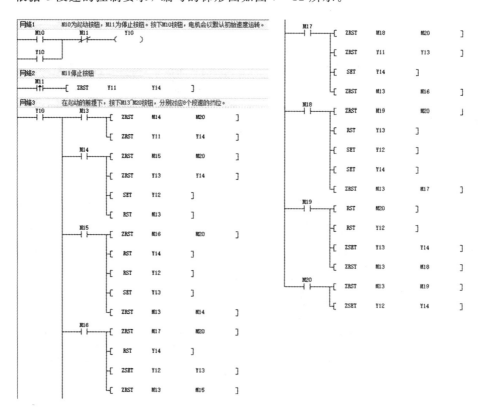

图7-12　8段速控制梯形图

M10为起动按钮,M11为停止按钮,按下M10按钮,电机会以默认初始速度运转。在起动按钮M10按下的前提下,按下M13按钮,则复位M14~M20按钮,使得Y14、Y13、Y12的值设置为000,对应多段速变频器参数设置表中指令0的转速比例。按下M14按钮,复位其他几个段速的按钮，使得 Y14、Y13、Y12 的值设置为 001。以此类推，按下下一个段速的按钮，就复位其他段速的按钮，最后 M20 按钮对应的 Y14、Y13、Y12 的值为 111。

4. 触摸屏界面设计

触摸屏界面包含文本域和位按钮，通过文本域来设置文字描述，位按钮实现系统起动、停止和多段速的控制。最后设计形成的触摸屏界面如图 7 - 13 所示。

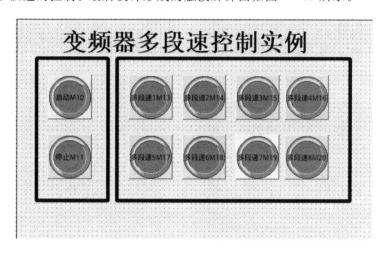

图 7 - 13　触摸屏界面设计

5. 运行效果

通过 InoTouchPad 软件仿真功能，其仿真运行效果如图 7 - 14 所示。

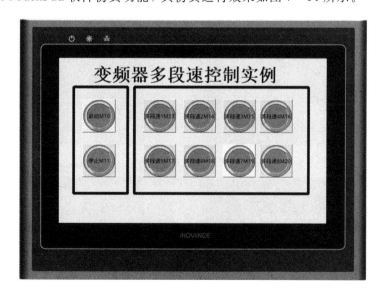

图 7 - 14　仿真运行效果

实际运行时，先按下起动按钮，然后分别按下 8 个段速的按钮，对应 8 个不同的频率。例如按下段速 1 按钮，则此时为预设频率 50 Hz 的 10%，对应为 5 Hz；按下段速 2 按钮，则此时为预设频率 50 Hz 的 20%，对应为 10 Hz；按下段速 5 按钮，则此时为预设频率 50 Hz 的 50%，对应为 25 Hz。多段速运行显示如图 7 - 15 所示。按下停止按钮，电机停止运行。

(a) 起动

(b) 停止

(c) 段速 1 按键

(d) 段速 1 运行频率

(e) 段速 2 按键

(f) 段速 2 运行频率

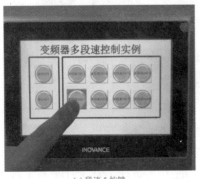

(g) 段速 5 按键

(h) 段速 5 运行频率

图 7 - 15 多段速运行效果

7.3.3　PLC 通过 IO 模拟量控制 MD500 实现无级调速

模拟量控制无级调速是一种通过模拟量输入信号来控制电机转矩或速度的方法。通过调整输入信号的大小，可以实现对电机转矩、速度或位置的精确控制。在 PLC 控制中，模拟量控制无级调速是通过将 0～10 V（或 4～20 mA）的电压信号（或电流信号）输入到变频器的频率输出端子上来控制变频器的频率输出而实现的。

1. GL10-4DA 扩展模块与变频器的硬件连接

GL10-4DA 是汇川技术公司自主研发、生产的模拟量输出扩展模块。该模块是 4 通道模拟量输出模块，能够支持电压和电流的输出模式，其分辨率可以达到 16 位，因此其在需要进行精确模拟量输出控制的场合具有非常广泛的应用。GL10-4DA 模块的端子定义及功能如表 7 - 10 所示，外部接线端子如图 7 - 16 所示。

表 7 - 10　GL10-4DA 模块的端子定义及功能

序号	端子	类型	功能	备　注
1	V+	输出	第 0 通道 V+	电压输出
2	VI−	输出	第 0 通道 V−/I−	电压/电流输出
3	I+	输出	第 0 通道 I+	电流输出
4			屏蔽地	内部接机壳地
5	V+	输出	第 1 通道 V+	电压输出
6	VI−	输出	第 1 通道 V−/I−	电压/电流输出
7	I+	输出	第 1 通道 I+	电流输出

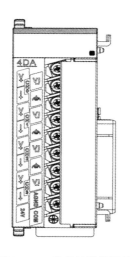

图 7 - 16　外部接线端子图

变频器的模拟量控制可以实现电机无级调速，下面将 PLC 的模拟量拓展模块 GL10-4DA 连接变频器的 AI1 和 GND 端口，通过输出 0～10 V 的电压，实现 0～50 Hz 频率的调节，其硬件连接如图 7 - 17 所示。

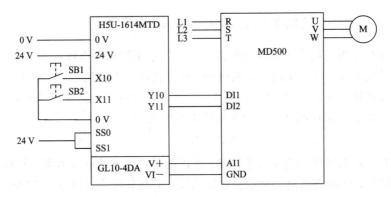

图 7 - 17　模拟量调速接线图

2. 变频器的参数设置

电路硬件设计好后,设置变频器相应的参数,如表 7 - 11 所示。

表 7 - 11　变频器模拟量控制参数设置

参　数	参 数 说 明	设 置 值	备　注
FP-01	恢复出厂设置	1	
F0-02	命令源(0—面板,1—端子,2—通信)	1	
F0-03	频率设定方式	2	模拟量输入
F0-17	加速时间	1	
F0-18	减速时间	2	
F4-00	DI1 端子功能码	1	正转
F4-01	DI2 端子功能码	2	反转
F4-02	DI3 端子功能码	0	
F4-03	DI4 端子功能码	0	

3. PLC 程序设计

1) 硬件组态

在【模块配置】中,将 GL10(AM600)-4DA 模块拖到轨道 1 中,如图 7 - 18 所示。

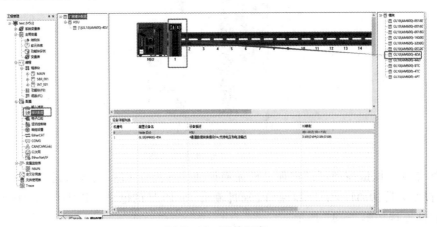

图 7 - 18　硬件组态

双击 DA 模块，进入到【配置】选项卡中，将 4 个通道都使能，转换模式选择为 0 V～10 V(0～20000)，如图 7-19(a)所示。在【IO 映射】选项卡中，4 个通道对应的通道映射元件分别是 D100、D104、D106 和 D108，如图 7-19(b)所示。

(a) 配置 DA 模块

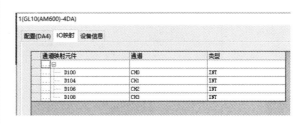

(b) 通道映射元件

图 7-19 模拟量模块设置

2）PLC 程序设计

用 PLC 和触摸屏实现某变频器控制：按下界面中的正转按钮，变频器以设定频率正转运行，变频器的频率每隔 2 s 增加 2 Hz(直至 50 Hz)；按下界面中的反转按钮，变频器以设定频率反转运行，变频器的频率每隔 2 s 增加 2 Hz(直至 50 Hz)。随时按下界面中的停止按钮，则变频器停止运行。触摸屏界面中有运行指示灯 HL(与变量 M666 关联)，表示变频器正在运行；设定频率(D10)按钮可以设定频率，对应的仪表显示相应的数值。

按照控制要求设计的变量如表 7-12 所示，包含了正转按钮、停止按钮、反转按钮、运行指示灯、正转标识、反转标识、正转定时器实时值和反转定时器实时值。

表 7-12 变 量 表

序 号	变 量	含 义
1	Y10	正转输出
2	Y11	反转输出
3	M10	正转按钮
4	M11	停止按钮
5	M12	反转按钮
6	M666	运行指示灯
7	M600	正转标识
8	M601	反转标识
9	D5	正转定时器实时值
10	D7	反转定时器实时值

按照上述功能编写的 PLC 程序如图 7-20 所示。设置数值 IO 域中的数值,给电机一个初始频率,按下 M10 电机正转起动,此时电机按照初始频率运行,每秒增加 2 Hz,直到加到 50 Hz 后不再增加,程序中 D10×400 的结果传递给 D100 是为了将其值转化为 0～20 000(对应 0～10 V),同时指示灯亮。电机反转的运行效果和正转的一样。

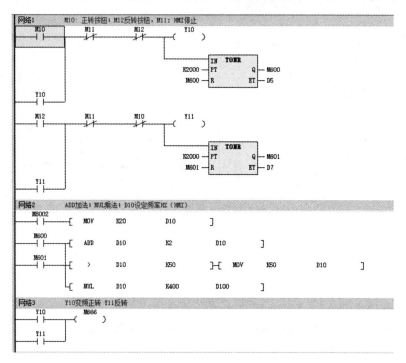

图 7-20 梯形图

4. 触摸屏界面设计

触摸屏上的控件包含位按钮、指示灯(M666)、数值 IO 域(D10)和频率显示仪表(D10),如图 7-21 所示。

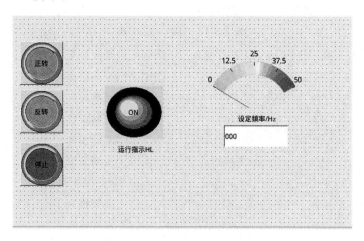

图 7-21 触摸屏界面设计

5. 运行效果

生成的变频器模拟量控制仿真运行界面如图 7－22 所示。

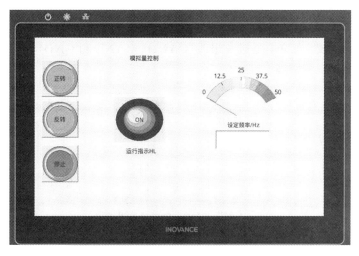

图 7－22　变频器模拟量控制仿真运行界面

将初始频率设定为 20 Hz 和 30 Hz 时，对应的仪表指针也指在相应的位置，频率以每秒 2 Hz 的速度上升，上升到 50 Hz 时对应的时间分别为 15 s 和 10 s，如图 7－23 所示。

(a) 设定频率为 20 Hz　　　　　　(b) 运行至 50 Hz

(c) 设定频率为 30 Hz　　　　　　(d) 运行至 50 Hz

图 7－23　20 Hz 和 30 Hz 上升到 50 Hz 的运行界面

7.3.4　PLC 通过 CANLink 控制 MD500 实现调速

CAN 总线是一种有效支持分布式控制或实时控制的串行通信总线，其因高性能、高可靠性、实时性好以及独特的设计,已广泛应用于控制系统各检测和执行机构之间的数据通信。通过 CAN 总线进行数据传输与控制,拓展了伺服电机的功能与应用范围,使伺服电机能更好、更灵活地应用于现代工业控制系统中。

1. CAN 通信控制的硬件连接

CAN 总线连接较为简单,通过 3 根线(CANH、CANL 和 GND)将 H5U PLC 与变频器连接起来,如图 7 - 24 所示。

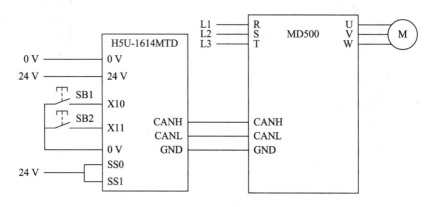

图 7 - 24 CAN 通信接线

2. 变频器的参数设置

1)变频器本体参数设置

设置变频器(从站)的参数,如表 7 - 13 所示。

表 7 - 13 变频器的参数设置

参 数	名 称	设 置 值	描 述
FD-00	波特率	5005	CANLink 波特率:500 Kb/s
FD-02	本机地址	1	本机站号＝1
F0-02	命令源选择	2	通信给定
F0-03	主频率源选择	9	通信给定

MD500-CAN 用于上位机 PLC 通信控制,参数地址及说明如表 7 - 14 所示。

表 7 - 14 通信控制参数说明

参数地址	名 称	描 述
H000	通信频率给定	−10 000～10 000(十进制)
H1001	反馈当前运行频率	
H2000	控制命令	0001:正转运行 0002:反转运行 0003:正转点动 0004:反转点动 0005:自由停机 0006:减速停机 0007:故障复位

2）变频器通信参数设置

配置主站 CANLink 通信参数，需要在主站程序中进行 CANLink 参数的配置，从站程序中不需要配置通信参数。

（1）添加 CAN 配置。在 AutoShop 中右键添加 CANLink，如图 7 – 25 所示。

（2）将主站号设为 63，波特率设为 500 Kb/s，如图 7 – 26 所示。

图 7 – 25　在项目树中添加 CAN 配置　　　　　**图 7 – 26　主站通信配置**

（3）将从站类型设为 MD（变频器），从站号设为 1，状态码寄存器设为 D11，起停元件设为 M11，如图 7 – 27 所示。

（4）单击"添加"按钮，结果如图 7 – 28 所示。

图 7 – 27　从站通信配置　　　　　　　　**图 7 – 28　CAN 通信添加完成后效果**

（5）双击蓝色主站部分，如图 7 - 29 所示。

（6）主站的发送配置，采用 10 ms 间隔的时间触发方式，将主站寄存器 D0 的数据发送给从站的 H1000，作为频率给定信号，如图 7 - 30 所示。

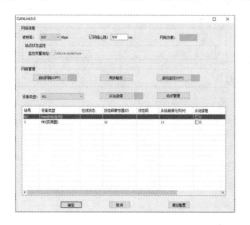

图 7 - 29　双击蓝色主站部分进入配置界面

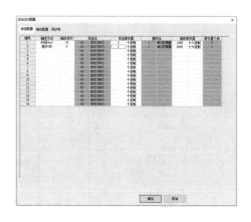

图 7 - 30　主站通信配置界面

（7）双击蓝色从站部分，如图 7 - 31 所示。

（8）从站的发送配置，依旧采用 10 ms 间隔的时间触发方式，将从站寄存器 H1001 的数据（频率反馈数据）发送给主站的 D20，用于频率显示，如图 7 - 32 所示。

图 7 - 31　双击蓝色从站部分进入配置界面

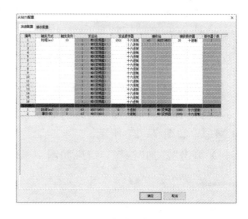

图 7 - 32　从站通信配置界面

3. PLC 程序设计

变频器 CAN 通信控制的主要任务是输入运行频率设定值，按下正转、反转和停止按钮，实现三相异步电机的相应运行。其变量表如表 7 - 15 所示。

表 7 - 15　变　量　表

序　号	变　量	含　义
1	M1	正转按钮
2	M2	停止按钮
3	M3	反转按钮
4	D3	运行频率设定

　　PLC 梯形图如图 7-33 所示。设定变频器运行频率为 D3（D3 是在触摸屏上输入的值），将 D3 的值传送给 D0，D0 元件中的数值每间隔 10 ms 写入 1♯ 从站的 H1000（设定频率）地址寄存器中。频率计算：电机最大运行频率×20.00％（如果是 K4000 则为 40％，以此类推），按下 M1 置位事件 M0，同时将正转命令指令值 1 放入 D1 中，D1 元件中的值再写入 1♯ 从站的 H2000 中。M2 和 M3 分别是反转和停止命令，传送的命令指令值分别是 2（反转指令）和 6（减速停机指令）。

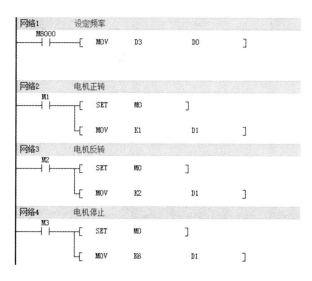

图 7-33　变频器 CAN 通信控制的 PLC 梯形图

4. 触摸屏界面设计

　　新建画面，选择空间文本域、位按钮和数值 IO 域的元件，放置在触摸屏界面中，如图 7-34 所示。

图 7-34　触摸屏界面设计

5. 运行效果

　　通过 InoTouchPad 软件仿真功能，触摸屏仿真运行演示如图 7-35 所示。

图7-35 仿真运行演示

在运行频率设定中，设定预设频率的百分数(预设频率为50 Hz)。例如，输入25%时，对应的输出频率为12.5 Hz；输入30%时，对应的输出频率为15 Hz；输入40%时，对应的输出频率为20 Hz；输入50%时，对应的输出频率为25 Hz。对应的仿真运行及显示如图7-36所示。

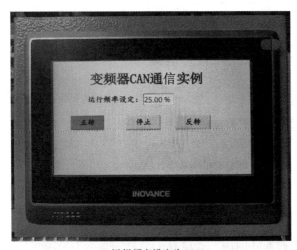

(a) 运行频率设定为25%

(b) 12.5 Hz运行

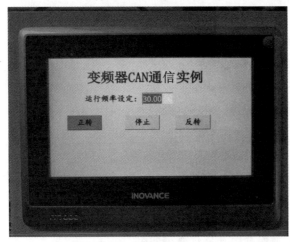

(c) 运行频率设定为30%

(d) 15 Hz运行

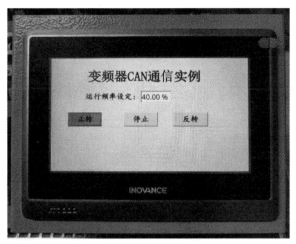

(e) 运行频率设定为 40%　　　　　　　　　(f) 20 Hz运行

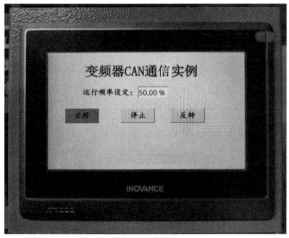

(g) 运行频率设定为 50%　　　　　　　　　(h) 25 Hz运行

图 7 - 36　CAN 通信运行界面

习题与思考题

7 - 1　简述变频器的基本工作原理。

7 - 2　简述变频器的作用。

7 - 3　交流变频调速的变频装置主要有哪几种类型?

7 - 4　试述交-交变频器与交-直-交变频器各自的特点。

7 - 5　简述常用的三种交-直-交变频器的结构形式?

7 - 6　简述 PLC 变频控制系统的应用优势。

7 - 7　变频器的控制方式有哪几种?

7 - 8　一般的通用变频器包含哪几种电路?

7 - 9　变频调速时,为什么常采用恒压频比$(U/f＝$常数$)$的控制方式?

7 - 10　举例说明 PLC 在变频器控制系统中的应用。

第八章 伺服电机控制系统

❖ **主要知识点及学习要求**

(1) 了解伺服系统的基本结构及工作原理。

(2) 了解伺服电机的结构及工作原理。

(3) 了解伺服驱动器的结构及工作原理。

(4) 掌握 PLC 通过脉冲控制 IS620P 伺服驱动器的方法。

(5) 掌握 PLC 通过 EtherCAT 通信控制 SV660N 伺服驱动器的方法。

8.1 伺服控制系统概述

伺服控制系统是一种能够精确地跟踪或复现某个过程点的反馈控制系统,也被称为随动系统。在广义上,伺服控制系统可以指代任何能够实现精确跟踪或复现的控制系统。而在狭义上,伺服控制系统特指被控量是负载的线位移或角位移的情况。当位置给定量任意变化时,伺服控制系统能够快速而准确地复现输入量的变化,因此也被称为位置随动系统。

伺服控制系统和调速控制系统一样,都属于反馈控制系统,即通过对给定量和反馈量的比较,按照某种控制运算规律对执行机构进行调节控制。当给定量增大、反馈量不变时,差值增大,输出量增大;当给定量不变、输出量增大时,差值就会减小,随之输出量也会减小,形成闭环控制系统。就控制原理而言,速度调节控制系统与伺服控制系统的原理是完全相同的。

伺服控制系统与调速控制系统的主要区别在于,调速控制系统的主要作用是保证稳定和抵抗扰动,而伺服控制系统要求输出量准确跟随给定量的变化,更突出快速响应能力。

总体而言,稳态精度和动态稳定性是两种控制系统都必须具备的,但在动态性能中,调速控制系统多强调抗扰性,而伺服控制系统则更强调快速跟随性。

1. 伺服控制系统的基本要求

伺服控制系统的基本要求包括系统精度、稳定性、响应特性和工作频率。

系统精度是评价伺服控制系统质量的重要指标,它指的是输出量复现输入信号要求的精确程度。这种精度可从动态误差、稳态误差和静态误差三个方面来考量。

稳定性是指当作用在系统上的干扰消失以后,系统能够恢复到原来稳定状态的能力;或者当给系统一个新的输入指令后,系统达到新的稳定运行状态的能力。

响应特性指的是输出量跟随输入指令变化的反应速度,决定了系统的工作效率。响应速度与许多因素有关,如计算机的运行速度、运动系统的阻尼和质量等。

工作频率通常是指系统允许输入信号的频率范围。只有在此频率范围内,系统才能按照技术要求正常工作。这些基本要求确保了伺服控制系统能在各种条件下实现高精度、高稳定性和高效率的控制。

2. 伺服控制系统的组成

伺服控制系统主要由三部分组成：控制器、伺服驱动器和伺服电机，如图 8-1 所示。控制器按照数控系统的给定值和通过反馈装置检测的实际运行值的差调节控制量；伺服驱动器一方面按控制量的大小将电网中的电能作用到伺服电机上，调节伺服电机转矩的大小，另一方面按伺服电机的要求把恒压恒频的电网供电转换为伺服电机所需的交流电或直流电；伺服电机则按供电大小拖动机械运转。

图 8-1　伺服控制系统的组成

伺服控制系统有多种分类方式，按照驱动方式可分为直流伺服控制系统和交流伺服控制系统，按照功能特征可分为位置控制系统、速度控制系统和转矩控制系统，按有无位置检测和反馈可分为开环控制系统、半闭环控制系统和闭环控制系统（如图 8-2 所示）。

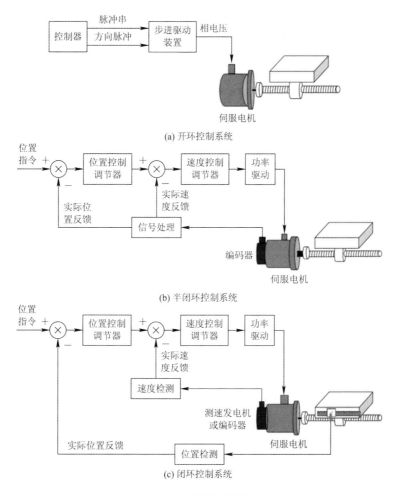

图 8-2　伺服控制系统结构

8.2 伺服电机

普通的电机断电后会因自身的惯性再转一会，然后才能停下来，而伺服电机能够迅速停止，反应极快，具有跟随的作用。

伺服电机也称执行电机，在自动控制系统中用作执行元件，把所收到的电压信号转换成电机轴上的角位移或角速度输出。它可以使速度、位置的控制精度非常准确。伺服电机的主要特点是，当信号电压为零时无自转现象，转速随着转矩的增加而匀速下降。伺服电机分为直流伺服电机和交流伺服电机两大类。

8.2.1 交流伺服电机

交流异步电机因其结构简单、运行可靠、维护容易，早已普遍应用于恒速运行的生产机械中，但由于其调速性能和转矩控制性能不够理想，因此，交流调速系统长期以来难以推广使用。随着电力电子技术、计算机控制技术的发展和现代控制理论向电气传动领域的渗透，交流调速技术获得了长足的进步。

传统意义上的交流伺服电机是指两相交流异步电机，由于其产生旋转磁场的绕组只有两相交流电，易于控制，因而早期在小功率运动系统中得到应用。

1. 交流伺服电机的分类及产品名称代号

交流伺服电机主要依据其转子进行分类。交流伺服电机的转子可分为鼠笼转子、非磁性杯形转子、磁性杯形转子和绕线转子等。目前，鼠笼转子伺服电机应用最为广泛，非磁性杯形转子伺服电机主要用于某些低速和运行平滑的系统。

根据 GB/T 10405—2009《控制电机型号命名方法》，交流伺服电机的型号由机座号、产品名称代号、性能参数代号和派生代号组成，如图 8-3 所示。

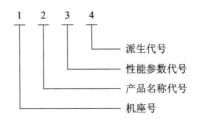

图 8-3 交流伺服电机型号命名规则

机座号表示机壳外径。成组电机的机座号用其中机座最大的电机的机座号表示。对于单机产品，电机的机座号符合下列规定：

（1）机座号用外圆直径或轴中心高表示，仅取数值部分，无计量单位，见表 8-1。

（2）用轴中心高表示机座号时，应在轴中心高表示的机座号后加"M-"，如"160M-"表示轴心高为 160 mm 的机座号。

交流伺服电机产品名称代号见表 8-2。

产品名称代号由 2～4 个汉语拼音字母表示，每个字母都具有一定的汉字意义，第一个字母表示电机的类别，后面的字母表示该类电机的细分类。机组的产品名称代号由所组成的单机代号或电机的类别组成，在单机产品名称代号或电机的类别之间加短横线。例如 55SL42 表示外圆直径为 55 mm、性能参数序号为 42 的鼠笼转子两相伺服电机。

表 8－1　机座号用外圆直径表示

机座号	12	16	20	24	28	32	36	40	45	50	55
外圆直径/mm	12.5	16	20	24	28	32	36	40	45	50	55
机座号	60	70	80	90	100	110	130	160	200	250	320
外圆直径/mm	60	70	80	90	100	110	130	160	200	250	320

表 8－2　交流伺服电机产品名称代号

序号	产品名称	代号	含义
1	鼠笼转子两相伺服电机	SL	伺、鼠
2	非磁性杯形转子两相伺服电机	SK	伺、空
3	绕线转子两相伺服电机	SX	伺、线

2. 交流伺服电机的结构与特点

交流伺服电机的定子结构与一般异步电机的相似，但其定子绕组一般制成两相，两相绕组在空间互差 90°电角度。

鼠笼转子和非磁性杯形转子结构的交流伺服电机其转子结构、特点和使用范围如表 8－3 所示。目前，交流伺服电机的生产及应用以鼠笼式为主，主要原因是这类电机性能优良，结构简单，可靠性好，生产方便，成本低廉。

表 8－3　两种交流伺服电机的转子结构、特点和使用范围

种类	转子结构	特点	使用范围
鼠笼式	与一般鼠笼转子异步电机的转子结构相似，但转子细而长，通常长度与直径的比值选择在 2～4，以减少转动惯量，并且还加大了转子电阻，定转子间气隙很小，最小可达 0.025 mm	在相同的性能指标下，鼠笼转子交流伺服电机比非磁性杯形转子交流伺服电机的体积小，质量小，效率高，起动电压小，灵敏度高，励磁电流较小，机械强度较高，可靠性好，能经受恶劣环境条件如高温、振动、冲击等。但低速运转时不够平滑，有抖动等	广泛应用于小功率伺服控制系统
非磁性杯形	内、外定子均由硅钢片叠成，非磁性杯形转子由铝合金、紫铜等制成，杯的内外由内、外定子构成磁路，杯壁很薄，仅 0.2～0.8 mm，外定子铁芯槽中放置空间相距 90°电角度的两相分布绕组，内定子一般不放绕组	转子电阻较大，转动惯量小。由于转子无齿槽故运行平稳，噪声小。但由于气隙较大，励磁电流也较大，电机功率因数较低，效率也较低，体积和质量均比同容量的鼠笼转子交流伺服电机大得多	主要用于要求低噪声及平稳运行的某些系统，如积分电路等

3. 交流伺服电机的工作原理及控制方式

1) 工作原理

交流伺服电机实际上就是两相异步电机,所以有时也叫两相伺服电机,如图 8-4 所示。图中 f 是由固定电压励磁的励磁绕组,c 是由伺服放大器供电的控制绕组。两相绕组的轴线在空间互差 90°电角度,两相绕组分别施加正弦交流电压,其中 $U_f = U_m \sin\omega t$,$U_c = U_m \cos\omega t$。

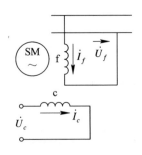

图 8-4 两相伺服电机原理图

当交流伺服电机的励磁绕组接到励磁电压 U_f 上,控制绕组电压 $U_c = 0$ 时,所产生的实脉动磁通势建立脉振磁场,电机无起动转矩;当控制绕组上的控制电压 $U_c \neq 0$,且产生的控制电流与励磁电流的相位不同时(若 $\dot{I}_c$ 与 $\dot{I}_f$ 相位差为 90°时,则为圆形旋转磁场),建立起圆形旋转磁场,于是产生起动转矩,电机转子转动起来。

旋转磁场切割转子导体产生转子感应电动势 E_{Rd} 和电流 I_{Rd}。I_{Rd} 和旋转磁场相互作用产生电磁转矩 T_{dc}:

$$T_{dc} = C_T \phi I_{Rd} \tag{8-1}$$

式中,C_T 为转矩常数,ϕ 为每极磁通。

于是,转子随旋转磁场旋转。转子实际旋转速度为 n,转差率为

$$S = \frac{n_s - n}{n_s} \tag{8-2}$$

转子静止时,$S=1$;转子以 n_s 转速逆时针围绕旋转磁场旋转时,$S=2$;转子以 n_s 转速顺时针围绕旋转磁场旋转时,$S=0$。

如果电机参数与一般的单相异步电机的一样,那么当控制信号消失时,电机转速虽会下降些,但仍会继续不停地转动。伺服电机在控制信号消失后仍继续旋转的失控现象称为"自转"。在设计电机时,可以通过增加转子电阻的办法来消除自转。

2) 控制方式

交流伺服电机的控制方式有幅值控制、相位控制和幅相控制三种。

(1) 幅值控制:只使控制电压的幅值变化,而控制电压和励磁电压的相位差保持 90°不变。

当控制电压为零时,伺服电机静止不动;当控制电压和励磁电压都为额定值时,伺服电机的转速达到最大值,转矩也最大;当控制电压在零到最大值之间变化,且励磁电压取额定值时,伺服电机的转速在零和最大值之间变化。

(2) 相位控制:在控制电压和励磁电压都是额定值的条件下,通过改变控制电压和励磁电压的相位差来对伺服电机进行控制。

用 θ 表示控制电压和励磁电压的相位差。当控制电压和励磁电压同相位即 $\theta=0°$ 时,气隙磁动势为脉动磁动势,伺服电机静止不动;当相位差 $\theta=90°$ 时,气隙磁动势为圆形旋转磁动势,伺服电机的转速和转矩都达到最大值;当 $0°<\theta<90°$ 时,气隙磁动势为椭圆形旋转磁动势,伺服电机的转速处于最小值和最大值之间。

(3) 幅相控制:上述两种控制方式的综合运用,伺服电机转速的控制是通过改变控制电压和励磁电压的相位差及它们的幅值大小来实现的。

当改变控制电压的幅值时，励磁电流随之改变，励磁电流的改变引起电容两端电压的变化，此时控制电压和励磁电压的相位差发生变化。

幅相控制的电路结构简单，不需要移相器，实际应用比其他两种方式更广泛。

8.2.2　直流伺服电机

直流伺服电机是用直流电信号控制的伺服电机，其转子的机械运动受输入电信号控制并快速反应，在伺服控制系统中多作为执行元件，广泛应用于机床、自动化生产线、数控机床、印刷机械、电子设备、纺织设备、制药设备、包装机械、卫星定位、医疗设备等领域。

1. 直流伺服电机的分类及产品名称代号

直流伺服电机按结构可分为传统型直流伺服电机和低惯量型直流伺服电机，其中传统型直流伺服电机又可分为永磁式和电磁式，低惯量型直流伺服电机又可分为盘形电枢型、空心杯电枢型和无槽电枢型。

直流伺服电机的命名方式与交流伺服电机的一致，也包含机座号、产品名称代号、性能参数代号和派生代号四部分。表8-4列出了各种直流伺服电机的产品名称代号。例如，29SY03-C 表示 29 号机座永磁式直流伺服电机，第三个性能参数序号的产品，轴身形式派生为齿轮轴身。

表8-4　直流伺服电机的产品名称代号

序　号	名　　称	代　号	含　义
1	电磁式直流伺服电机	SZ	伺、直
2	永磁式直流伺服电机	SY	伺、永
3	空心杯电枢永磁式直流伺服电机	SYK	伺、永、空
4	无槽电枢直流伺服电机	SWC	伺、无、槽
5	印刷绕组直流伺服电机	SN	伺、印
6	无刷直流伺服电机	SW	伺、无
7	直线直流伺服电机	SZX	伺、直线

2. 直流伺服电机的结构与特点

直流伺服电机的结构与一般直流电机的大致相同，但在特性和性能上有较大的区别，最基本的区别是直流伺服电机具有"伺服"特性。它具有下列主要特点：

（1）高精度。直流伺服电机可以实时反映电机的位置、速度和位移等信息，通过编码控制可以实现非常精确的速度和位置控制。

（2）高转速。直流伺服电机的转速可以达到几千转每分钟的速度，能够满足高速运动的需求。

（3）调速范围宽。直流伺服电机可以通过控制器实现很宽的调速范围，从而满足不同工作条件下的运行需求。

（4）快速响应。在输入控制信号的作用下，转子能迅速地反应动作，即时间常数小，通常可在毫秒级别内响应。

（5）灵活性。直流伺服电机可以根据需求调整控制器的参数，从而实现不同的运动模式,适应不同的工况。

(6)特性呈线性,即在整个调节范围内,转速和转矩的变化关系或者转速随控制电压的变换关系是线性的。

3. 直流伺服电机的工作原理及控制方式

1)工作原理

直流伺服电机实质上是一台他励式直流电机,因此其工作原理与一般直流电机的工作原理完全相同,电机转子上的载流导体(即电枢绕组)在定子磁场中受到电磁转矩的作用,使得电机转子旋转,其工作原理如图8-5所示。

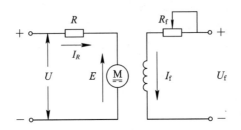

图 8 - 5 直流伺服电机的工作原理

根据他励直流电机的机械特性方程,有

$$n = \frac{U}{C_e\phi} - \frac{R}{C_e C_T \phi^2}T \tag{8-3}$$

2)控制方式

直流伺服电机的控制方式有两种:一种称为电枢控制,即在电机的励磁绕组上加上恒压励磁,将控制电压作用于电枢绕组来进行控制,亦即改变电枢电压 U,励磁电压 U_f 保持不变;另一种称为磁场控制,在电机的电枢绕组上施加恒压,将控制电压作用于励磁绕组来进行控制,亦即改变励磁电压 U_f,电枢电压 U 保持不变。由于电枢控制的特性好,电枢控制中回路电感小、响应快,故在自动控制系统中多采用电枢控制。

从式(8-3)可见,可以通过改变 R、ϕ、U 三个参数进行调速,即改变电枢电路电阻调速、改变磁通调速和改变电压调速。在这三种调速方式中,改变电压调速的特点是机械特性和调节特性的线性度好,特性曲线族是一组平行线,当只有励磁绕组通电时,输入损耗小,控制回路电感小,响应迅速等,故伺服控制系统多采用改变电压的方式进行控制。

*8.3 伺 服 驱 动 器

8.3.1 伺服驱动器的组成及运行模式

1. 伺服驱动器的组成

伺服驱动器又被称为伺服控制器或伺服放大器,是一种用来控制伺服电机运行的装置。这种装置的主要功能类似于变频器对普通交流电机的控制,它是伺服控制系统的一个重要组成部分,被广泛应用于需要高精度定位的系统中。

交流伺服驱动器主要通过数字信号处理器和智能功率模块来实现对伺服电机的有效控

制。一些先进的伺服驱动器，如台达 ASDA 系列和三菱 MR-J2S-A 系列等，其包含高速数字信号处理器(DSP)，具有增益自动调整、指令平滑、软件分析与监控等功能，可以满足不同应用机械的需求，实现高速位移和精准定位的运动控制。

交流伺服驱动器主要由主电路、控制电路两大部分组成，如图 8-6 所示。主电路主要由整流、逆变、平滑电容器三部分构成，与变频器主电路类似。交流伺服驱动器的控制电路比变频器复杂得多，变频器的控制电路一般采用开环 U/F 控制，而伺服驱动器的控制电路由三个闭环组成，其内环是电流环，外环为速度环和位置环。

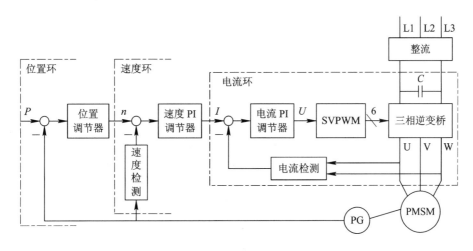

图 8-6　交流伺服驱动器组成框图

2. 伺服驱动器的运行模式

伺服驱动器有脉冲控制、模拟量控制和通信控制这三种运行模式，适用于不同的应用场景。

在一些小型单机设备中，选用脉冲控制实现电机的定位是最常见的应用方式，这种控制方式简单，易于理解。基本的控制思路是：脉冲总量确定电机位移，脉冲频率确定电机速度。脉冲控制伺服是通过脉冲信号控制伺服电机运动的方式，常用的控制器是 PLC 或者单片机。控制器输出连续脉冲信号，驱动伺服电机按照脉冲信号的频率和宽度进行运动。一般情况下，脉冲信号和控制器的通信距离比较近，可以达到 1～2 m。但是，脉冲控制伺服的运动精度和稳定性相对较低，也很难实现多轴联动和远程监控等功能。

模拟量电机速度控制中，模拟量的值决定了电机的运行速度。模拟量有电压和电流两种。选用电压模拟量时，只需要在控制信号端加入一定大小的电压即可，实现简单，在有些场景使用一个电位器即可实现控制。但选用电压作为控制信号时，在环境复杂的场景，电压容易被干扰，造成控制不稳定。选用电流模拟量时，需要对应的电流输出模块，电流信号抗干扰能力强，可以使用在复杂的场景。

通信方式伺服电机控制常用的有 CAN、EtherCAT、Modbus、Profibus 等总线方式，多用于一些复杂、大系统应用场景，系统的大小、电机轴的多少都易于裁剪，没有复杂的控制接线，具有极高的灵活性。

伺服电机的速度控制和转矩控制都采用模拟量控制，位置控制一般采用脉冲控制或者通信控制。

8.3.2 汇川 IS620P 伺服驱动器

1. 驱动器接口

IS620 系列伺服驱动器是汇川技术股份有限公司研制的高性能中小功率交流伺服驱动器，功率范围为 100 W～7.5 kW，支持多种通信协议，可以满足不同场景的运行需求。该系列伺服驱动器有两种型号：IS620P 和 IS620N。IS620P 搭载 20 位增量编码器，一般用于工业控制现场；IS620N 搭载 23 位绝对编码器，一般用于高端控制现场。

下面以 IS620PS2R8I 伺服驱动器为例进行介绍。IS620PS2R8I 伺服驱动器实物如图 8 - 7 所示，其配线采用单相电，如图 8 - 8 所示。在使用伺服驱动器控制伺服电机时，需要在伺服驱动器的输入及输出侧安装各类电气元件，以保证系统的安全稳定。

图 8 - 7 IS620PS2R8I 伺服驱动器实物

2. 主电路控制端子

IS620PS2R8I 伺服驱动器的主电路端子名称与功能如表 8 - 5 所示。

表 8 - 5 IS620PS2R8I 伺服驱动器的主电路端子名称与功能

端子名	端子名称	端子功能
L1C、L2C	控制电源输入端子	控制电路电源输入，需要参考铭牌的额定电压等级
L1、L2	主电路电源输入端子	主电路单相电源输入，L1、L2 间接入 AC 220 V 电源
$P_\oplus$、D、C	外接制动电阻连接端子	制动能力不足时，在 $P_\oplus$、C 之间连接外置制动电阻
U、V、W	伺服电机连接端子	连接伺服电机的 U、V、W 相
PE	接地端子	两处接地端子，与电源接地端子及电机接地端子连接

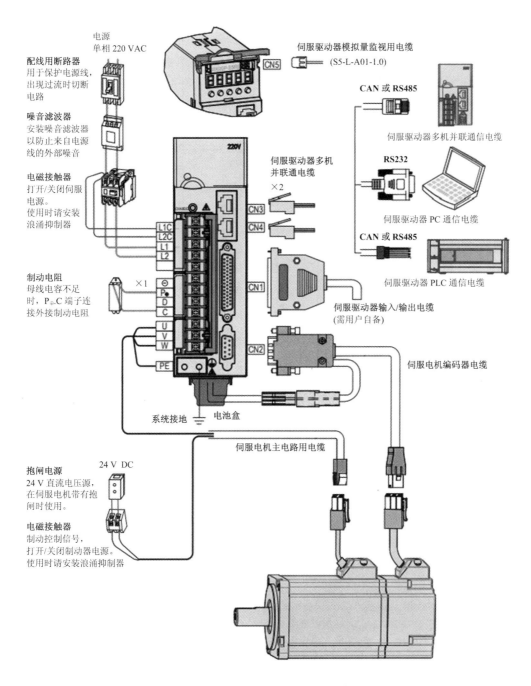

图 8 - 8　IS620PS2R8I 配线系统

3. 控制电路控制端子

IS620PS2R8I 伺服驱动器的 CN1 为控制接口，通过与 PLC 等上位机连接，实现对伺服驱动器的控制功能，其端子分布如图 8 - 9 所示。

IS620PS2R8I 伺服驱动器的控制接口 CN1 共有 44 个端子，在实际应用中不是每个端子都需要用到。表 8 - 6 给出了 CN1 接口中普通低速脉冲指令输入、高速脉冲指令每个端子输入等端子的功能。

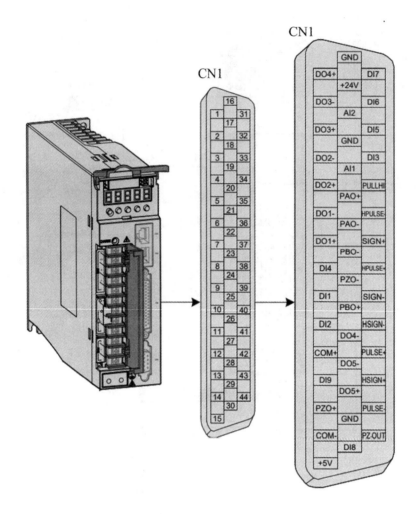

图 8 – 9   IS620PS2R8I 伺服驱动器的控制端子

表 8 – 6   CN1 接口中控制端子的功能

端 子 名		功 能	
位置指令	PULSE＋ PULSE－ SIGN＋ SIGN－	低速脉冲指令输入，差分驱动输入集电极开路	高速脉冲主要有三种：方向＋脉冲，AB 相脉冲，CW/CCW（正反向）脉冲
	HPULSE＋ HPULSE－	高速脉冲指令输入	
	HSIGN＋ HSIGN－	高速位置指令符号	
	PULLHI	脉冲指令的外加电源输入	
	GND	信号地	

4. 常用参数设置

IS620PS2R8I 伺服驱动器的常用参数设置如表 8-7 所示。

表 8-7 **IS620PS2R8I 伺服驱动器的常用参数设置**

参 数	功 能 说 明	备 注
H02-31	参数复位	
H02-00	控制模式选择	设置为位置控制模式
H03-10	DI5 功能码	伺服使能
H05-00	位置指令来源	位置指令来源于外部脉冲指令
H05-15	功能选择(设定脉冲和控制方向)	用于选择脉冲串输入信号波形

8.3.3 汇川 SV660N 伺服驱动器

1. 驱动器接口

SV660N 系列伺服驱动器是汇川技术股份有限公司研制的高性能中小功率交流伺服驱动器,功率范围为 0.05～7.5 kW,采用以太网通信接口,支持 EtherCAT 通信协议,配合上位机可实现多台伺服驱动器联网运行。在使用 SV660N 伺服驱动器控制伺服电机时,需要在伺服驱动器的输入及输出侧安装各类电气元件,以保证系统的安全稳定。SV660N 伺服驱动器配线图如图 8-10 所示。

2. 主电路端子

SV660N 伺服驱动器的主电路端子主要包含电源输入端子、伺服电机连接端子和伺服母线端子,如图 8-11 所示。其主电路端子名称与说明如表 8-8 所示。

表 8-8 **SV660N 伺服驱动器的主电路端子名称与说明**

端子名	端 子 名 称	说 明
L1、L2	电源输入端子	参考铭牌的额定电压等级输入电源
$P_\oplus$、N_-	伺服母线端子	用于多台伺服共直流母线
$P_\oplus$、C	外接制动电阻连接	需要外接制动电阻时,将其接于 $P_\oplus$、C 之间
U、V、W	伺服电机连接端子	连接伺服电机的 U、V、W 相
PE	电机接地端子	用于接地处理

3. 控制电路控制端子

SV660N 伺服驱动器的 CN1 为控制接口,通过与 PLC 等上位机连接,实现对伺服驱动器的控制功能,其端子分布如图 8-12 所示。

SV660N 伺服驱动器的控制接口 CN1 共有 15 个端子,各端子的功能如表 8-9 所示。

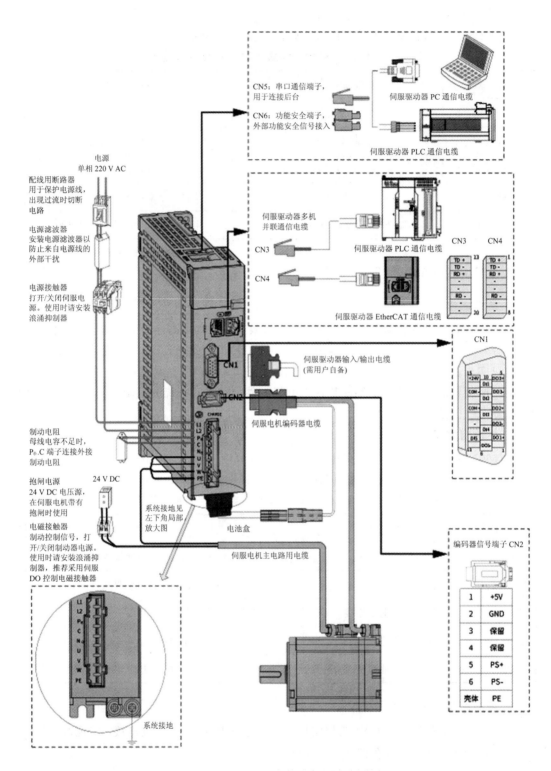

图 8 - 10 SV660N 伺服驱动器配线图

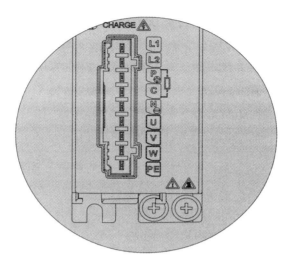

图 8 - 11　SV660N 伺服驱动器的主电路端子

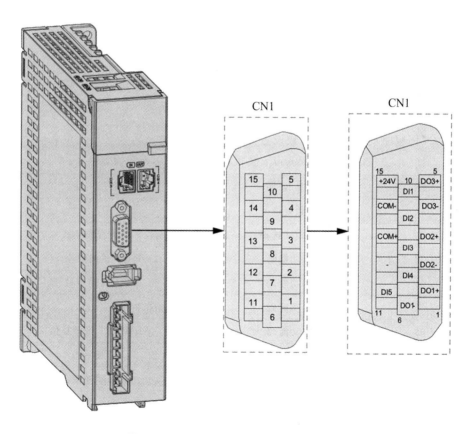

图 8 - 12　SV660N 伺服驱动器的控制端子

表 8 - 9　CN1 接口中各端子的功能

端　子　名		默 认 功 能	针脚号	功　　　能
通用	DI1	P-OT	10	正向超程开关
	DI2	N-OT	9	反向超程开关
	DI3	HomeSwich	8	原点开关
	DI4	TouchProbe2	7	探针 2
	DI5	TouchProbe1	11	探针 1
	＋24 V		15	内部 24 V 电源,电压范围为 20～28 V,最大输出电流为 200 mA
	COM－		14	DI 输入端子公共端
	COM＋		13	
	DO1＋	S－RDY＋	1	伺服准备好
	DO1－	S－RDY－	6	
	DO2＋	ALM＋	3	故障
	DO2－	ALM－	2	
	DO3＋	BK＋	5	抱闸
	DO3－	BK－	4	

注:12 号端子未使用。

4. 常用参数设置

SV660N 伺服驱动器的常用参数设置如表 8 - 10 所示。

表 8 - 10　SV660N 伺服驱动器的常用参数设置

参　数	功 能 说 明	备　　注
H02-31	参数复位	
H02-00	控制模式选择	位置控制模式
H03-02	DI1 功能码	P-OT 正向限位 14
H03-04	DI2 功能码	N-OT 反向限位 15
H03-06	DI3 功能码	
H03-08	DI4 功能码	ALM-RST 报警复位 2
H03-10	DI5 功能码: SON	伺服使能
H05-00	位置指令来源	外部脉冲指令
H05-07	电子齿轮分子	
H05-09	电子齿轮分母	自定
H05-15	脉冲形式	脉冲＋方向,正逻辑

5. EtherCAT 通信

EtherCAT 是一个基于以太网的现场总线系统，其名称中的 CAT 为控制自动化技术 (Control Automation Technology) 首字母的缩写。它是一个确定性的工业以太网，最早由德国的 Beckhoff 公司研发。在 EtherCAT 网络中，主站发送数据，整个网络可能只有一个数据帧依次通过每个节点 (像火车一样)。主站是唯一允许发送帧的节点，子站只能转发帧。数据帧就像火车一样，从主站开出，途经各个子站，把对于子站的数据放下或者带上，最后回到主站。这种方法有助于确保实时操作并避免延迟。

使用 EtherCAT 通信可以有多种应用层协议，SV660N 伺服驱动器采用的是 IEC 61800-7 (CiA402)-CANopen 运动控制子协议。图 8-13 是基于 CANopen 应用层的 EtherCAT 通信结构，在应用层的对象字典里包含了通信参数、应用程序数据以及 PDO 的映射数据等。PDO 为过程数据对象，包含了伺服驱动器运行过程中的实时数据，周期性地进行读写访问。SDO 为服务数据对象，非周期性地对一些通信参数对象、PDO 过程数据对象进行访问修改。

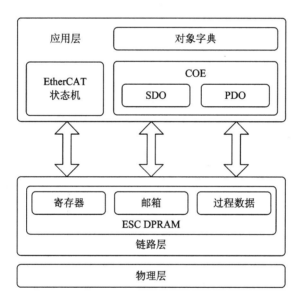

图 8-13　基于 CANopen 应用层的 EtherCAT 通信结构

8.4　伺服驱动器应用

8.4.1　PLC 通过脉冲控制 IS620P 伺服驱动器

1. 硬件连接

伺服驱动器的脉冲控制可以实现伺服电机的位置和速度控制，其硬件电路连接如图 8-14 所示。在主电路中，将三相电源连接伺服驱动器的 R、S、T 端，U、V、W 连接伺服电机，伺服电机的编码器连接 CN2 端口。在控制电路中，Y0、Y1 连接伺服驱动器的 PULSE-和 SIGN-端口，用于控制脉冲和方向信号；Y4 控制伺服驱动器的使能；PLC 的 COM1 和

COM2 与伺服驱动器的 COM－端口相连；24 V 连接 24 V 直流正极信号；输入端 X0～X7 连接 8 个接近开关 SQ1～SQ8，用于位置识别。

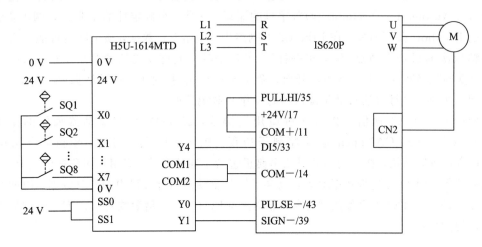

图 8－14 PLC 通过脉冲控制 IS620P 伺服驱动器硬件电路连接

2. 伺服驱动器的参数设置

首先将参数恢复出厂设置(H02－31＝1)，然后选择采用脉冲＋方向及正逻辑的工作模式，通过 PLC 的高速脉冲输出 Y0 和方向信号 Y1 给伺服驱动器发脉冲信号和方向信号，对伺服驱动器相关参数进行设置，如表 8－11 所示。

表 8－11　伺服驱动器的参数设置

参　　数	功　能　说　明	设　置　值	备　　注
H02-31	参数复位	1	
H02-00	控制模式选择	1	位置控制模式
H03-02	DI1 功能码	0	P-OT 正向限位 14
H03-04	DI2 功能码	0	N-OT 反向限位 15
H03-06	DI3 功能码	0	
H03-08	DI4 功能码	0	ALM-RST 报警复位 2
H03-10	DI5 功能码：SON	1	伺服使能
H05-00	位置指令来源	0	外部脉冲指令
H05-07	电子齿轮分子	1048576	
H05-09	电子齿轮分母	5000	一圈 5000 个脉冲
H05-15	脉冲形式	0	脉冲＋方向，正逻辑

3. PLC 程序设计

1) IO 变量表

采用脉冲＋方向的指令脉冲形式对伺服电机进行控制。一路 Y0 为脉冲信号，一路 Y1 为电机的正反控制信号，这种控制方式简单，高速脉冲口资源占用最少。Y4 为伺服使能信号，M 辅助继电器用于触摸屏按钮信号，X0～X7 为接近开关信号，用于到位和限位控制。IO 变量如表 8 - 12 所示。

表 8 - 12　IO 变量表

序号	变量	含义	序号	变量	含义
1	M0	停止	8	X0～X7	8 个接近开关信号
2	M1	使能	9	Y0	脉冲信号
3	M2	急停	10	Y1	方向信号
4	M3	复位	11	Y4	伺服使能信号
5	M5	左点动	12	D21	移动距离
6	M6	右点动	13	D25	移动速度
7	M9	开始移动	14	D29	当前位置

2）伺服轴配置

通过创建运动控制轴，对伺服轴进行配置，主要进行基本设置、单位换算设置、模式/参数设置和原点返回设置等，如图 8 - 15 所示。

图 8 - 15　伺服轴配置界面

3）PLC 程序

PLC 程序如图 8 - 16 所示，主要运用运动控制指令进行编程设计。

MC_Power 轴使能 Enable 连接 M1，同时硬件 Y4 得电，接通伺服驱动器的轴使能端口。

MC_Jog 点动，M8000 使得点动一直保持使能状态，M5、M6 控制左右点动，速度设为 50，加速度和减速度都设为 10。

MC_Reset 为轴复位功能指令，复位按钮输入后执行。

MC_Stop 为轴停止功能指令，停止按钮输入后，轴开始以 20 的减速度停止。

MC_ImmediateStop 为轴急停功能指令，当碰到左右极限开关后电机立即停止运行。

MC_ReadActualPosition 为读当前位置指令，Position 端口实时显示当前位置值。

MC_ReadStatus 为读轴状态指令，该指令返回当前轴处理过程中的详细状态信息，包括轴是否处于运动状态,是否在处理文件、是否等待起动等。

MC_MoveRelative 为相对移动运动指令,在触摸屏输入运动距离和速度后,点击开始运动按钮,则滚珠丝杠移动相应的距离。

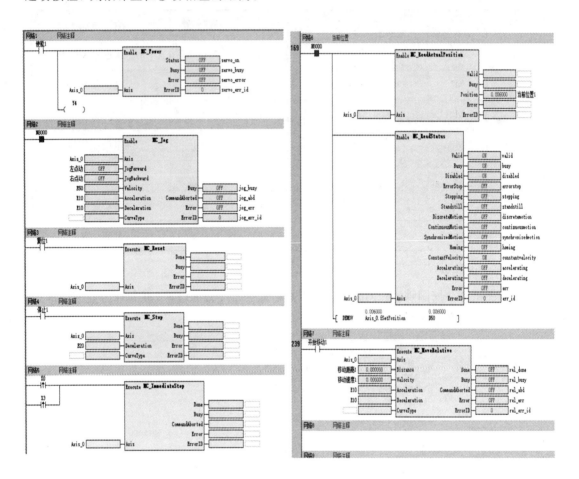

图 8-16 PLC 程序图

4. 触摸屏设计

(1) 新建变量表,并添加对应的变量,与 PLC 变量一一对应,如图 8-17 所示。

+	名称	▼	编号	▼	连接	数据类型	长度	数组计数	地址	采集周期	采集模式	数据记录	记录周期	记录采集模式	初始值	索引变量
1	M 1		1		连接_1	Bool	1	1	M 1	100ms	循环使用	<未定义>	1s	循环连续		<未定义>
2	M 2		2		连接_1	Bool	1	1	M 3	100ms	循环使用	<未定义>	1s	循环连续		<未定义>
3	M 5		3		连接_1	Bool	1	1	M 5	100ms	循环使用	<未定义>	1s	循环连续		<未定义>
4	M 6		4		连接_1	Bool	1	1	M 6	100ms	循环使用	<未定义>	1s	循环连续		<未定义>
5	M 9		5		连接_1	Bool	1	1	M 9	100ms	循环使用	<未定义>	1s	循环连续		<未定义>
6	D 21		6		连接_1	Float	4	1	D 21	100ms	循环使用	<未定义>	1s	循环连续		<未定义>
7	D 25		7		连接_1	Float	4	1	D 25	100ms	循环使用	<未定义>	1s	循环连续		<未定义>
8	D 29		8		连接_1	Float	4	1	D 27	100ms	循环使用	<未定义>	1s	循环连续		<未定义>

图 8-17 触摸屏变量设置

（2）新建画面，使用文本域、位按钮和数值 IO 域等控件，通过文本域来设置文字描述，位按钮实现伺服使能、开始移动、故障复位、左点动、右点动的控制，数值 IO 域用于设置移动距离和移动速度，如图 8-18 所示。

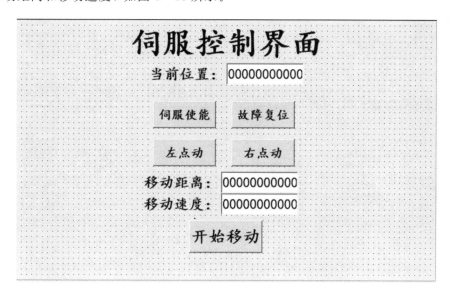

图 8-18　触摸屏控件设计

5. 运行效果

将各个控件设计好后，运行仿真软件，界面如图 8-19 所示。

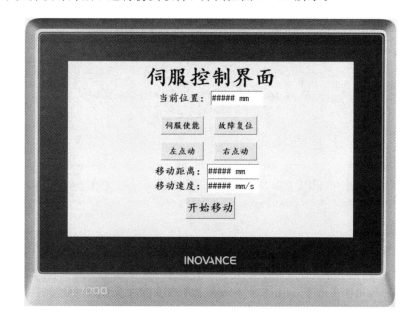

图 8-19　仿真运行界面

在实际运行效果中，工作滑台起初在任意位置，按下伺服使能按钮，通过左、右点动按钮和手动移动使滚珠丝杠工作滑台移动到零位位置，如图 8-20 所示。

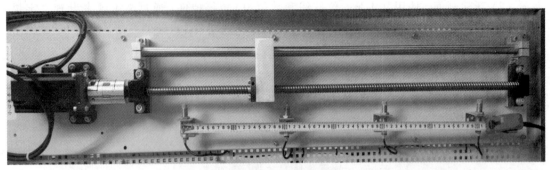

(a) 初始任意位置

(b) 回零状态

图 8 - 20　点动回零

　　按下伺服使能按钮，在移动速度和移动距离栏输入相应的数值，并按下开始移动按钮，则工作滑台按照相应的速度移动到相应的位置，如图 8 - 21 所示。

(a) 移动距离和速度设置 1

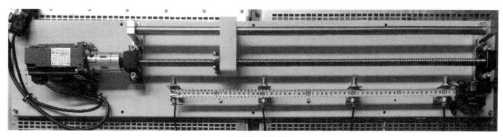

(b) 实际移动位置1

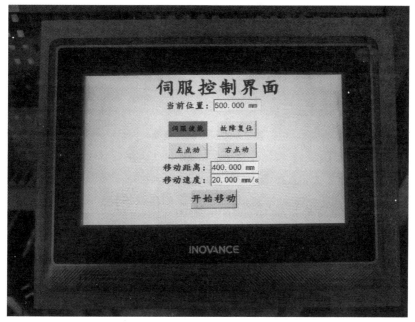

(c) 移动距离和速度设置2

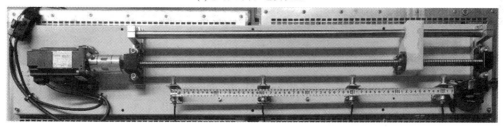

(d) 实际移动位置2

图 8 - 21　移动位置控制

8.4.2　PLC 通过 EtherCAT 通信控制 SV660N 伺服驱动器

1. 硬件连接

汇川 PLC 通过 EtherCAT 接口与 SV660N 伺服驱动器进行连接，该接口可通过网线直接连接，其电路原理图如图 8 - 22 所示。PLC 供电电压为直流 24 V，8 个接近开关连接 PLC 的输入口，用于两个轴的位置标识，伺服驱动器的供电电压为交流 220 V，伺服驱动器的 U、V、W 连接伺服电机，CN2 连接伺服电机的编码器接口。

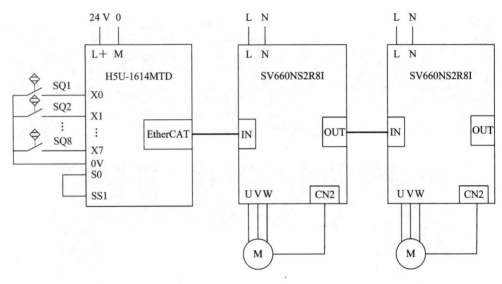

图 8 – 22 电路原理图

2. 伺服驱动器的参数设置

伺服驱动器的参数如表 8 – 13 所示。

表 8 – 13 伺服驱动器的参数设置

参　数	功能说明	设置值	备　注
H02-31	参数复位	1	
H02-00	控制模式选择	9	EtherCAT 模式

3. PLC 程序设计

1）变量设置

变量设置如表 8 – 14 所示，包含了两个伺服电机的使能、复位、左右点动、移动距离和移动速度等。

表 8 – 14 变　量　表

序号	变量	含　义	序号	变量	含　义
1	M1	上电机伺服使能	11	M11	上电机停止
2	M2	下电机伺服使能	12	M12	下电机停止
3	M3	上电机复位	13	M13	上电机急停
4	M4	下电机复位	14	M14	下电机急停
5	M5	上电机左点动	15	D21	上电机移动距离
6	M6	上电机右点动	16	D23	下电机移动距离
7	M7	下电机左点动	17	D25	上电机移动速度
8	M8	下电机右点动	18	D27	下电机移动速度
9	M9	上电机开始移动	19	D29	上电机当前位置
10	M10	下电机开始移动	20	D31	下电机当前位置

2）伺服轴配置

通过创建运动控制轴，对伺服轴进行配置，主要进行基本设置、单位换算设置、模式/参数设置和原点返回设置等。在基本设置中选择总线伺服轴，如图 8-23 所示。

图 8-23 伺服轴配置

3）PLC 程序设计

PLC 程序如图 8-24 所示，主要运用运动控制指令进行编程设计，用到的主要编程指令包括：轴使能指令 MC_Power，点动指令 MC_Jog，故障复位指令 MC_Reset，停止指令 MC_Stop，急停指令 MC_ImmediateStop，读当前位置指令 MC_ReadActualPosition，相对移动运动指令 MC_MoveRelative。

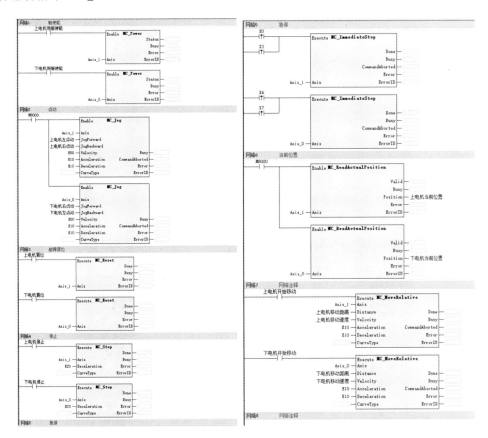

图 8-24 PLC 程序图

4. 触摸屏设计

（1）新建变量表，并添加对应的变量，与 PLC 变量一一对应，如图 8-25 所示。

十	名称	编号	连接	数据类型	长度	数组计数	地址	采集周期	采集模式	数据记录	记录周期	记录采集	初始值	索引变量
1	M1	1	连接_1	Bool	1	1	M 1	100ms	循环使用	<未定义>	1s	循环连续		<未定义>
2	M 2	2	连接_1	Bool	1	1	M 2	100ms	循环使用	<未定义>	1s	循环连续		<未定义>
3	M 3	3	连接_1	Bool	1	1	M 3	100ms	循环使用	<未定义>	1s	循环连续		<未定义>
4	M 4	4	连接_1	Bool	1	1	M 4	100ms	循环使用	<未定义>	1s	循环连续		<未定义>
5	M 5	5	连接_1	Bool	1	1	M 5	100ms	循环使用	<未定义>	1s	循环连续		<未定义>
6	M 6	6	连接_1	Bool	1	1	M 6	100ms	循环使用	<未定义>	1s	循环连续		<未定义>
7	M 7	7	连接_1	Bool	1	1	M 7	100ms	循环使用	<未定义>	1s	循环连续		<未定义>
8	M 8	8	连接_1	Bool	1	1	M 8	100ms	循环使用	<未定义>	1s	循环连续		<未定义>
9	M 9	9	连接_1	Bool	1	1	M 9	100ms	循环使用	<未定义>	1s	循环连续		<未定义>
10	M 10	10	连接_1	Bool	1	1	M 10	100ms	循环使用	<未定义>	1s	循环连续		<未定义>
11	D21	21	连接_1	Float	4	1	D 21	100ms	循环使用	<未定义>	1s	循环连续		<未定义>
12	D 23	27	连接_1	Float	4	1	D 23	100ms	循环使用	<未定义>	1s	循环连续		<未定义>
13	D 25	28	连接_1	Float	4	1	D 25	100ms	循环使用	<未定义>	1s	循环连续		<未定义>
14	D 27	29	连接_1	Float	4	1	D 27	100ms	循环使用	<未定义>	1s	循环连续		<未定义>
15	D 29	30	连接_1	Float	4	1	D 29	100ms	循环使用	<未定义>	1s	循环连续		<未定义>
16	D 31	31	连接_1	Float	4	1	D 31	100ms	循环使用	<未定义>	1s	循环连续		<未定义>

图 8-25　触摸屏变量设置

（2）新建画面，使用文本域、位按钮和数值 IO 域等控件，通过文本域来设置文字描述，位按钮实现伺服使能、开始移动、故障复位、左点动、右点动的控制，数值 IO 域用于设置移动距离和移动速度，如图 8-26 所示。

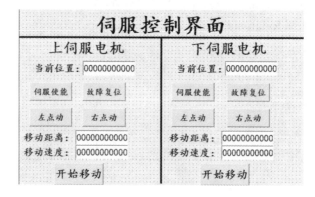

图 8-26　触摸屏控件设计

5. 运行效果

将各个控件设计好后，运行仿真软件，界面如图 8-27 所示。

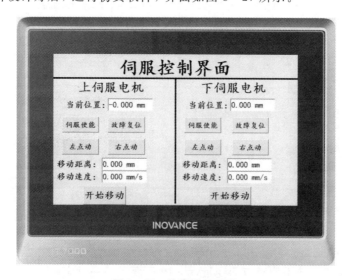

图 8-27　仿真运行界面

　　在实际运行效果中，工作滑台起初在任意位置，在伺服使能按钮按下的状态下，按触摸屏上的左、右点动按钮，便伺服电机回到零位，如图 8 - 28 所示。

(a) 任意位置

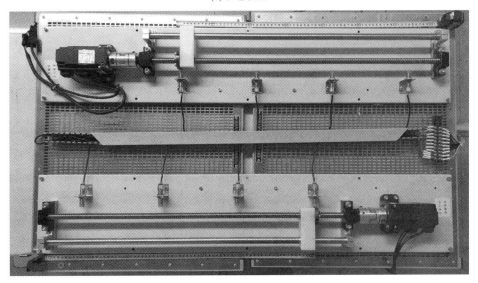

(b) 零位位置

图 8 - 28　回零过程

　　按下伺服使能按钮，在移动速度和移动距离设置栏输入相应的数值，并按下开始移动按钮，则两个工作滑台按照相应的速度移动到相应的位置 1，如图 8 - 29 所示。

　　按下伺服使能按钮，在移动速度和移动距离设置栏输入相应的数值，并按下开始移动按钮，则两个工作滑台按照相应的速度移动到相应的位置 2，如图 8 - 30 所示。

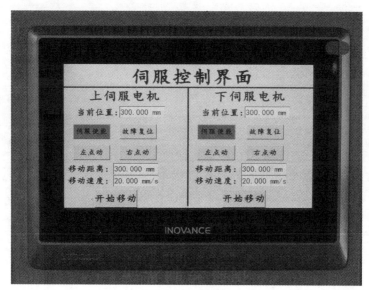

(a) 位置 1 设置

(b) 位置 1 移动

图 8-29　移动位置 1

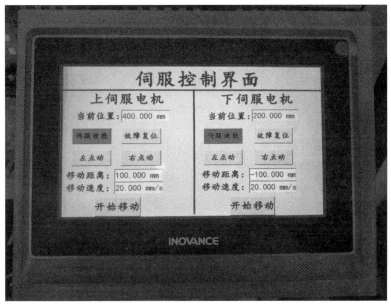

(a) 位置 2 设置

(b) 位置 2 移动

图 8 - 30　移动位置 2

习题与思考题

8-1 什么是伺服控制系统？

8-2 对伺服控制系统的基本要求是什么？

8-3 伺服控制系统的组成包含哪些部分？

8-4 简述伺服控制系统的分类。

8-5 伺服电机的名称代号包含哪几部分？

8-6 简述交流伺服电机的工作原理及控制方式。

8-7 简述直流伺服电机的结构和特点。

8-8 简述直流伺服电机的工作原理及控制方式。

8-9 简述伺服驱动器的结构。

附录 实验指导

实验一 熟悉汇川 PLC 编程软件

一、实验目的

(1) 熟悉 AutoShop 软件编程环境；

(2) 熟悉梯形图编程环境；

(3) 正确连接编程电缆，能够与汇川 PLC 通信；

(4) 程序编译、下载、监控及调试。

二、实验仪器

(1) 汇川 H5U PLC 一台；

(2) PC 机一台(装有 AutoShop 软件)；

(3) 汇川 PLC USB 下载线一根(或者网线)。

三、实验要求

新建一个项目工程，并下载至 PLC 中。

四、软件介绍

H5U 系列 PLC 的编程软件为 AutoShop。AutoShop 编程软件的用户界面友好，方便用户根据应用需求对 PLC 进行配置、编程、调试、下载、监控等操作。

1. 编程界面

小型 PLC 编程软件 AutoShop 的编程界面如附图 1-1 所示。

① 主菜单和快捷工具：编程软件操作的主菜单，包含编程、调试、通信等相关设置，以及文件管理与编程调试工具的快捷方式。

② 程序编辑区域：用于编写用户应用程序。

③ 工具箱：包括工程中加载的从站和所选 PLC 支持的指令集合。

④ 工程管理：用于 PLC 工程的参数管理、变量管理、程序管理和配置管理等。

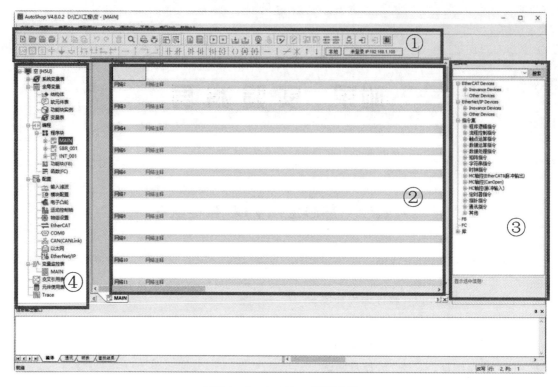

附图 1-1 AutoShop 编程界面

2. 通信连接方式

PLC 支持通过 USB 接口或以太网与 AutoShop 软件建立通信连接，实现程序上下载、监控和调试。

(1) 以太网连接。

通过以太网连接 PLC 时，可能涉及的操作有选择目标 PLC、PING 功能、修改设备 IP/设备名等。

(2) 选择目标 PLC。

AutoShop 软件上位机通过以太网与 PLC 连接时，需要将 PLC 的 IP 地址和上位机的 IP 地址设置为同一网段，选择目标 PLC 设备的操作如下：

① 若 PLC IP 已知，在菜单栏选择"工具"→"通信设置"如附图 1-2 所示，或点击 PLC 通信设置快捷工具，可进入通信设置界面。也可以通过快捷工具 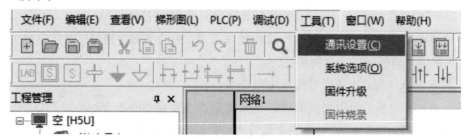 进入通信设置，如附图 1-3 所示。

附图 1-2 通过工具栏进行通信设置

附图 1-3 通信设置快捷工具

在"PLC 通信设置"中，选择 Ethernet 通信类型，如附图 1-4 所示。正确输入 IP 地址后，点击确定按钮即完成通信设置，如附图 1-5 所示。

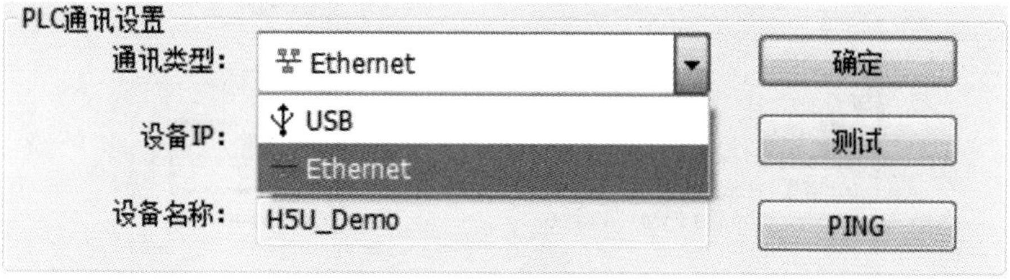

附图 1-4 选择 Ethernet 通信

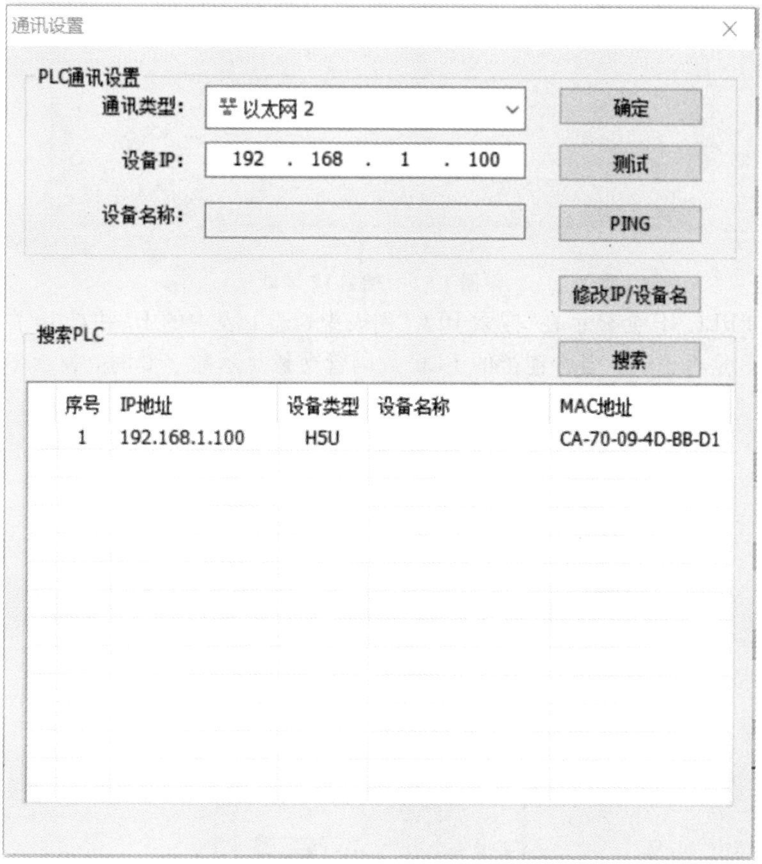

附图 1-5 输入 IP 地址

② 若 PLC IP 未知，可以通过搜索功能搜索 PLC 设备。点击"搜索"按钮即可搜索局域网内连接的 PLC，如附图 1-6 所示。PLC 和计算机通过交换机连接的情况下，可以搜索到和计算机同一网段的 PLC；PLC 和计算机通过网线直连，可以跨网段搜索到 PLC。

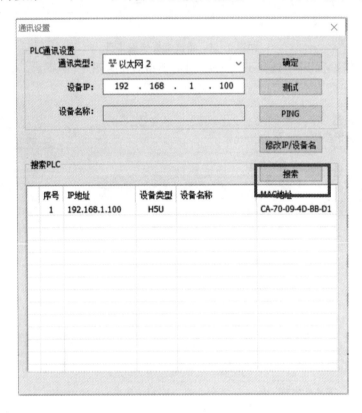

附图 1-6　搜索 IP 地址

搜索到的 PLC IP 会显示在"搜索 PLC"列表中，选中表中的 IP 并点击"测试"按钮，检查连接的 PLC 是否正确。当所连接的 PLC 数码管交替显示数字 0 时，表示 PLC 已连接成功，如附图 1-7 所示。

附图 1-7　测试通信连接

确认与想要的 PLC 连接成功后,点击"确定"按钮退出通信设置,即可在主菜单界面上看到设定的 IP 地址,如附图 1-8 所示。随后可进行 PLC 程序的下载、上载、监控和在线修改。

附图 1-8 设定的 IP 地址

(3)PING 功能。

Autoshop 软件自带 PING 功能,可用于测试计算机与指定设备之间的网络连接是否正常。使用时,需先在设备 IP 处输入想要测试的 IP 地址,然后点击"PING"按钮,即可运行该功能,如附图 1-9 所示。

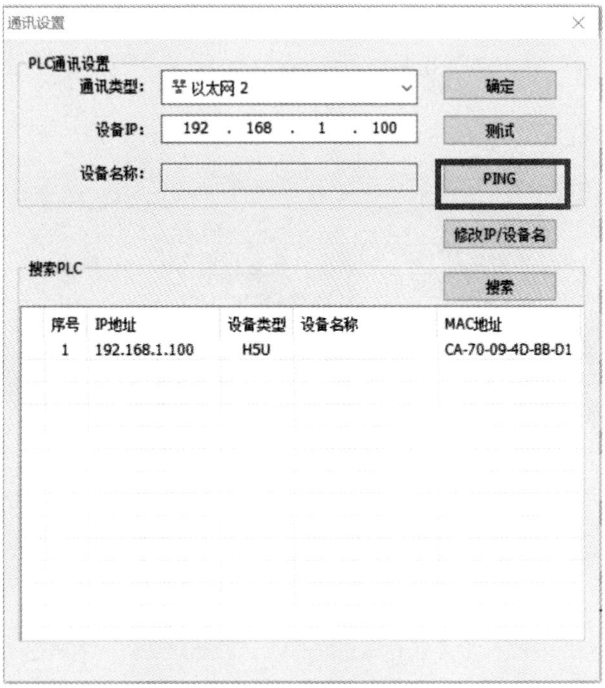

附图 1-9 PING 测试

软件会自动打开"CMD PING"窗口,显示测试结果,如附图 1-10 所示。测试完成之后,只需点击右上角的关闭即可。

(4)修改 IP 地址/设备名。

在实际使用的过程中,可根据自己的需求修改 PLC 的 IP 地址,也可以修改 PLC 的设备名,以便区分不同的设备。修改 IP 地址/设备名的具体操作步骤如下:

① 正确连接 PLC 后,点击"修改 IP/设备名"按钮(如附图 1-11 所示)可以进入"修改 IP/设备名"界面,对当前连接的 PLC IP 地址进行修改。

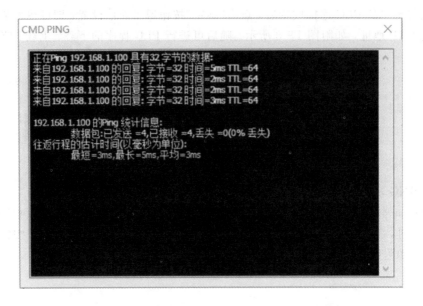

附图 1 - 10　PING IP 地址

附图 1 - 11　"修改 IP/设备名"按钮

② 在"修改 IP/设备名"界面中,根据需要,在"新 IP 地址"栏填入新 IP 地址、子网掩码、默认网关,然后点击"修改 IP"按钮,如附图 1 - 12 所示。在弹出的对话框中点击"确定"按钮,重新上电后即可使修改的 IP 生效。

附图 1-12 设置新的 IP 地址

也可以在"设备名"栏修改当前选择的 PLC 设备的名称。在"设备名称"中输入新的设备名称，点击"修改设备名"按钮即可修改当前 IP 地址连接的 PLC 设备名，如附图 1-13 所示。

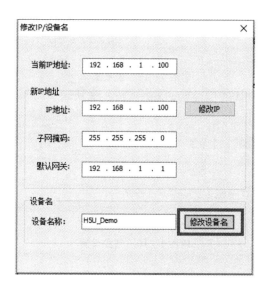

附图 1-13 修改设备名

③ 按照需要修改完 IP/设备名之后，点击"关闭"按钮，即可退出"修改 IP/设备名"界面。

（5）USB 直连。

AutoShop 软件上位机通过 USB 与 PLC 连接时，只需选择对应的通信类型，并测试连通即可。操作步骤如下：

① 使用 USB 电缆将 PLC 与装有 AutoShop 软件的 PC 连接起来。

② 打开 AutoShop 软件，在菜单栏选择"工具"→"通信设置"或点击通信设置快捷工具进入通信设置界面。

③ 在 PLC 通信设置中，选择 USB 通信类型，如附图 1-14 所示。

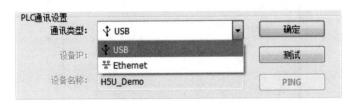

附图 1-14　选择 USB 通信类型

④ 完成设置后，若对应 PLC 的数码管交替显示"0"，则表示连接已连通，如附图 1-15 所示。

附图 1-15　连接成功

⑤ 按下"确定"按钮确认通信设置，如附图 1-16 所示。

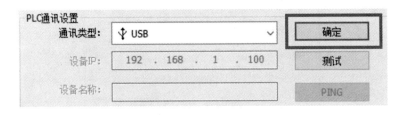

附图 1-16　完成设置

五、编程与调试

1. 新建工程

在 AutoShop 编程软件中新建 H5U 工程的操作步骤如下：

打开 AutoShop 软件，点击"新建工程"，在打开的对话框中先选择编辑器类型为"梯形图"，选择"H5U"作为 PLC 类型，输入工程名并选择保存路径，然后点击"确定"按钮创建新工程，如附图 1-17 所示，即可进入工程主界面。

附图 1-17 新建工程

2. 配置硬件系统(拓展)

如果实验项目没有搭载外部模块(实物 PLC 左侧没有外部模块),则无须对硬件系统进行配置,如附图 1-18 所示。如果有外部拓展硬件,则需对外部拓展模块进行设置。

附图 1-18 无外部拓展模块

拓展模块设置步骤如下:

(1)双击工程管理栏的模块配置选项,如附图 1-19 所示,打开模块配置界面。

(2)在打开的模块配置界面中添加对应的模块,如附图 1-20 所示。

(3)双击对应的模块,可配置模块对应的映射元件,如附图 1-21 所示。配置完成之后点击"确定"按钮即可。

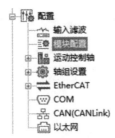

附图 1 - 19　仿真模块配置

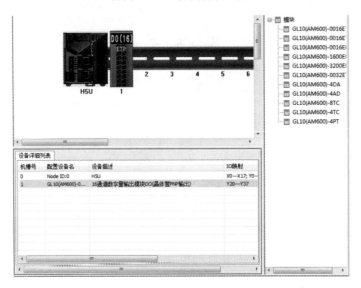

附图 1 - 20　选择添加模块

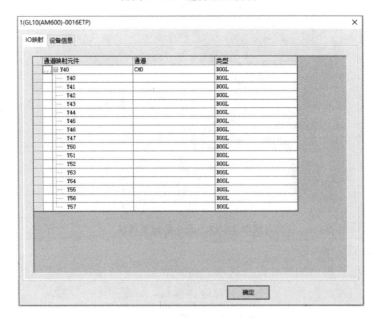

附图 1 - 21　配置映射元件

3. 通信设置

采用以太网通信协议与 HMI 建立通信时，需配置好 PLC 的 IP 地址。正确连接 PLC 后，点击"修改 IP/设备名"按钮可以进入"修改 IP/设备名"界面，对当前连接的 PLC IP 地址进行修改。

根据用户需要，在"新 IP 地址"栏填入新 IP 地址、子网掩码、默认网关后点击"修改 IP"，在弹出的对话框点击"确定"，重新上电 PLC 后即可使修改的 IP 生效，如附图 1-22 所示。

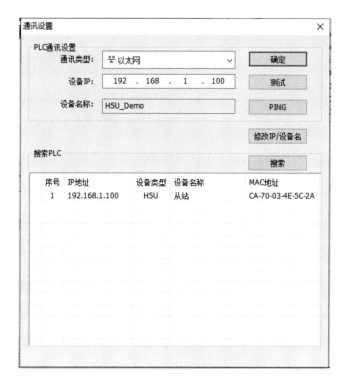

附图 1-22　通信设置

4. 编程与编译

通过快捷工具或键盘按键 F8 可以下载程序。

完成程序的编写之后，点击"编译"按钮进行编译。这两个编译按钮的不同在于左侧为只编译当前打开页面的程序，右侧为编译整个工程。完成编译之后，软件下方会输出编译信息，如附图 1-23 所示。

```
MAIN.LD
SBR_001.LD
正在生成UCODE文件....
统计 - (0)错误,(75)步占用/(128000)总容量,非保持变量区使用:0.00K/1792K,保持变量区使用:0.00K/256K
2019/10/14 16:42:27  完成程序编译
2019/10/14 16:42:27  完成编译
```

附图 1-23　编译信息

5. 程序下载

AutoShop 编程软件中程序下载的操作步骤如下：使用 USB 或以太网连接，在菜单栏点击"PLC"→"下载"（如附图 1 - 24 所示），或点击工具栏中的下载按钮，即可下载程序，也可以通过快捷工具或键盘按键 F8 下载程序。

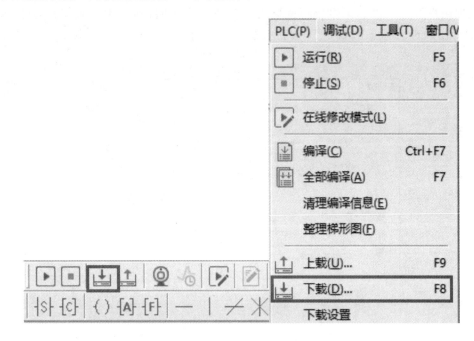

附图 1 - 24　程序下载

实验二　熟悉汇川触摸屏编程软件

一、实验目的

（1）熟悉触摸屏编程软件环境；

（2）掌握 InoTouchPad 软件的通信设置；

（3）掌握 InoTouchPad 软件的下载和调试。

二、实验仪器

（1）汇川触摸屏一个；

（2）PC 机一台（具有 InoTouchPad 软件）；

（3）汇川触摸屏下载线一根（或者网线）。

三、实验要求

新建一个项目工程，并下载至触摸屏中。

四、软件介绍及应用

汇川 HMI 组态软件 InoTouchPad 是汇川控制技术股份有限公司开发的新一代人机界面软件，是一种用于快速构造和生成监控系统的组态软件。它通过对现场数据的采集处理，以动画显示、报警、流程控制和配方管理等多种方式向用户提供解决实际工程问题的方案，在自动化领域有着广泛的应用。

1. 编程界面

InoTouchPad 编程界面如附图 2-1 所示，主要由四个部分构成。

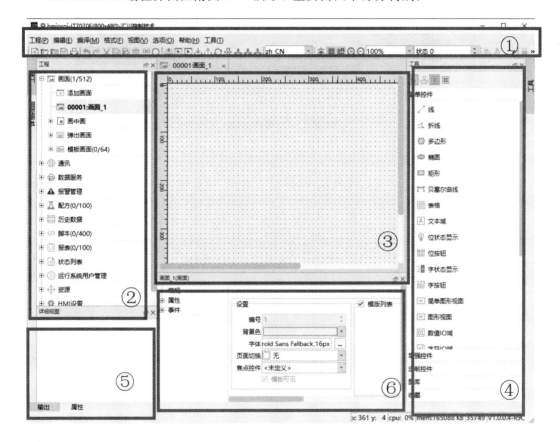

附图 2-1　InoTouchPad 编程界面

① 工具栏：包含软件菜单栏以及快键工具。

② 工程管理栏：针对用户工程的操作都可以在此进行设置，包括添加画面、通信、报警管理、配方、历史数据和 HMI 设置等。

③ 编辑区：用于编辑 HMI 画面内容。

④ 工具箱：包括各种控件、图库等。

⑤ 详细视图：用于显示工程文件的详细信息。

⑥ 状态栏：显示工程当前光标位置、软件版本号、当前用户信息等。

2. 调试

(1) 建立硬件连接。

将装有 InoTouchPad 的 PC 通过 USB/以太网电缆与 HMI IT7000 连接(本次调试以以太网连接为例),如附图 2-2 所示。

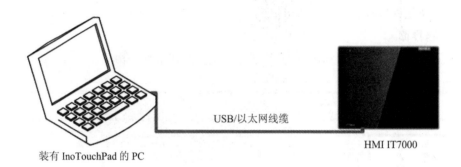

USB/以太网线缆

装有 InoTouchPad 的 PC

HMI IT7000

附图 2-2 硬件连接

(2) 上电调试校准。

接通电源供电,待屏幕亮起后显示"长按进入系统"后长按屏幕,进入系统设置界面,如附图 2-3 所示。

附图 2-3 系统设置界面

用户在"网络"菜单中可以查看、更改 HMI 的 IP 地址,如附图 2-4 所示。

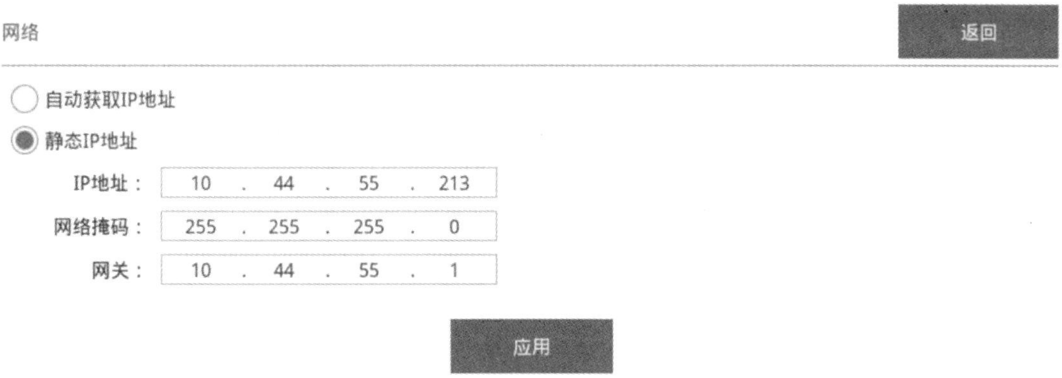

网络　　　　　　　　　　　　　　　　　　　　　　　　　　　　　　　　　返回

◯ 自动获取IP地址

◉ 静态IP地址

IP地址：　10　.　44　.　55　.　213

网络掩码：　255　.　255　.　255　.　0

网关：　10　.　44　.　55　.　1

应用

附图 2-4　查看、更改 IP 地址

五、编程及调试

1. 创建工程

单击 ITP 打开软件 InoTouchPad。

新建工程，并根据触摸屏型号选择对应的设备类型，本次实验采用的触摸屏类型为 IT7070E(800×480)。然后输入"工程名称"并选择工程的保存位置(一般采用系统默认设置，可自定义)，点击"确定"按钮即可创建好一个工程，如附图 2-5 所示。

附图 2-5　创建工程

2. 建立通信

双击工程窗口"通信"文件夹中的"连接"选项,在右侧"连接"列表中鼠标双击或者鼠标右击打开"连接编辑器"。

选择通信物理端口类型为"网口"(PLC 与触摸屏采用网线连接),点击连接列表上方的按钮添加一个新的"连接",选择通信协议为 H5U Qlink TCP 协议,并在"块设备"菜单中设置 HMI 的 IP 地址,和所通信的 PLC 的 IP 地址一致,如附图 2-6 所示。

附图 2-6 建立通信

3. 连接变量

在"通信"→"变量"文件夹中,可以找到"添加变量组"选项如附图 2-7 所示。打开变量组,单击左上角的+号,即可添加变量。

附图 2-7 添加变量

在新添加的变量组中为新建变量命名，选择连接、数据类型、PLC对应数据地址和采集周期等，如附图2-8所示。

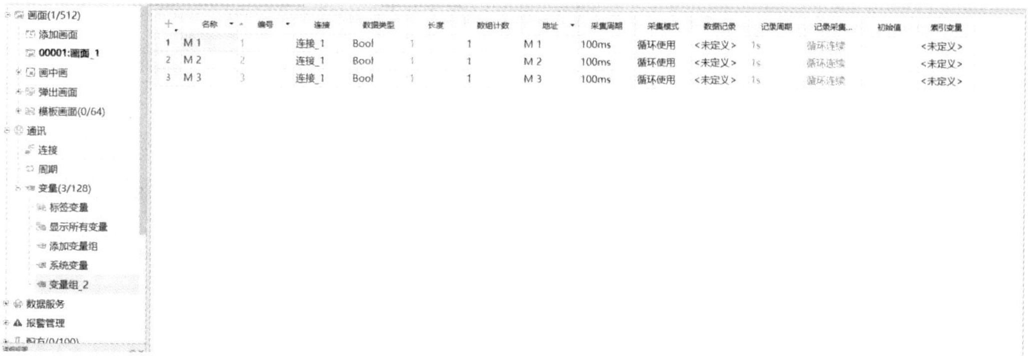

附图2-8 设置变量

4. 建立画面

（1）打开工程进入默认画面，或者从工程视图的"画面"节点中打开子选项"画面_1"，如附图2-9所示。

（2）在编辑区右侧工具箱中选择"简单控件"→"椭圆"，将控件拖放到编辑区，点击设置"动画"→"外观变化"，并勾选"启用"项，如附图2-10所示。

附图2-9 建立画面

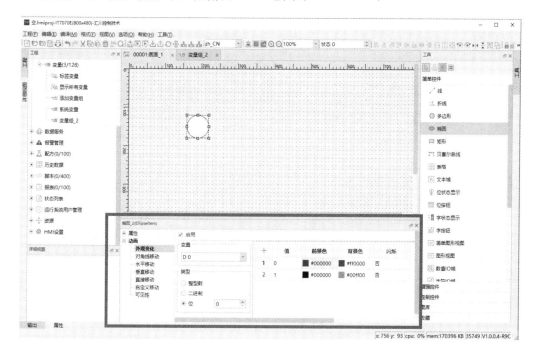

附图2-10 控件设置

如图中所示，椭圆控件采用初始创建的变量D0，类型设置为"位"，并在表格中点击

"＋"按钮添加两个位号，位号值为 0 对应背景色为 ♯ff0000，位号值为 1 对应背景色 ♯00ff00（二者对应指示灯的不同状态，用户可根据实际需求进行设置）。

在工具箱中选择"简单控件"→"按钮"，将按钮控件拖放或绘制到编辑区用于控制指示灯的闪烁。

如需设置按钮功能为置位，请在控件属性视图的"常规"选项中输入状态文本"置位"，然后在"事件"选项卡中选择按钮方式，可选项为"单击、按下、释放"，并将按钮事件组态为系统函数 SetBitInTag（置位），如附图 2-11 所示。

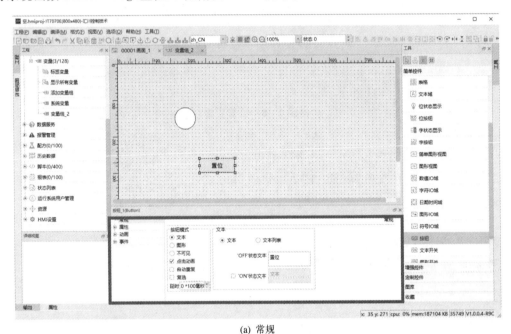

(a) 常规

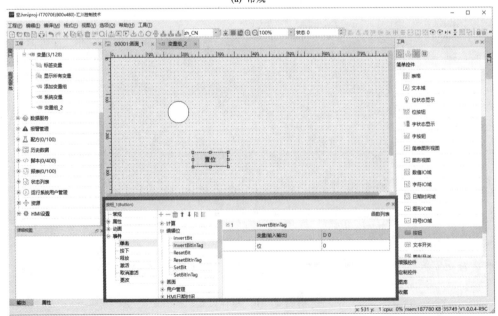

(b) 事件

附图 2-11　置位设置

如需设置按钮功能为复位，请在控件属性视图的"常规"选项中输入状态文本"复位"，然后在"事件"选项卡中选择按钮方式，可选项为"单击、按下、释放"，并将按钮事件组态为系统函数 ResetBitInTag（复位）。

5. 工程下载

创建完工程后，点击菜单栏的"编译"菜单或工具栏上的编辑按钮![button]完成编译，然后点击菜单栏的"编译"→"下载工程"或工具栏的下载按钮![button]或快捷键 F7 将工程下载到触摸屏上运行，如附图 2-12 所示。

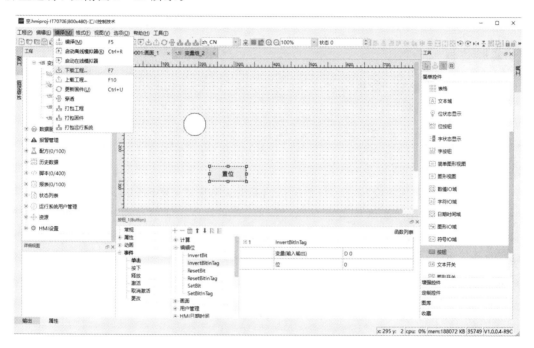

附图 2-12　USB 下载

工程下载有两种方式：通过以太网和 USB（注意：工程下载大小不能超过 30M）。附图 2-13 所示为以太网下载。

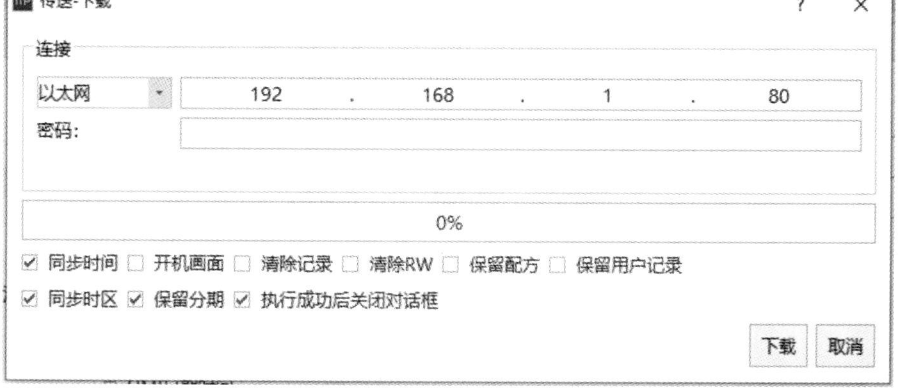

附图 2-13　以太网下载

实验三　变频器面板控制

一、实验目的

(1) 了解 MD500 系列变频器操作界面；

(2) 能独立完成变频器的参数设置；

(3) 掌握 MD500 面板启停及定义内置速度的方法；

(4) 能够通过变频器面板控制电机正反转和点动运行。

二、实验仪器

(1) MD500 变频器一台；

(2) 三相异步电机一台。

三、实验原理

1. 控制要求

能够通过变频器面板实现三相异步电机的起动、停止、正反转和点动运行。

2. 操作面板说明

用变频器操作面板可对变频器进行功能参数修改、变频器工作状态监控和变频器运行控制(起动、停止)等。变频器操作面板的界面如附图 3 - 1 所示(其各个按键的功能见第七章)。

附图 3 - 1　变频器操作面板的界面

3. 参数设置

MD500 变频器的操作面板采用三级菜单结构进行参数设置等操作。三级菜单分别为功能参数组(一级菜单)、功能码(二级菜单)、功能码设定值(三级菜单)。例如将参数 F3-02 从 10 Hz 更改为 15 Hz,其操作步骤如附图 3-2 所示。

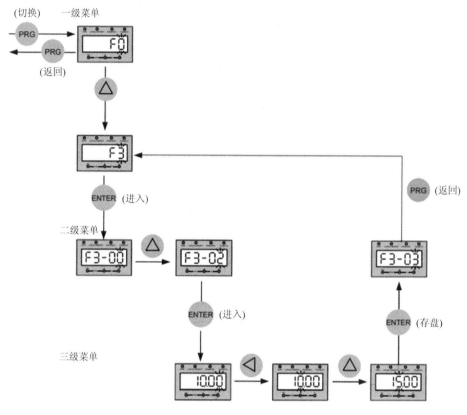

附图 3-2　三级菜单操作

在进行三级菜单操作时,可按 PRG 键或 ENTER 键返回二级菜单,两者的区别是:按 ENTER 键将设定参数保存后返回二级菜单,并自动转移到下一个参数;按 PRG 键是放弃当前的参数修改,直接返回当前参数对应的上一级菜单。

例如,设置 FP-01=001,恢复所有参数为出厂默认值,其操作步骤如附图 3-3 所示。

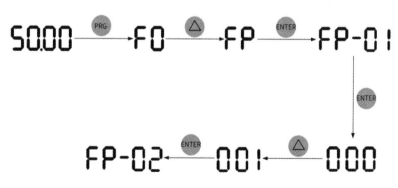

附图 3-3　恢复出厂设置操作

4. 操作面板驱动电机

(1) 操作面板控制起动、停止和连续运行。

通过键盘操作，使功能码 F0-02＝0，即设置为面板控制方式：按下键盘上的 RUN 键，变频器开始运行(RUN 指示灯点亮)；在变频器运行的状态下，按下键盘上的 STOP 键，变频器停止运行(RUN 指示灯熄灭)；按上升或者下降键，变频器频率上升或者下降。

(2) 操作面板控制正反转和点动运行。

将 MF.K 键功能(参数 F7-01)的值设定为 2 可以实现电机的正反转切换。

将 MF.K 键功能(参数 F7-01)的值设定为 3、4 可以实现电机的正转点动(FJOG)和反转点动(RJOG)。

四、实验内容与步骤

(1) 根据接线图连接变频器主电路。

(2) 检测电路，确认没有问题后，系统上电。

(3) 设置 MD500 变频器参数，如附表 3-1 所示。

(4) 调试 MD500 变频器实现电机起动、停止、连续运行、正反转和点动运行。

附表 3-1 MD500 参数设置

参　数	参　数　说　明	设　置　值	备　　注
FP-01	恢复出厂设置	1	
F0-02	命令源(0—面板，1—端子，2—通信)	0	面板操作
F0-03	频率设定方式	0	
F0-08	预设频率	30 Hz	0～50 Hz
F7-01	MF.K 键功能选择	2、3 或 4	0—无效 2—正反转切换 3—正转点动 4—反转点动
F8-00	点动运行频率	2	0 至最大频率
F8-01	点动加速时间	0.1	0～6500 s
F8-02	点动减速时间	0.1	0～6500 s

实验四　PLC 通过 IO 数字量控制电机多段调速

一、实验目的

(1) 掌握变频器多段速控制的硬件连接；

(2) 掌握变频器多段速控制的参数设置；

(3) 能独立设计触摸屏的 HMI 画面；

(4) 能独立完成 PLC 编程及调试。

二、实验仪器

（1）装有汇川 AutoShop 和 InoTouchPad 软件的 PC；
（2）汇川触摸屏与 H5U PLC 各一个；
（3）汇川 USB 下载线和 PLC-触摸屏通信线各一根；
（4）变频器和三相交流异步电机各一台。

三、实验要求

1. 触摸屏界面

设计触摸屏画面，包含一个起动按钮、一个停止按钮、八个速度选择按钮。

2. PLC 编程

编程实现以下功能：按下触摸屏起动按钮，电机以一定的初速度运行；按下多段速按钮1实现5 Hz频率运行，按下多段速按钮2实现10 Hz频率运行，依次类推，按下多段速按钮8实现40 Hz频率运行；在运行过程中按下停止按钮，则电机立即停转。

四、实验内容与步骤

1. 电路连接

根据电气原理图连接电路(见第七章)。

2. 变频器参数设置

电路硬件连接好后，设置变频器的参数，如附表4-1所示。

附表 4-1 变频器参数设置

参 数	参 数 说 明	设置值	说 明
FP-01	恢复出厂设置	1	
F0-02	命令源	1	0—面板，1—端子，2—通信
F0-03	频率设定方式	6	多段速
F0-17	加速时间	1	
F0-18	减速时间	2	
F4-00	DI1端子功能码	1	正转
F4-01	DI2端子功能码	2	反转(保留)
F4-02	DI3端子功能码	12	多段速
F4-03	DI4端子功能码	13	多段速
F4-04	DI5端子功能码	14	多段速
FC-00	多段速指令0	10%	−100%～100%
FC-01	多段速指令1	20%	−100%～100%
FC-02	多段速指令2	30%	−100%～100%
FC-03	多段速指令3	40%	−100%～100%
FC-04	多段速指令4	50%	−100%～100%
FC-05	多段速指令5	60%	−100%～100%
FC-06	多段速指令6	70%	−100%～100%
FC-07	多段速指令7	80%	−100%～100%

3. PLC 程序设计

PLC 梯形图如附图 4-1 所示。

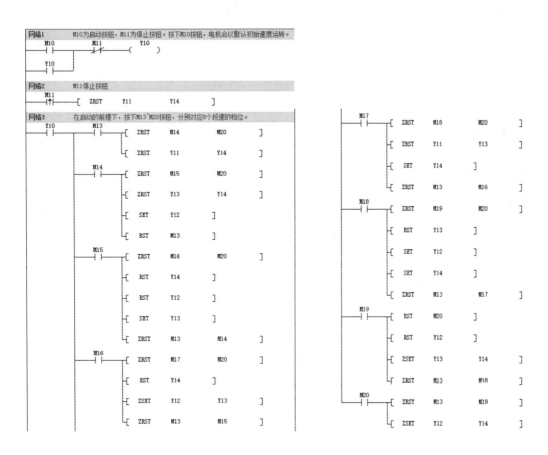

附图 4-1 PLC 梯形图

4. 触摸屏设置

(1)触摸屏控件设置。

使用的触摸屏控件包含文本域和位按钮,通过文本域来设置文字描述,位按钮实现系统起动、停止和多段速的控制;为了增加位按钮的显示效果,添加了图库中的 3D 按钮,如附图 4-2 所示。

双击位按钮,选择"属性"→"状态",设置位按钮的 0 和 1 两个状态,如附图 4-3 所示。

(2)触摸屏变量设置。

新建变量表,变量表中的变量要与 PLC 变量相关联,例如触摸屏软件中的 M10_1 变量与 PLC 软件中的 M10 变量对应,如附图 4-4 所示。

将 10 个位按钮都放置好后,在"常规"设置中,将每个位按钮的读/写变量与变量表对应,例如停止按钮关联变量 M11_1,如附图 4-5 所示。依此类推,将剩下的按钮均关联好。

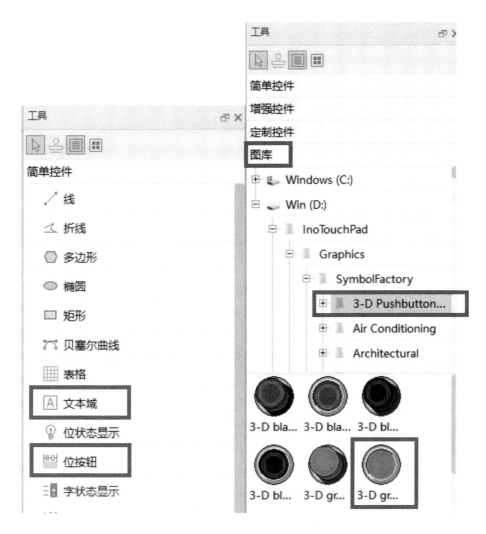

附图 4-2 添加 3D 按钮

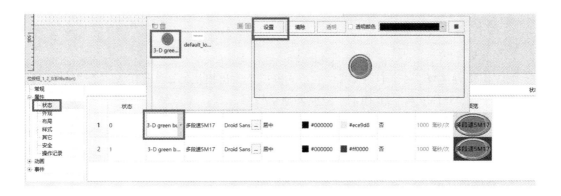

附图 4-3 触摸屏控件设置

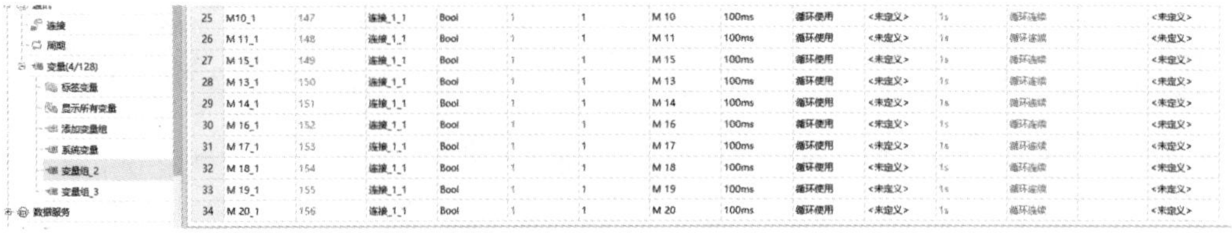

附图 4 - 4　触摸屏变量新建

附图 4 - 5　触摸屏变量设置

5. 运行调试

实现 8 个段速的调试运行。

实验五　PLC 通过 IO 模拟量控制变频器

一、实验目的

（1）掌握变频器模拟量的参数设置；

（2）能独立设计简单的 HMI 画面；

（3）能独立完成 PLC 和 HMI 的调试。

二、实验仪器

（1）装有汇川 AutoShop 和 InoTouchPad 软件的 PC；

（2）汇川触摸屏一个，H5U PLC 一个，模拟量输出模块 GL10 - 4DA 一个；

（3）汇川 USB 下载线和 PLC-触摸屏通信线各一根；

（4）变频器和三相交流异步电机各一个。

三、实验要求

1. 触摸屏界面

设计触摸屏画面，包含正转按钮、反转按钮、停止按钮、运行指示灯、设定频率域和频率显示仪。

2. PLC 编程

用 PLC 和触摸屏实现变频器控制:按下起动按钮,以 HMI 中设定频率正转运行,变频器以每隔 2 s 频率增加 2 Hz 运行(直至 50 Hz);按下反转按钮,以 HMI 中设定频率反转运行,变频器以每隔 2 s 频率增加 2 Hz 运行(直至 50 Hz)。随时按下停止按钮,变频器停止运行。触摸屏画面中有运行指示灯 HL,频率显示仪实时显示当前频率值。

四、实验内容与步骤

1. 电路连接

根据电气原理图连接电路(见第七章)。

2. 变频器参数设置

电路硬件连接好后,设置变频器相应参数,如附表 5－1 所示。

附表 5－1 变频器参数设置

参 数	参 数 说 明	设 置 值	备 注
FP-01	恢复出厂设置	1	
F0-02	命令源(0—面板,1—端子,2—通信)	1	
F0-03	频率设定方式	2	
F0-17	加速时间	1	
F0-18	减速时间	1	
F4-00	DI1 端子功能码	1	正转
F4-01	DI2 功能码	2	反转
F4-02	DI3 功能码	0	
F4-03	DI4 功能码	0	

3. PLC 程序设计

PLC 梯形图如附图 5－1 所示。

4. 触摸屏设计

(1)控件选择。

本项目使用的控件包含位按钮、指示灯(M666)、数值 IO 域(D10)和仪表(D10),如附图 5－2 所示。

(2)变量创建。

创建并关联变量,如附图 5－3 所示。

(3)控件设置。

触摸屏左侧为三个位按钮,在属性的状态栏中可选择按钮的图案和样式,编辑状态,设置如附图 5－4 所示。

状态指示灯的设置类似,如附图 5－5 所示。

正转、反转、停止位按钮和状态灯分别关联 M10、M12、M11 和 M666,正转位按钮的关联变量设置如附图 5－6 所示。

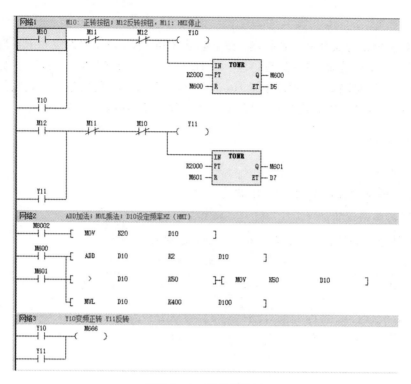

附图 5-1　PLC 梯形图

附图 5-2　控件选择

	名称	编号	连接	数据类型	长度	数组计数	地址	采集周期	采集模式	数据记录	记录周期	记录采集模式	初始值	索引变量
1	M10	1	连接_1	Bool	1	1	M 10	100ms	循环使用	<未定义>	1s	循环连续		<未定义>
2	M11	2	连接_1	Bool	1	1	M 11	100ms	循环使用	<未定义>	1s	循环连续		<未定义>
3	M12	3	连接_1	Bool	1	1	M 12	100ms	循环使用	<未定义>	1s	循环连续		<未定义>
4	D10	5	连接_1	Int16	2	1	D 10	100ms	循环使用	<未定义>	1s	循环连续		<未定义>
5	M 666	7	连接_1	Bool	1	1	M 666	100ms	循环使用	<未定义>	1s	循环连续		<未定义>

附图 5 - 3　创建并关联变量

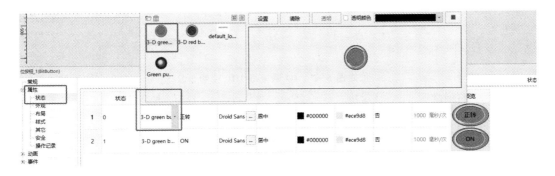

附图 5 - 4　位按钮控件设置

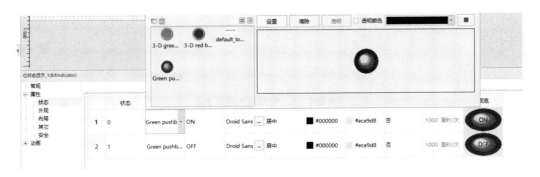

附图 5 - 5　状态指示灯设置

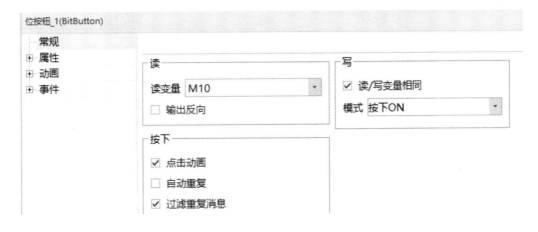

附图 5 - 6　正转位按钮的关联变量设置

IO 域关联 D10,模式选择输入,格式类型为十进制,字符域长度为 3,如附图 5-7 所示。

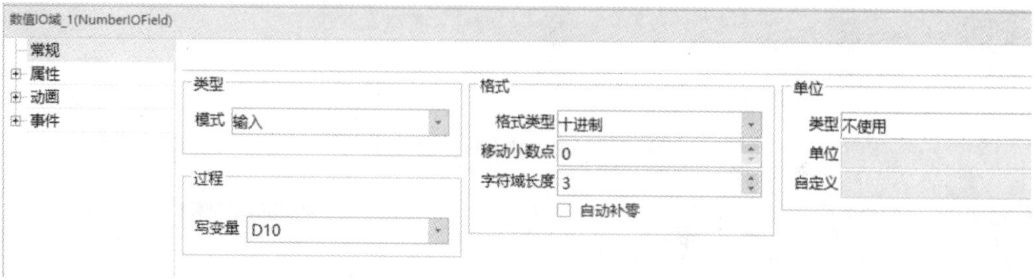

附图 5-7　IO 域关联 D10 变量

仪表_1 的刻度为 0~50(对应 0~50 Hz),过程变量为 D10,如附图 5-8 所示。

附图 5-8　数值 IO 域设置

最后生成的触摸屏模拟量控制界面如附图 5-9 所示。

附图 5-9　触摸屏模拟量控制界面

5. 运行演示

运行调试,实现模拟量控制电机无级调速。

实验六　PLC 通过 CANLink 控制变频器

一、实验目的

(1) 掌握变频器 CAN 通信控制参数的设置；

(2) 掌握变频器 CAN 通信的硬件连接和调试；

(3) 能独立完成 PLC 和触摸屏联调。

二、实验仪器

(1) 装有汇川 AutoShop 和 InoTouchPad 软件的 PC；

(2) 汇川触摸屏一个，H5U PLC 一个；

(3) 汇川 USB 下载线和 PLC－触摸屏通信线各一根；

(4) 变频器和三相交流异步电机各一个。

三、实验要求

1. 触摸屏界面

设计触摸屏画面，包含正转按钮、反转按钮、停止按钮、运行设定频率 IO 域。

2. 变频器参数设置

按照控制要求设定变频器的参数，通过 AutoShop 软件设定变频器的通信参数，能够实现变频器的 CAN 通信控制。

3. PLC 编程

用 PLC 和触摸屏实现变频器控制：在设定运行频率 IO 域中输入数值(百分数)，再按下正转按钮，变频器以预设频率的百分数正转运行；按下停止按钮，变频器停止运行。按下反转按钮，变频器以预设频率的百分数反转运行；按下停止按钮，变频器能够停止运行。

四、实验内容与步骤

1. 电路连接

根据电气原理图连接电路(见第七章)。

2. 变频器参数设置

电路硬件连接好后，设置变频器相应参数，如附表 6-1 所示。

附表 6-1　变频器参数设置

参　　数	名　　称	值	描　　述
FD-00	波特率	5005	CANLink 波特率：500 kb/s
FD-02	本机地址	1	本机站号＝1
F0-02	命令源选择	2	通信给定
F0-03	主频率源选择	9	通信给定

3. PLC 程序设计

PLC 梯形图如附图 6-1 所示。

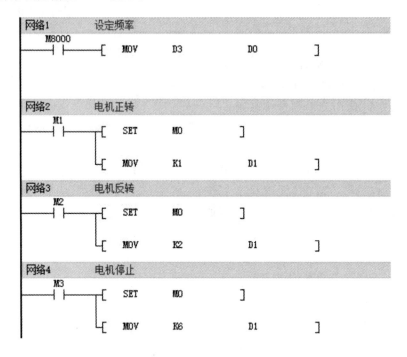

附图 6-1 PLC 梯形图

4. 触摸屏界面

新建工程并进行通信配置,如附图 6-2 所示。

附图 6-2 触摸屏通信配置

新建变量组并添加对应的变量,如附图 6-3 所示。

+	名称	▼	编号	▼	连接	数据类型	长度	数组计数	地址	▼	采集周期	采集模式	数据记录	记录周期	记录采集	初始值	索引变量
1	M 1		1		连接_1	Bool	1	1	M 1		100ms	循环使用	<未定义>	1s	循环连续		<未定义>
2	M 2		2		连接_1	Bool	1	1	M 2		100ms	循环使用	<未定义>	1s	循环连续		<未定义>
3	M 3		3		连接_1	Bool	1	1	M 3		100ms	循环使用	<未定义>	1s	循环连续		<未定义>
4	D3		10		连接_1	Int16	2	1	D 3		100ms	循环使用	<未定义>	1s	循环连续		<未定义>

附图 6 - 3 添加变量

新建画面，选择合适的元件，并进行相关设置，如附图 6 - 4 所示。

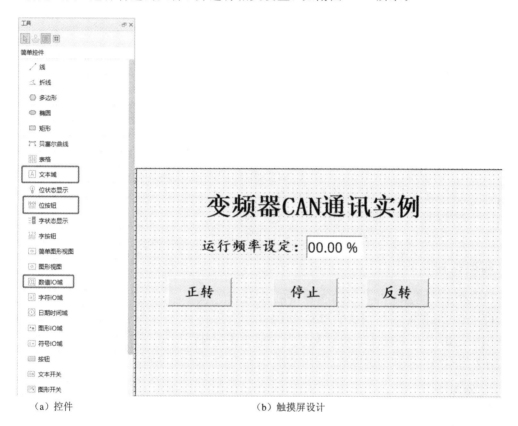

（a）控件　　　　　　　　　　　　　（b）触摸屏设计

附图 6 - 4 CAN 通信控制

其中运行频率的显示采用数值 IO 域，移动小数点设为 2，字符域长度设为 5，如附图 6 - 5 所示。

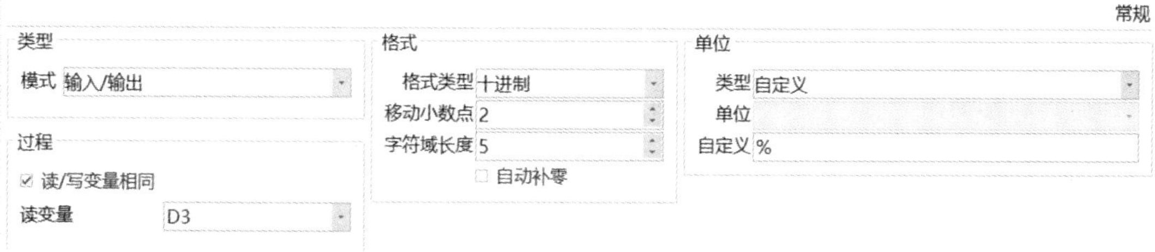

附图 6 - 5 数值 IO 域设置

正转、反转和停止按钮采用位按钮，模式为按下 ON，如附图 6 - 6 所示。

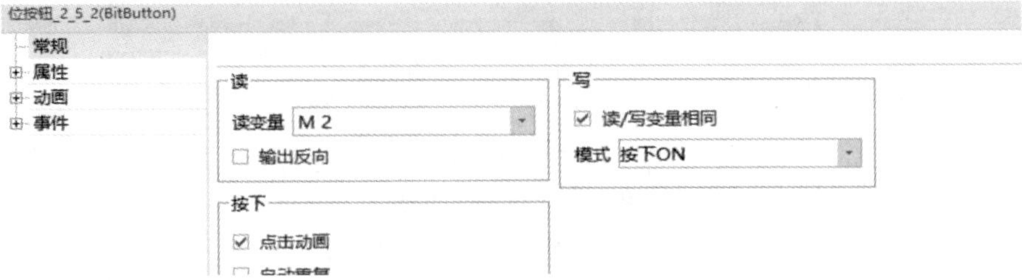

附图 6-6 按钮设置

5. 运行调试

输入相应的数值,实现变频器的运行。

实验七 PLC 通过本地脉冲控制伺服驱动器

一、实验目的

(1) 掌握 IS620P 系列伺服的参数设置;

(2) 掌握 PLC 与本地伺服轴控制的基本原理;

(3) 能实现 PLC 通过脉冲控制伺服驱动器的运行。

二、实验仪器

(1) 装有汇川 AutoShop 和 InoTouchPad 软件的 PC;

(2) 汇川触摸屏一个,H5U PLC 一个;

(3) 汇川 USB 下载线和 PLC-触摸屏通信线各一根;

(4) 伺服驱动器和伺服电机各一个。

三、实验要求

1. 触摸屏界面

设计触摸屏画面,包含伺服使能按钮、故障复位按钮、左点动按钮、右点动按钮、开始移动按钮、移动距离和移动速度数值 IO 域。

2. PLC 编程

用 PLC 和触摸屏实现伺服控制:按下伺服使能按键,伺服电机使能通电;按下左点动或者右点动按钮,伺服电机做相应的移动,实现伺服电机的点动运行;在当前位置,输入移动距离和移动速度值,再按下开始移动按钮,实现伺服电机的位置和速度控制。

四、实验内容与步骤

1. 电路连接

根据电气原理图连接电路(见第八章)。

2. 服驱动器参数设置

电路硬件连接好后,设置伺服驱动器相应参数,如附表 7-1 所示。

附表 7-1 伺服驱动器参数

参 数	信号功能说明	参 数 值	备 注
H02-31	参数复位	1	
H02-00	控制模式选择	1	位置控制模式
H03-02	DI1 功能码	0	P-OT 正向限位 14
H03-04	DI2 功能码	0	N-OT 反向限位 15
H03-06	DI3 功能码	0	
H03-08	DI4 功能码	0	ALM-RST 报警复位 2
H03-10	DI5 功能码：SON	1	伺服使能
H05-00	位置指令来源	0	外部脉冲指令
H05-07	电子齿轮分子	1048576	
H05-09	电子齿轮分母	5000	一圈 5000 个脉冲
H05-15	脉冲形式	0	脉冲＋方向，正逻辑

3. PLC 程序设计

(1) 变量表。

根据 IO 变量表，在 AutoShop 软件中设置基本变量，如附图 7-1 所示。

序号	变量名	数据类型	初始值	掉电保持	注释	软元件地址	长度	当前值	☑数据值1	□数据值2	□数据值3	□数据值4
1	停止1	BOOL	OFF	不保持		M0	nBitLen:1					
2	使能1	BOOL	OFF	不保持		M1	nBitLen:1					
3	急停1	BOOL	OFF	不保持		M2	nBitLen:1					
4	复位1	BOOL	OFF	不保持		M3	nBitLen:1					
5	左点动	BOOL	OFF	不保持		M5	nBitLen:1					
6	右点动	BOOL	OFF	不保持		M6	nBitLen:1					
7	开始移动1	BOOL	OFF	不保持		M9	nBitLen:1					
8	移动距离1	REAL	0.000000	不保持		D21	nBitLen:32					
9	移动速度1	REAL	0.000000	不保持		D25	nBitLen:32					
10	当前位置1	REAL	0.000000	不保持		D29	nBitLen:32					

附图 7-1 基本变量图

在变量表中设置伺服运动功能指令变量，如附图 7-2 所示，可在功能指令中将变量放入对应的端口。

序号	变量名	数据类型	初始值	掉电保持	注释	软元件地址	长度	当前值	☑数据值1	□数据值2	□数据值3	□数据值4
1	servo_on	BOOL	OFF	不保持			nBitLen:1					
2	servo_busy	BOOL	OFF	不保持			nBitLen:1					
3	servo_error	BOOL	OFF	不保持			nBitLen:1					
4	servo_err_id	INT	0	不保持			nBitLen:16					
5	jog_busy	BOOL	OFF	不保持			nBitLen:1					
6	jog_abd	BOOL	OFF	不保持			nBitLen:1					
7	jog_err	BOOL	OFF	不保持			nBitLen:1					
8	jog_err_id	INT	0	不保持			nBitLen:16					
9	hmoe_done	BOOL	OFF	不保持			nBitLen:1					
10	home_busy	BOOL	OFF	不保持			nBitLen:1					
11	home_abd	BOOL	OFF	不保持			nBitLen:1					
12	home_err	BOOL	OFF	不保持			nBitLen:1					
13	home_err_id	INT	0	不保持			nBitLen:16					
14	rel_done	BOOL	OFF	不保持			nBitLen:1					
15	rel_busy	BOOL	OFF	不保持			nBitLen:1					
16	rel_abd	BOOL	OFF	不保持			nBitLen:1					
17	rel_err	BOOL	OFF	不保持			nBitLen:1					
18	rel_err_id	INT	0	不保持			nBitLen:16					
19	valid	BOOL	OFF	不保持			nBitLen:1					
20	busy	BOOL	OFF	不保持			nBitLen:1					
21	disabled	BOOL	OFF	不保持			nBitLen:1					
22	errorstop	BOOL	OFF	不保持			nBitLen:1					
23	stopping	BOOL	OFF	不保持			nBitLen:1					
24	standstill	BOOL	OFF	不保持			nBitLen:1					
25	discretemotion	BOOL	OFF	不保持			nBitLen:1					
26	continuousmotion	BOOL	OFF	不保持			nBitLen:1					
27	synchronizedm...	BOOL	OFF	不保持			nBitLen:1					
28	homing	BOOL	OFF	不保持			nBitLen:1					
29	constantvelocity	BOOL	OFF	不保持			nBitLen:1					
30	accelerating	BOOL	OFF	不保持			nBitLen:1					
31	decelerating	BOOL	OFF	不保持			nBitLen:1					
32	err	BOOL	OFF	不保持			nBitLen:1					
33	err_id	INT	0	不保持			nBitLen:16					
34												

附图 7-2 运动功能指令变量

（2）伺服轴配置。

① 创建运动控制轴。在"配置"中右击"运动控制轴"，选择"添加轴"，则"运动控制轴"下出现"Axis_0"，如附图 7-3 所示。

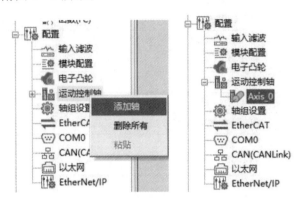

附图 7-3　创建运动控制轴

② 运动控制轴配置。在"基本设置"中选择"本地脉冲轴"，输出设备选择"Y0/Y1"，Y0 为脉冲信号，Y1 为方向信号，如附图 7-4 所示。

附图 7-4　运动控制轴基本设置

在"单位换算设置"中，选择电机/编码器转一圈的脉冲数为 5000 指令脉冲（可自定义），选择"不使用变速装置"，则工作台旋转一圈的移动量为 5Unit（具体数值以实际设备规格为准，这里为 5 mm），如附图 7-5 所示。若选用变速装置，则需要设置电子齿轮比。

附图 7-5　单位换算设置

在"模式/参数"设置界面中，选择"线性模式"，其他按照固定默认值，输出设置中的输出方式选择"脉冲＋方向"，如附图 7－6 所示。

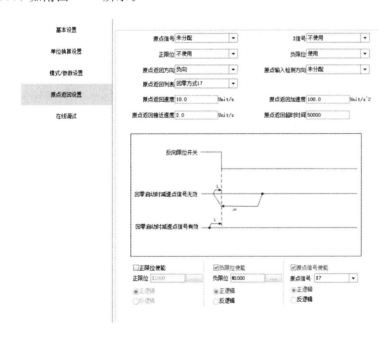

附图 7－6 模式/参数设置

在"原点返回设置"界面中勾选"原点信号使能"，"原点信号"选择"X7"，同时设置负限位 M1000，如附图 7－7 所示。

附图 7－7 原点返回设置

③ PLC 程序。PLC 程序如附图 7－8 所示，主要用运动控制指令进行编程设计。

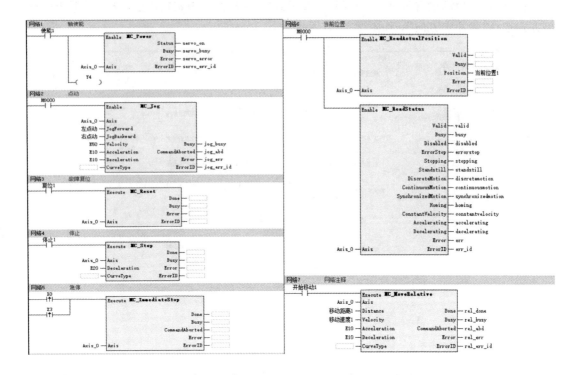

附图 7 - 8　PLC 梯形图程序

4. 触摸屏设计

（1）新建工程，并进行通信配置，如附图 7 - 9 所示。

附图 7 - 9　通信设置

新建变量组，并添加对应的变量，与 PLC 变量——对应，如附图 7-10 所示。

一	名称	▲ ▼	编号	▼	连接	数据类型	长度	数组计数	地址	采集周期	采集模式	数据记录	记录周期	记录采集模式	初始值	索引变量
1	M1		1		连接_1	Bool	1		M 1	100ms	循环使用	<未定义>	1s	循环连续		<未定义>
2	M 3		3		连接_1	Bool	1		M 3	100ms	循环使用	<未定义>	1s	循环连续		<未定义>
3	M 5		5		连接_1	Bool	1		M 5	100ms	循环使用	<未定义>	1s	循环连续		<未定义>
4	M 6		6		连接_1	Bool	1		M 6	100ms	循环使用	<未定义>	1s	循环连续		<未定义>
5	M 9		9		连接_1	Bool	1		M 9	100ms	循环使用	<未定义>	1s	循环连续		<未定义>
6	M 10		10		连接_1	Bool	1		M 10	100ms	循环使用	<未定义>	1s	循环连续		<未定义>
7	D21		21		连接_1	Float	4		D 21	100ms	循环使用	<未定义>	1s	循环连续		<未定义>
8	D 25		28		连接_1	Float	4		D 25	100ms	循环使用	<未定义>	1s	循环连续		<未定义>

附图 7-10　触摸屏变量

（2）新建画面，本项目使用的控件包含文本域和位按钮、数值 IO 域：文本域设置文字描述，位按钮实现系统伺服使能、开始移动、故障复位、左点动、右点动控制，数值 IO 域用于移动距离和移动速度的显示和设置，如附图 7-11 所示。

附图 7-11　触摸屏设计

移动距离和移动速度的显示采用数值 IO 域控件，模式为"输入/输出"，单位选择为 mm，格式都为十进制，移动小数点为 3，字符域长度为 16，如附图 7-12 所示。

附图 7-12　数值 IO 域设置

按钮采用位按钮，模式为"按下 ON"，如附图 7-13 所示。

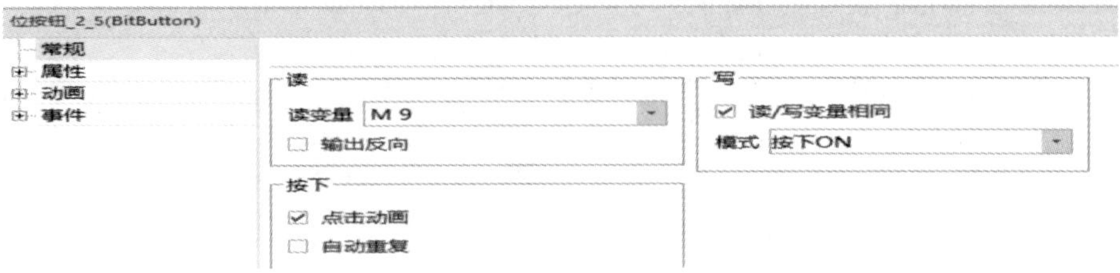

附图 7-13 按钮设置

5. 运行调试

输入相应的数值,实现 PLC 控制伺服运行。

实验八 PLC 通过 EtherCAT 控制伺服驱动器

一、实验目的

(1) 掌握 SV660N 伺服驱动器的参数设置;

(2) 掌握 PLC 与伺服驱动器 EtherCAT 通信的基本原理;

(3) 能实现 PLC 通过 EtherCAT 控制伺服驱动器。

二、实验仪器

(1) 装有汇川 AutoShop 软件的 PC 一台;

(2) 汇川 H5U PLC 一个;

(3) 汇川 USB 下载线和 PLC-触摸屏通信线各一根;

(4) 伺服驱动器及伺服电机各两个。

三、实验要求

1. 触摸屏界面

设计触摸屏界面,包含伺服使能按钮、故障复位按钮、左点动按钮、右点动按钮、开始移动按钮、移动距离和移动速度数值 IO 域。

2. PLC 编程

用 PLC 和触摸屏实现两轴伺服控制:按下伺服使能按钮,伺服电机使能通电;按下左点动或者右点动按钮,伺服电机做相应的移动,实现伺服电机的点动运行;按下回零按钮,滚珠丝杠滑台可以在任意位置回到零点;在当前位置,输入移动距离和移动速度值,再按下开始移动按钮,实现伺服电机的位置和速度控制。

四、实验内容与步骤

1. 电路连接

根据电气原理图连接电路(见第八章)。

2. 伺服驱动器的参数设置

电路硬件连接好后,设置伺服驱动器相应参数,如附表 8-1 所示。

附表 8-1 伺服驱动器的参数设置

参　　数	功 能 说 明	参 数 值	备　　注
H02-31	参数复位	1	
H02-00	控制模式选择	9	EtherCAT 模式

3. PLC 程序设计

(1) 创建工程组态。

① 在"工具"菜单下选择"系统选项",勾选"新建从站时自动创建轴并关联从站",如附图 8-1 所示。

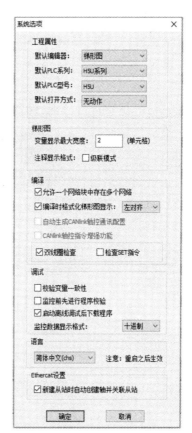

附图 8-1 系统选项设置

② 检查电脑主机是否正常连接 PLC,PLC 的 Ethercat 网口是否正常连接伺服驱动器。测试 PLC 连接电脑主机的方式如附图 8-2 所示。

③ 查看工具箱的 EtherCAT 设备列表中是否存在 SV660,如附图 8-3 所示。如不存在,则添加对应的 xml 文件。

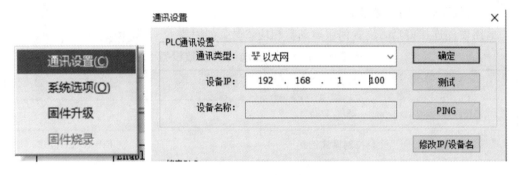

附图 8 - 2　通信测试

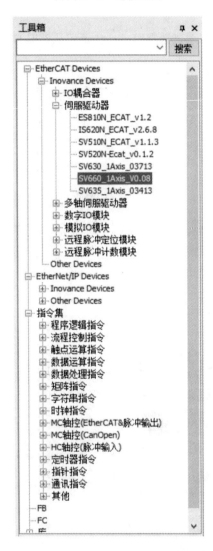

附图 8 - 3　查看 SV660 伺服驱动器

　　④ 选中主站,点击鼠标右键,选择"自动扫描",如附图 8 - 4 所示,会弹出自动扫描对话框。

附图 8 - 4　选择"自动扫描"

⑤ 点击"开始扫描",扫描完成后点击"更新组态"完成总线伺服轴的创建,如附图 8 - 5 所示。

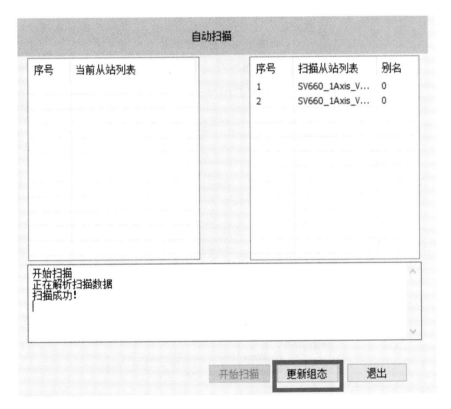

附图 8 - 5　扫描硬件

⑥ 扫描完成后可以在设备树中看到伺服驱动器和总线伺服轴。

（2）进行轴配置。

在轴的基本设置中,选择轴类型为"总线伺服轴",输出设备选择对应的驱动器 SV660N,如附图 8 - 6 所示。

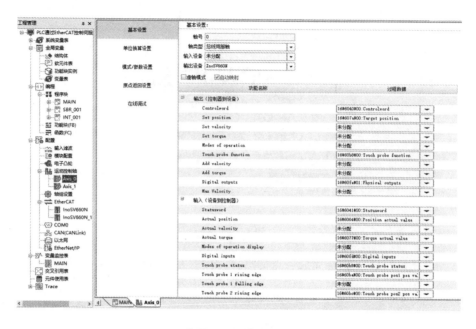

附图 8-6　基本设置

在单位换算设置中，选择电机/编码器旋转一圈的脉冲数为"5000"（可根据自己的需要设定），这里不使用变速装置，则工作台旋转一圈的移动量为 5 Unit（具体数值以实际设备规格为准，这里为 5 mm），如附图 8-7 所示。若选用变速装置，则需要设置齿轮比。

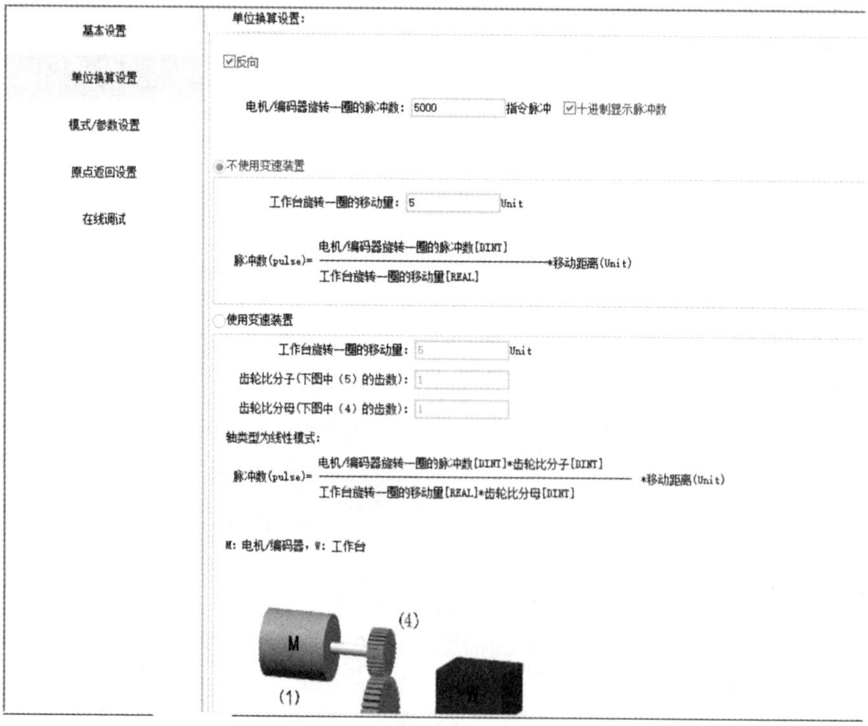

附图 8-7　单位换算设置

在模式/参数设置中，选择"增量模式"和"线性模式"，硬件正负限位都是正逻辑，其设置如附图 8-8 所示。

附图 8-8 模式/参数设置

在原点返回设置中，由于没有外部 DI/DO 输入，故选择"回零方式 33"，即原点信号为"不使用"，Z 信号为"使用"，正限位为"不使用"，负限位为"不使用"，如附图 8-9 所示。

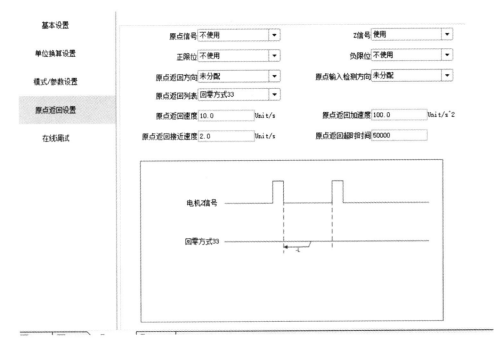

附图 8-9 原点返回设置

（3）设计 PLC 程序。

在变量表里建立相关变量，并赋予软元件地址，方便后续与触摸屏进行通信，如附图 8-10 所示。

序号	变量名	数据类型	初始值	掉电保持	注释	软元件地址	长度	当前值	☑数据值1	☐数据值2	☐数据值3	☐数据值4
1	上电机伺服使能	BOOL	OFF	不保持		M1	nBitLen:1					
2	下电机伺服使能	BOOL	OFF	不保持		M2	nBitLen:1					
3	上电机复位	BOOL	OFF	不保持		M3	nBitLen:1					
4	下电机复位	BOOL	OFF	不保持		M4	nBitLen:1					
5	上电机左点动	BOOL	OFF	不保持		M5	nBitLen:1					
6	上电机右点动	BOOL	OFF	不保持		M6	nBitLen:1					
7	下电机左点动	BOOL	OFF	不保持		M7	nBitLen:1					
8	下电机右点动	BOOL	OFF	不保持		M8	nBitLen:1					
9	上电机开始移动	BOOL	OFF	不保持		M9	nBitLen:1					
10	下电机开始移动	BOOL	OFF	不保持		M10	nBitLen:1					
11	上电机停止	BOOL	OFF	不保持		M11	nBitLen:1					
12	下电机停止	BOOL	OFF	不保持		M12	nBitLen:1					
13	上电机急停	BOOL	OFF	不保持		M13	nBitLen:1					
14	下电机急停	BOOL	OFF	不保持		M14	nBitLen:1					
15	上电机移动距离	REAL	0.000000	不保持		D21	nBitLen:32					
16	下电机移动距离	REAL	0.000000	不保持		D23	nBitLen:32					
17	上电机移动速度	REAL	0.000000	不保持		D25	nBitLen:32					
18	下电机移动速度	REAL	0.000000	不保持		D27	nBitLen:32					
19	上电机当前位置	REAL	0.000000	不保持		D29	nBitLen:32					
20	下电机当前位置	REAL	0.000000	不保持		D31	nBitLen:32					

附图 8-10　建立变量

在"指令集"→"MC 轴控(EtherCAT& 脉冲输出)"→"基本指令"中选择所需指令，如附图 8-11 所示。PLC 程序如附图 8-12 所示。程序中包含了轴使能、点动、故障复位、停止、急停、当前位置等指令。

附图 8-11　运动指令集

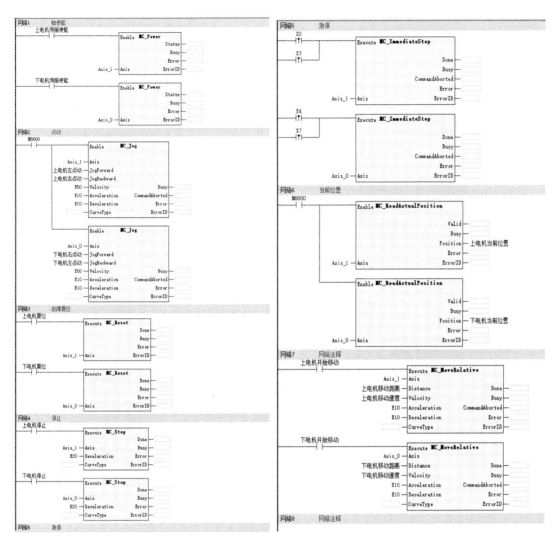

附图 8-12　PLC 程序图

4. 触摸屏设计

（1）新建工程，并进行通信设置，如附图 8-13 所示。

（2）新建变量组，并添加对应的变量，与 PLC 变量一一对应，如附图 8-14 所示。

（3）新建画面，选择文本域、位按钮和数值 IO 域控件，放置在编辑区中，如附图 8-15 所示。

对于控件配置，移动距离和移动速度的显示采用数值 IO 域：移动距离和移动速度模式选择"输入/输出"，单位为"mm"，格式类型都为"十进制"，移动小数点为"3"，字符域长度为"16"，如附图 8-16 所示。

按钮采用位按钮，模式为"按下 ON"，如附图 8-17 所示。

附图 8-13　通信设置

+	名称 ▼	编号 ▼	连接	数据类型	长度	数组计数	地址 ▼	采集周期	采集模式	数据记录	记录周期	记录采集...	初始值	索引变量
1	M1	1	连接_1	Bool	1	1	M 1	100ms	循环使用	<未定义>	1s	循环连续		<未定义>
2	M 2	2	连接_1	Bool	1	1	M 2	100ms	循环使用	<未定义>	1s	循环连续		<未定义>
3	M 3	3	连接_1	Bool	1	1	M 3	100ms	循环使用	<未定义>	1s	循环连续		<未定义>
4	M 4	4	连接_1	Bool	1	1	M 4	100ms	循环使用	<未定义>	1s	循环连续		<未定义>
5	M 5	5	连接_1	Bool	1	1	M 5	100ms	循环使用	<未定义>	1s	循环连续		<未定义>
6	M 6	6	连接_1	Bool	1	1	M 6	100ms	循环使用	<未定义>	1s	循环连续		<未定义>
7	M 7	7	连接_1	Bool	1	1	M 7	100ms	循环使用	<未定义>	1s	循环连续		<未定义>
8	M 8	8	连接_1	Bool	1	1	M 8	100ms	循环使用	<未定义>	1s	循环连续		<未定义>
9	M 9	9	连接_1	Bool	1	1	M 9	100ms	循环使用	<未定义>	1s	循环连续		<未定义>
10	M 10	10	连接_1	Bool	1	1	M 10	100ms	循环使用	<未定义>	1s	循环连续		<未定义>
11	D21	21	连接_1	Float	4	1	D 21	100ms	循环使用	<未定义>	1s	循环连续		<未定义>
12	D 23	27	连接_1	Float	4	1	D 23	100ms	循环使用	<未定义>	1s	循环连续		<未定义>
13	D 25	28	连接_1	Float	4	1	D 25	100ms	循环使用	<未定义>	1s	循环连续		<未定义>
14	D 27	29	连接_1	Float	4	1	D 27	100ms	循环使用	<未定义>	1s	循环连续		<未定义>
15	D 29	30	连接_1	Float	4	1	D 29	100ms	循环使用	<未定义>	1s	循环连续		<未定义>
16	D 31	31	连接_1	Float	4	1	D 31	100ms	循环使用	<未定义>	1s	循环连续		<未定义>

附图 8-14　变量定义

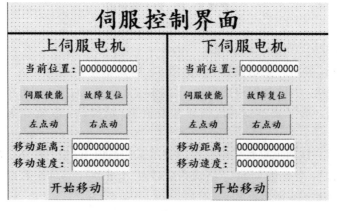

附图 8-15　触摸屏界面设计

附图 8-16 数值 IO 域设置

附图 8-17 按钮设置

5. 调试运行

下载调试运行，实现伺服驱动器的运行。

实验九 立体仓库综合实训

一、实验目的

(1) 了解实际项目立体仓库的工作步骤；

(2) 掌握 RS-485 通信设置；

(3) 完成 PLC 的组态设计，并且实现综合实训项目。

二、实验仪器

(1) 装有汇川 AutoShop 软件和 InoTouchPad 软件的 PC；

(2) 汇川触摸屏一个，H5U PLC 一个；

(3) 交换机一个，网线若干；

(4) 伺服驱动器、伺服电机、变频器、三相异步电机和温湿度传感器等。

三、实验要求

仓库分拣系统由立体仓库、分拣传送带、转运传送带、存货小车滑台等组成，如附图 9-1 所示。本项目设计的立体仓库共有 16(4×4) 个存储位置，每列仓位的每一层各配有个位置检测传感器(SQ1~SQ8)。系统自动运行过程如下：首先在触摸屏中为立体仓库的 16 个仓位随机选择取货类型，当所选物类型为甲时，货物被推送至甲区，甲、乙、丙、丁区的检测传感器为 SQ1~SQ4，若第一层有货物则放到第二层，以此类推，第一~第四层的检测传感器为 SQ5~SQ8。将货物推入对应仓位，完成放货，至此一个取货和送货流程结束。

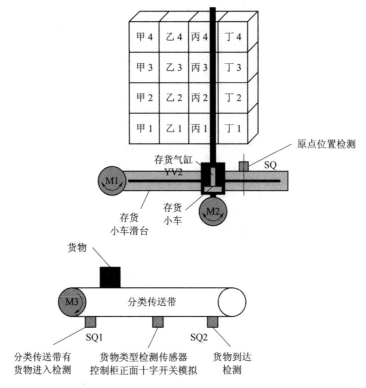

附图 9-1 仓库分拣系统

四、实验内容及步骤

1. 实验内容

（1）硬件设计。

通过上述分析，分拣传送带由三相异步电机带动控制，通过变频器进行多段速控制；存货小车滑台装置由两个带丝杠的伺服电机控制，且每个丝杠旁分别有 4 个接近开关。IO 分配表如附表 9-1 所示，在输入信号中，X00～X07 对应 8 个接近开关 SQ1～SQ8。

附表 9-1 I/O 分 配 表

序　号	符　号	输入/输出	含　义
1	SQ1	X00	甲区
2	SQ2	X01	乙区
3	SQ3	X02	丙区
4	SQ4	X03	丁区
5	SQ5	X04	第一层
6	SQ6	X05	第二层
7	SQ7	X06	第三层
8	SQ8	X07	第四层

续表

序　号	符　号	输入/输出	含　义
9	DI1	Y10	正转
10	DI2	Y11	反转
11	DI3	Y12	多段速
12	DI4	Y13	
13	DI5	Y14	

（2）软件设计。

程序流程如附图 9-2 所示。

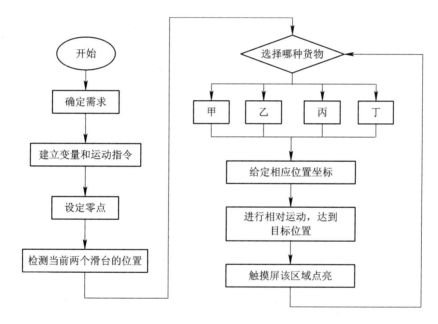

附图 9-2　程序流程图

（3）触摸屏界面设计。

整个触摸屏界面包含伺服控制界面、温湿度监控界面、变频器多段速控制界面和立体仓库界面，如附图 9-3 所示。

（4）工作流程。

用 PLC 和触摸屏实现伺服控制：按下"伺服使能"按钮，伺服电机使能通电，按下"左点动"或者"右点动"按钮，伺服电机进行相应的移动，实现伺服电机的点动运行。在当前位置，输入移动距离和移动速度值，再按下"开始移动"按钮，实现伺服电机的位置和速度控制。在温湿度监控界面可以实时显示当前温湿度。多段速控制界面有 1 个起动按钮、1 个停止按钮以及 8 个多段速按钮。在立体仓库界面有甲、乙、丙、丁四个按钮，按下甲按钮，到达甲区第一层位置，再次按下甲按钮，到达甲区第二层位置，第三次按下到达甲区第三层位置，第四次按下，到达甲区第四层位置。乙、丙、丁以此类推。

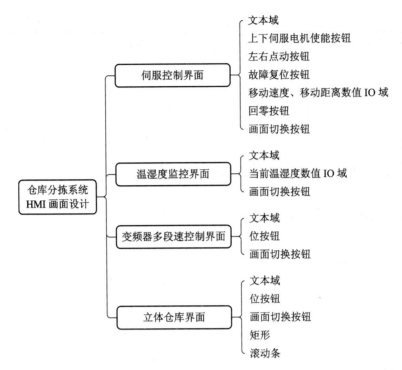

附图 9-3 触摸屏界面

2. 实验步骤

（1）电路连接。

根据电气原理图连接电路。

（2）参数设置。

电路硬件连接好后，设置伺服驱动器相应参数，如附表 9-2 所示。

附表 9-2 伺服驱动器参数

参 数	信号功能说明	参 数 值	备 注
H02-31	参数复位	1	
H02-00	控制模式选择	9	EtherCAT 模式

变频器参数设置如附表 9-3 所示。

附表 9-3 变频器参数设置

参 数	参数说明	设置值	备 注
FP-01	恢复出厂设置	1	
F0-02	命令源（0—面板，1—端子，2—通信）	1	
F0-03	频率设定方式	6	多段速
F0-17	加速时间	1	
F0-18	减速时间	2	
F4-00	DI1 端子功能码	1	正转

参　数	参数说明	设　置　值	备　注
F4-01	DI2 端子功能码	2	保留做反转
F4-02	DI2 端子功能码	12	多段速
F4-03	DI2 端子功能码	13	多段速
F4-04	DI2 端子功能码	14	多段速
FC-00	多段速指令 0	10%	−100%～100%
FC-01	多段速指令 1	20%	−100%～100%
FC-02	多段速指令 2	30%	−100%～100%
FC-03	多段速指令 3	40%	−100%～100%
FC-04	多段速指令 4	50%	−100%～100%
FC-05	多段速指令 5	60%	−100%～100%
FC-06	多段速指令 6	70%	−100%～100%
FC-07	多段速指令 7	80%	−100%～100%

（3）PLC 设计。

① 创建工程组态。在工具菜单下选择"系统选项"，勾选"新建从站时自动创建轴并关联从站"，如附图 9 - 4 所示。

附图 9 - 4　系统选项设置

② 检查电脑主机是否正常连接 PLC,PLC 的 EtherCAT 网口是否正常连接伺服驱动器。测试 PLC 连接电脑主机的方式如附图 9-5 所示。

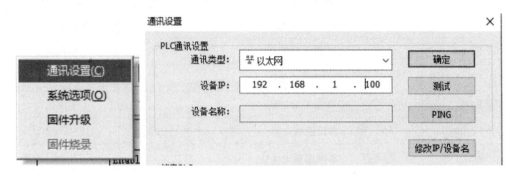

附图 9-5　通信测试

③ 查看工具箱的 EtherCAT 设备列表中是否存在 SV660,如附图 9-6 所示。如不存在,添加对应的 xml 文件。

附图 9-6　查看 SV660N 伺服驱动器

④ 选中主站，点击鼠标右键，选择"自动扫描"，如附图9-7所示然后会弹出自动扫描对话框。

附图9-7　自动扫描

⑤ 点击"开始扫描"，扫描完成后点击"更新组态"，完成总线伺服轴的创建，如附图9-8所示。

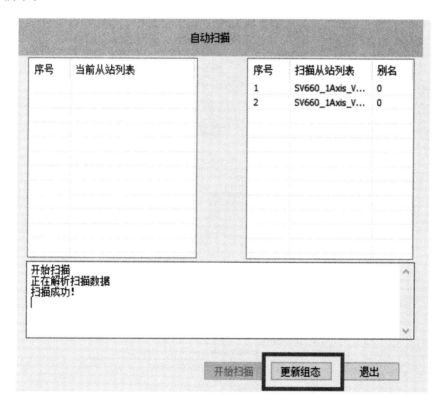

附图9-8　扫描硬件

⑥ 扫描完成后可以在设备树中看到伺服驱动器和总线伺服轴。

（4）轴配置。

在轴的基本设置中，选择轴类型为"总线伺服轴"，输出设备选择对应的驱动器SV660N，如附图9-9所示。

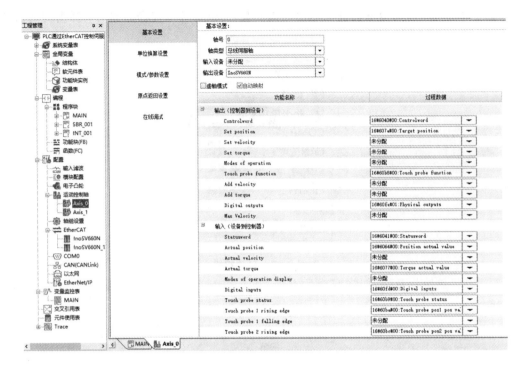

附图 9-9　轴基本配置

在单位换算设置中，选择电机/编码器转一圈的脉冲数为 5000(可根据自己的需求设定)，这里不使用变速装置，则工作台旋转一圈的移动量为 5 Unit(具体数值以实际设备规格为准，这里为 5 mm)，如附图 9-10 所示。若选用变速装置，则需要设置电子齿轮比。

附图 9-10　单位换算设置

在模式/参数设置中，选择"增量模式"和"线性模式"，硬件正负限位都是正逻辑，其设置如附图 9-11 所示。

附图 9-11 模式/参数设置

在原点返回设置中，由于没有外部 DI/DO 输入，选择"回零方式 33"，即点信号为"不使用"，Z 信号为"使用"，正限位为"不使用"，负限位为"不使用"，如附图 9-12 所示。

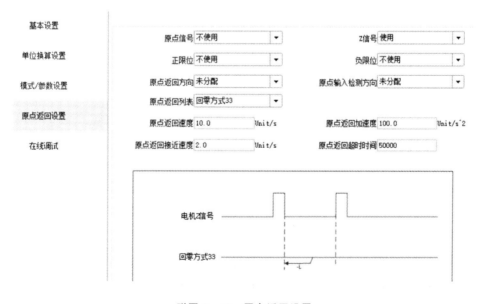

附图 9-12 原点返回设置

（5）PLC 程序。

根据 IO 变量表，在 AutoShop 软件中设置相应的变量，如附图 9-13 所示。

序号	变量名	数据类型	初始值	掉电保持	注释	软元件地址	长度	当前值	☑数据值1	□数据值2	□数据值3	□数据值4
1	甲	BOOL	OFF	不保持		M40	nBitLen:1					
2	乙	BOOL	OFF	不保持		M41	nBitLen:1					
3	丙	BOOL	OFF	不保持		M42	nBitLen:1					
4	丁	BOOL	OFF	不保持		M43	nBitLen:1					
5	回零	BOOL	OFF	不保持		M44	nBitLen:1					
6	甲1	BOOL	OFF	不保持		M45	nBitLen:1					
7	甲2	BOOL	OFF	不保持		M46	nBitLen:1					
8	甲3	BOOL	OFF	不保持		M47	nBitLen:1					
9	甲4	BOOL	OFF	不保持		M48	nBitLen:1					
10	乙1	BOOL	OFF	不保持		M49	nBitLen:1					
11	乙2	BOOL	OFF	不保持		M50	nBitLen:1					
12	乙3	BOOL	OFF	不保持		M51	nBitLen:1					
13	乙4	BOOL	OFF	不保持		M52	nBitLen:1					
14	丙1	BOOL	OFF	不保持		M53	nBitLen:1					
15	丙2	BOOL	OFF	不保持		M54	nBitLen:1					
16	丙3	BOOL	OFF	不保持		M55	nBitLen:1					
17	丙4	BOOL	OFF	不保持		M56	nBitLen:1					
18	丁1	BOOL	OFF	不保持		M57	nBitLen:1					
19	丁2	BOOL	OFF	不保持		M58	nBitLen:1					
20	丁3	BOOL	OFF	不保持		M59	nBitLen:1					
21	丁4	BOOL	OFF	不保持		M60	nBitLen:1					

附图 9-13　基本变量

在变量表中设置伺服运动功能指令的变量，如附图 9-14 所示，在功能指令中可将变量放入对应的端口中。

序号	变量名	数据类型	初始值	掉电保持	注释	软元件地址	长度	当前值	☑数据值1	□数据值2	□数据值3	□数据值4
1	上电机左点动	BOOL	OFF	不保持		M5	nBitLen:1					
2	上电机右点动	BOOL	OFF	不保持		M6	nBitLen:1					
3	下电机左点动	BOOL	OFF	不保持		M7	nBitLen:1					
4	下电机右点动	BOOL	OFF	不保持		M8	nBitLen:1					
5	复位1	BOOL	OFF	不保持		M3	nBitLen:1					
6	复位2	BOOL	OFF	不保持		M4	nBitLen:1					
7	停止1	BOOL	OFF	不保持			nBitLen:1					
8	停止2	BOOL	OFF	不保持			nBitLen:1					
9	急停1	BOOL	OFF	不保持			nBitLen:1					
10	急停2	BOOL	OFF	不保持			nBitLen:1					
11	当前位置1	REAL	0.000000	不保持		D29	nBitLen:32					
12	当前位置2	REAL	0.000000	不保持		D31	nBitLen:32					
13	使能1	BOOL	OFF	不保持		M1	nBitLen:1					
14	使能2	BOOL	OFF	不保持		M2	nBitLen:1					
15	移动距离1	REAL	0.000000	不保持		D21	nBitLen:32					
16	移动距离2	REAL	0.000000	不保持		D23	nBitLen:32					
17	移动速度1	REAL	0.000000	不保持		D25	nBitLen:32					
18	移动速度2	REAL	0.000000	不保持		D27	nBitLen:32					
19	开始移动1	BOOL	OFF	不保持		M9	nBitLen:1					
20	开始移动2	BOOL	OFF	不保持		M100	nBitLen:1					
21	回零完成0	BOOL	OFF	不保持		M101	nBitLen:1					
22	回零完成1	BOOL	OFF	不保持		M102	nBitLen:1					
23	绝对启动0	BOOL	OFF	不保持			nBitLen:1					
24	绝对启动1	BOOL	OFF	不保持			nBitLen:1					
25	绝对位置0	REAL	0.000000	不保持			nBitLen:32					
26	绝对位置1	REAL	0.000000	不保持			nBitLen:32					
27	相对完成0	BOOL	OFF	不保持			nBitLen:1					
28	相对完成1	BOOL	OFF	不保持			nBitLen:1					
29	当前位置3	REAL	0.000000	不保持			nBitLen:32					
30	当前位置4	REAL	0.000000	不保持			nBitLen:32					
31	当前位置3_1	REAL	0.000000	不保持		D62	nBitLen:32					
32	当前位置4_1	REAL	0.000000	不保持		D66	nBitLen:32					

附图 9-14　运动功能指令变量

在"指令集"→"MC 轴控（EtherCAT& 脉冲输出）"→"基本指令"中选择所需指令。梯形图程序如附图 9-15 所示，程序中使用了轴使能、轴点动、硬件限位、当前位置和相对定位等指令。

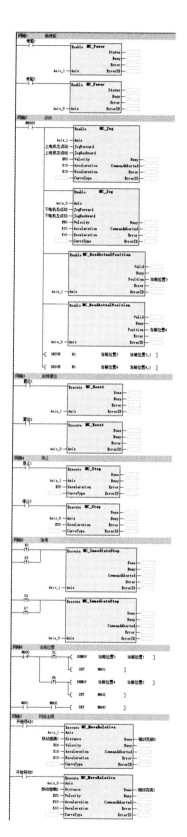

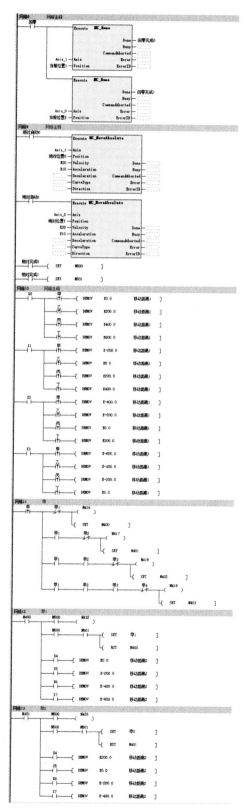

网络14 甲3
```
M402  M500        M434
├┤├──┤/├──────────( )
      M500  M501
      ├┤├──┤├────[ SET  甲3    ]
                 [ RST  M402   ]
      X4
      ├┤├──────[ DEMOV  K400.0  移动距离2 ]
      X5
      ├┤├──────[ DEMOV  K200.0  移动距离2 ]
      X6
      ├┤├──────[ DEMOV  K0.0    移动距离2 ]
      X7
      ├┤├──────[ DEMOV  K-200.0 移动距离2 ]
```

网络15 甲4
```
M403  M500        M435
├┤├──┤/├──────────( )
      M500  M501
      ├┤├──┤├────[ SET  甲4    ]
                 [ RST  M403   ]
      X4
      ├┤├──────[ DEMOV  K600.0  移动距离2 ]
      X5
      ├┤├──────[ DEMOV  K400.0  移动距离2 ]
      X6
      ├┤├──────[ DEMOV  K200.0  移动距离2 ]
      X7
      ├┤├──────[ DEMOV  K0.0    移动距离2 ]
```

网络16 乙
```
乙  Z1        M420
├┤├─┤/├───────( )
     Z1       [ SET  M404   ]
     ├┤├─┤/├─          M421
                        ( )
                       [ SET  M405   ]
     Z1  Z2  Z3        M422
     ├┤├─┤├─┤/├──       ( )
                       [ SET  M406   ]
     Z1  Z2  Z3  Z4    M423
     ├┤├─┤├─┤├─┤/├──     ( )
                       [ SET  M407   ]
```

网络17 乙1
```
M404  M500        M436
├┤├──┤/├──────────( )
      M500  M501
      ├┤├──┤├────[ SET  乙1    ]
                 [ RST  M404   ]
      X4
      ├┤├──────[ DEMOV  K0.0    移动距离2 ]
      X5
      ├┤├──────[ DEMOV  K-200.0 移动距离2 ]
      X6
      ├┤├──────[ DEMOV  K-400.0 移动距离2 ]
      X7
      ├┤├──────[ DEMOV  K-600.0 移动距离2 ]
```

网络18 乙2
```
M405  M500        M437
├┤├──┤/├──────────( )
      M500  M501
      ├┤├──┤├────[ SET  乙2    ]
                 [ RST  M405   ]
      X4
      ├┤├──────[ DEMOV  K200.0  移动距离2 ]
      X5
      ├┤├──────[ DEMOV  K0.0    移动距离2 ]
      X6
      ├┤├──────[ DEMOV  K-200.0 移动距离2 ]
      X7
      ├┤├──────[ DEMOV  K-400.0 移动距离2 ]
```

网络19 乙3
```
M406  M500        M438
├┤├──┤/├──────────( )
      M500  M501
      ├┤├──┤├────[ SET  乙3    ]
                 [ RST  M406   ]
      X4
      ├┤├──────[ DEMOV  K400.0  移动距离2 ]
      X5
      ├┤├──────[ DEMOV  K200.0  移动距离2 ]
      X6
      ├┤├──────[ DEMOV  K0.0    移动距离2 ]
      X7
      ├┤├──────[ DEMOV  K-200.0 移动距离2 ]
```

网络20 乙4
```
M407  M500        M439
├┤├──┤/├──────────( )
      M500  M501
      ├┤├──┤├────[ SET  乙4    ]
                 [ RST  M407   ]
      X4
      ├┤├──────[ DEMOV  K600.0  移动距离2 ]
      X5
      ├┤├──────[ DEMOV  K400.0  移动距离2 ]
      X6
      ├┤├──────[ DEMOV  K200.0  移动距离2 ]
      X7
      ├┤├──────[ DEMOV  K0.0    移动距离2 ]
```

网络21 丙
```
丙  丙1       M424
├↑├─┤/├───────( )
                [ SET  M408   ]
     丙1  丙2       M425
     ├┤├─┤/├──        ( )
                     [ SET  M409   ]
     丙1  丙2  丙3    M426
     ├┤├─┤├─┤/├──       ( )
                       [ SET  M410   ]
     丙1  丙2  丙3  丙4  M427
     ├┤├─┤├─┤├─┤/├──      ( )
                         [ SET  M411   ]
```

网络22 丙1
```
M408  M500        M440
├┤├──┤/├──────────( )
      M500  M501
      ├┤├──┤├────[ SET  丙1    ]
                 [ RST  M408   ]
      X4
      ├┤├──────[ DEMOV  K0.0    移动距离2 ]
      X5
      ├┤├──────[ DEMOV  K-200.0 移动距离2 ]
      X6
      ├┤├──────[ DEMOV  K-400.0 移动距离2 ]
      X7
      ├┤├──────[ DEMOV  K-600.0 移动距离2 ]
```

网络23 丙2
```
M409  M500        M441
├┤├──┤/├──────────( )
      M500  M501
      ├┤├──┤├────[ SET  丙2    ]
                 [ RST  M409   ]
      X4
      ├┤├──────[ DEMOV  K200.0  移动距离2 ]
      X5
      ├┤├──────[ DEMOV  K0.0    移动距离2 ]
      X6
      ├┤├──────[ DEMOV  K-200.0 移动距离2 ]
      X7
      ├┤├──────[ DYMOV  K-400.0 移动距离2 ]
```

网络24 丙3
```
M410  M500        M442
├┤├──┤/├──────────( )
      M500  M501
      ├┤├──┤├────[ SET  丙3    ]
                 [ RST  M410   ]
      X4
      ├┤├──────[ DEMOV  K400.0  移动距离2 ]
      X5
      ├┤├──────[ DEMOV  K200.0  移动距离2 ]
      X6
      ├┤├──────[ DEMOV  K0.0    移动距离2 ]
      X7
      ├┤├──────[ DEMOV  K-200.0 移动距离2 ]
```

网络25 丙4
```
M411  M500        M443
├┤├──┤/├──────────( )
      M500  M501
      ├┤├──┤├────[ SET  丙4    ]
                 [ RST  M411   ]
      X4
      ├┤├──────[ DEMOV  K600.0  移动距离2 ]
      X5
      ├┤├──────[ DEMOV  K400.0  移动距离2 ]
      X6
      ├┤├──────[ DEMOV  K200.0  移动距离2 ]
      X7
      ├┤├──────[ DEMOV  K0.0    移动距离2 ]
```

网络26 丁
```
丁  丁1        M428
├┤├─┤/├───────( )
                [ SET  M412   ]
     丁1  丁2       M429
     ├┤├─┤/├──        ( )
                     [ SET  M413   ]
     丁1  丁2  丁3    M430
     ├┤├─┤├─┤/├──       ( )
                       [ SET  M414   ]
     丁1  丁2  丁3  丁4  M431
     ├┤├─┤├─┤├─┤/├──      ( )
                         [ SET  M415   ]
```

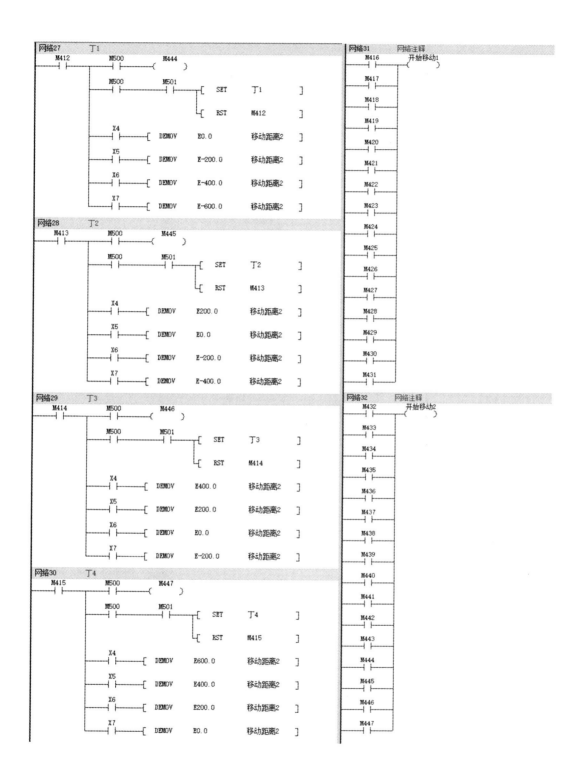

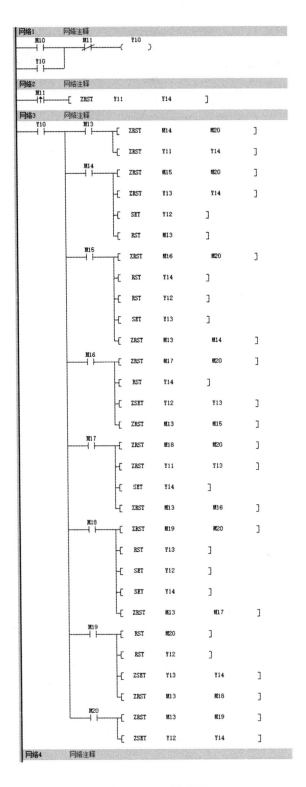

附图 9－15　梯形图

（6）触摸屏设计。

新建工程并进行通信配置，如附图 9-16 所示。

附图 9-16 通信设置

新建变量组并添加对应的变量，与 PLC 变量一一对应，如附图 9-17 所示。

十	名称	编号	连接	数据类型	长度	数组计数	地址	采集周期	采集模式	数据记录	记录周期	记录采集	初始值	索引变量
1	M1	1	连接_1	Bool	1	1	M 1	100ms	循环使用	<未定义>	1s	循环连续		<未定义>
2	M 2	2	连接_1	Bool	1	1	M 2	100ms	循环使用	<未定义>	1s	循环连续		<未定义>
3	M 3	3	连接_1	Bool	1	1	M 3	100ms	循环使用	<未定义>	1s	循环连续		<未定义>
4	M 4	4	连接_1	Bool	1	1	M 4	100ms	循环使用	<未定义>	1s	循环连续		<未定义>
5	M 5	5	连接_1	Bool	1	1	M 5	100ms	循环使用	<未定义>	1s	循环连续		<未定义>
6	M 6	6	连接_1	Bool	1	1	M 6	100ms	循环使用	<未定义>	1s	循环连续		<未定义>
7	M 7	7	连接_1	Bool	1	1	M 7	100ms	循环使用	<未定义>	1s	循环连续		<未定义>
8	M 8	8	连接_1	Bool	1	1	M 8	100ms	循环使用	<未定义>	1s	循环连续		<未定义>
9	M 9	9	连接_1	Bool	1	1	M 9	100ms	循环使用	<未定义>	1s	循环连续		<未定义>
10	M 10	10	连接_1	Bool	1	1	M 10	100ms	循环使用	<未定义>	1s	循环连续		<未定义>
11	D21	21	连接_1	Float	4	1	D 21	100ms	循环使用	<未定义>	1s	循环连续		<未定义>
12	D 23	27	连接_1	Float	4	1	D 23	100ms	循环使用	<未定义>	1s	循环连续		<未定义>
13	D 25	28	连接_1	Float	4	1	D 25	100ms	循环使用	<未定义>	1s	循环连续		<未定义>
14	D 27	29	连接_1	Float	4	1	D 27	100ms	循环使用	<未定义>	1s	循环连续		<未定义>
15	D 29	30	连接_1	Float	4	1	D 29	100ms	循环使用	<未定义>	1s	循环连续		<未定义>
16	D 31	31	连接_1	Float	4	1	D 31	100ms	循环使用	<未定义>	1s	循环连续		<未定义>

附图 9-17 定义变量

新建伺服控制画面，选择文本域、位按钮和数值 IO 域控件，放置在编辑区中。伺服控制界面、温湿度监控、变频器多段速控制实例和立体仓库的画布如附图 9-18～附图 9-21 所示。

对于控件配置，位置、距离显示采用数值 IO 域；移动距离和移动速度模式设为"输入/输出"，单位选择对应的单位即可，格式都为十进制，移动小数点为 3，字符域长度为 16，如附图 9-22 所示。

按钮采用位按钮，模式为按下 ON，如附图 9-23 所示。

附图 9 – 18　伺服控制界面

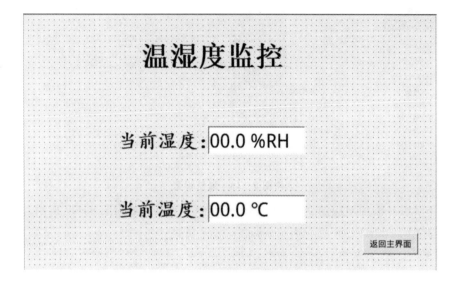

附图 9 – 19　温湿度监控界面

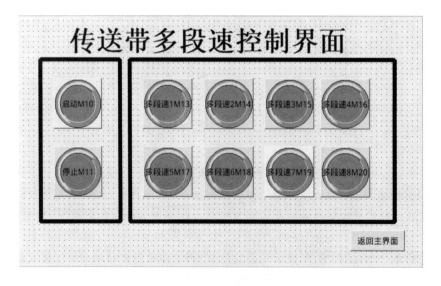

附图 9 – 20　变频器多段速控制实例界面

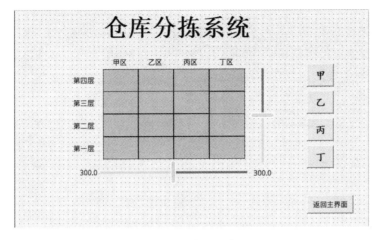

附图 9 - 21　仓库分布界面

附图 9 - 22　数值 IO 域设置

附图 9 - 23　按钮设置

3. 调试运行

在变频器多段速控制实例画布控制三相异步电机运转,可实现多段速运转。点击"伺服使能"按钮,电机使能,并且可实现伺服电机的左右点动和回零。操作者可根据意愿选择货物类型,伺服电机根据货物类型选择货区,然后从第一层到第四层叠放。本系统还有温湿度限制保护,当温湿度达到设定值时会停机保护。

(1) 回零运行效果如附图 9 - 24 所示。

(2) 伺服点动运行效果如附图 9 - 25 所示。

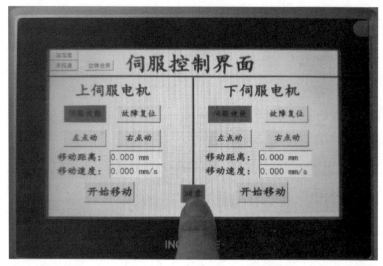

(a) 按回零键

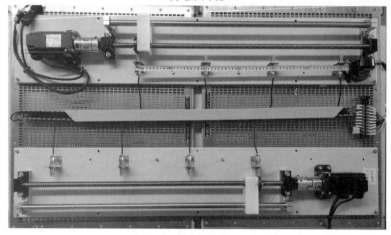

(b) 伺服电机回零

附图 9 - 24 回零运行

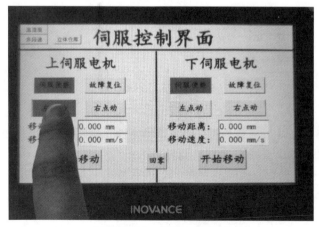

附图 9 - 25 伺服点动运行

（3）立体仓库定位运行如附图 9 - 26 所示（图中给出了触摸屏设置和对应的伺服电机位置）。

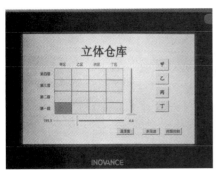
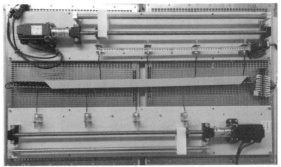

(a) 甲区第一层位置

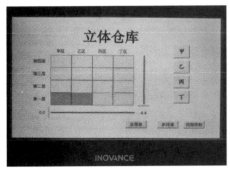
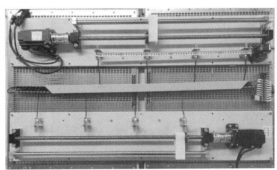

(b) 乙区第一层位置

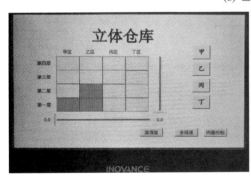

(c) 乙区第二层位置

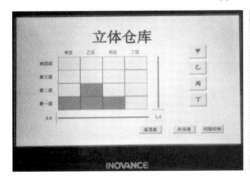

(d) 丙区第一层位置

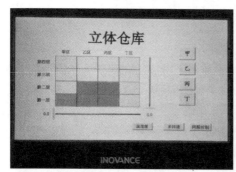

(e) 丙区第二层位置

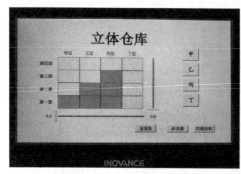
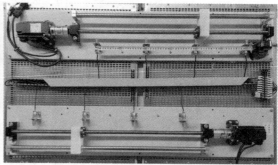

(f) 丙区第三层位置

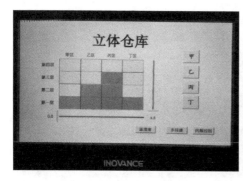
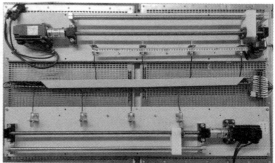

(g)丁区第一层位置

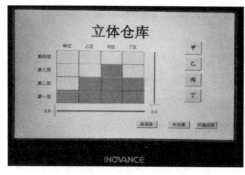
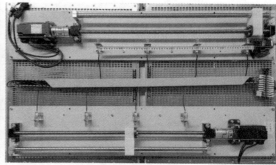

(h) 丁区第二层位置

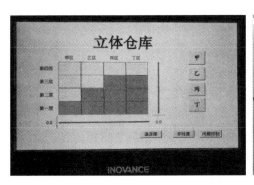

(i) 区丁第三层位置

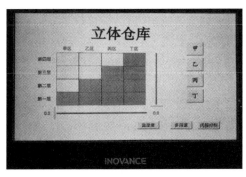
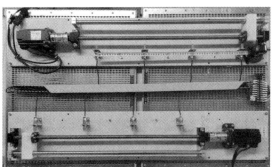

(j) 丁区第四层位置

附图 9 - 26   立体仓库运行效果

（4）温湿度监控运行效果如附图 9 - 27 所示。

附图 9 - 27   温湿度监控

参 考 文 献

[1] 尚丽. 运动控制系统. 西安:西安电子科技大学出版社,2009.

[2] 法里德. 自动控制系统. 10版. 北京:机械工业出版社,2023.

[3] 贺昱曜. 运动控制系统. 2版. 西安:西安电子科技大学出版社,2023.

[4] 舒志兵. 交流伺服运动控制系统. 2版. 北京:清华大学出版社,2023.

[5] 孙鹏,唐冬冬. 运动控制系统及应用. 北京:机械工业出版社,2023.

[6] 李宁,黄家才,陈桂,等. 电机拖动与运动控制系统. 北京:高等教育出版社,2023.

[7] 倪志莲,严春平. 运动控制技术. 北京:机械工业出版社,2022.

[8] 顾和祥. 运动控制系统应用及实例解析. 北京:机械工业出版社,2022.

[9] 李正,马立新. 电力拖动自动控制系统仿真与实验. 北京:中国电力出版社,2022.

[10] 顾春雷,陈中,陈冲,等. 电力拖动自动控制系统与MATLAB仿真. 3版. 北京:
清华大学出版社,2021.

[11] 张晓江,黄云志. 自动控制系统计算机仿真. 2版. 北京:机械工业出版社,2021.

[12] 周军,盛倩. 运动控制系统开发及应用(初级). 北京:机械工业出版社,2021.

[13] 廖强华,盛倩. 运动控制系统开发及应用(中级). 北京:机械工业出版社,2021.

[14] 阮毅,杨影,陈伯时,等. 电力拖动自动控制系统:运动控制系统. 5版. 北京:机械
工业出版社,2016.

[15] 吴贵文. 运动控制系统. 北京:机械工业出版社,2021.

[16] 王斌锐,李璟,周坤,等. 运动控制系统. 北京:清华大学出版社,2020.

[17] 赵晶,黄韬. 运动控制系统原理及应用. 北京:化学工业出版社,2020.

[18] 班华,李长友. 运动控制系统. 2版. 北京:电子工业出版社,2019.

[19] 彭瑜,何衍庆. 运动控制系统软件原理及其标准功能块应用. 北京:机械工业出版
社,2019.

[20] 周渊深. 交直流调速系统与MATLAB仿真. 2版. 北京:中国电力出版社,2019.

[21] 史国生. 交直流调速系统. 3版. 北京:人民邮电出版社,2015.

[22] 葛华江. 电气自动控制系统. 北京:机械工业出版社,2017.

[23] 杨国安. 运动控制系统综合实验教程. 2版. 西安:西安交通大学出版社,2017.

[24] 顾春雷,陈冲,陈中,等. 运动控制系统综合实验教程. 北京:清华大学出版
社,2017.

[25] 李先允. 自动控制系统. 3版. 北京:高等教育出版社,2015.

[26] 舒志兵. 高级运动控制系统及其应用研究. 北京:清华大学出版社,2015.

[27] 雷丹. 运动控制系统. 北京:人民邮电出版社,2013.

[28] 汇川(Inovance)技术股份有限公司. 汇川MD500系列通用变频器说明书.
https://www.inovance.com/portal/serviceSupport/download,2019.

[29] 汇川(Inovance)技术股份有限公司. 汇川SV660N系列伺服手册包.
https://www.inovance.com/portal/serviceSupport/download,2021.